高等职业教育计算机类专业系列教材



# 虚拟现实技术概论

## 第2版

主　编　孙会龙　包秀莉　湛　杨
副主编　徐泽申　徐德会
参　编　邓小翠　尹敬齐　周诗玲

机械工业出版社

本书实例丰富、条理清晰、繁简得当、语言流畅、通俗易懂。全书共7个单元，主要内容包括虚拟现实概述、虚拟现实产品认知、虚拟现实关键技术、虚拟现实应用、增强现实认知、混合现实认知和虚拟现实项目实训。

本书可作为各类职业院校虚拟现实应用技术及相关专业的教材，也可作为相关从业人员的自学参考书。

本书配有电子课件，方便教师授课和学生学习。选用本书作为授课教材的教师可登录机械工业出版社教育服务网（www.cmpedu.com）以教师身份免费注册、下载课件或联系编辑（010-88379194）咨询。本书还配有二维码视频，读者可直接扫描二维码观看。

图书在版编目（CIP）数据

虚拟现实技术概论 / 孙会龙，包秀莉，湛杨主编. —2版. —北京：机械工业出版社，2023.11（2025.6重印）

ISBN 978-7-111-74434-4

Ⅰ. ①虚…  Ⅱ. ①孙… ②包… ③湛…  Ⅲ. ①虚拟现实–高等职业教育–教材

Ⅳ. ①TP391.98

中国国家版本馆CIP数据核字（2023）第242311号

机械工业出版社（北京市百万庄大街22号　邮政编码100037）

策划编辑：李绍坤　　责任编辑：李绍坤　刘益汛

责任校对：张慧敏　梁　静　　封面设计：马精明

责任印制：单爱军

中煤（北京）印务有限公司印刷

2025年6月第2版第5次印刷

210mm×285mm・13.5印张・362千字

标准书号：ISBN 978-7-111-74434-4

定价：45.00元

电话服务　　网络服务

客服电话：010-88361066　　机　工　官　网：www.cmpbook.com

010-88379833　　机　工　官　博：weibo.com/cmp1952

010-68326294　　金　书　网：www.golden-book.com



机工教育服务网：www.cmpedu.com

# 前言

近年来，虚拟现实技术得到业界广泛关注，呈现出资本市场大量涌入、应用产品层出不穷态势。虚拟现实技术已成为技术创新的重点方向。

教育部正式宣布从2019年开始实行在普通高等学校、高等职业教育（专科）院校中设置虚拟现实应用技术专业，这意味着虚拟现实应用技术将作为标准课程进入高职院校，让更多的人正确地认识虚拟现实。

虚拟现实技术作为人类智慧的结晶，将我们从现实的束缚中解放出来，带领我们进入一个全新的、充满无限可能的虚拟世界。它让我们远离现实，带我们体验前所未有的冒险、探索和创造。虚拟现实技术不仅是娱乐的媒介，更是创新的源泉，它为教育、医疗、艺术等领域带来了无限的可能。党的二十大报告明确提出“教育、科技、人才是全面建设社会主义现代化国家的基础性、战略性支撑”。本书将教育与虚拟现实产业、虚拟现实技术进行融合，培养学生掌握虚拟现实（增强现实和混合现实）技术相关专业理论知识，具备虚拟现实项目软硬件平台设备搭建和设备调试等能力，为社会培养虚拟现实、增强现实项目设计、开发、调试等工作的高素质技术技能人才打下良好的基础。

本书从实用的角度出发，从实际教学中精选案例。针对高职教育的特点——以职业技能培训为主、以应用技术操作为重点、关注前沿性技术的发展、培养学生的独立操作能力、将技术理论与实际操作相结合、以市场需求为导向调整教学内容等，本书以前沿技术——虚拟现实技术展开，基于技术概论，在强调操作技能基础上详细介绍了校企合作共建的虚拟现实实训室的各个功能模块以及综合开发实例，使学生不但能够全面理解虚拟现实学科的理论知识，而且能够在实践中深入掌握虚拟现实各设备操作流程和开发方法。本书系统讲述了基本理论，如虚拟现实、混合现实、增强现实基本定义、原理以及应用领域等；虚拟现实主要设备的实践操作技能，如HTC虚拟现实头盔、混合现实设备、全息投影、洞穴虚拟现实设备等的操作技能。通过本书的学习，学生不仅可以学习虚拟现实基本理论，了解虚拟现实知识，也可以增强操作技能。本书通俗易懂、实用性强。内容体系安排主要分为以下几大板块：理论基础部分（虚拟现实发展史、研究现状、概念、特征和分类；虚拟现实软硬件设备；虚拟现实关键技术；虚拟现实在各个领域的应用；增强现实、混合现实的概念、特征、关键技术、应用以及区别和联系）；实践操作部分（计算机配置要求及HTC Vive的安装与使用；虚拟现实、增强现实、混合现实各设备的操作原理和流程；混合现实视频的制作；面向虚拟现实的内容开发项目）。

本书共分为7个单元，单元1是虚拟现实概述，主要介绍了虚拟现实的发展史、虚拟现实的概念和特征、虚拟现实系统的分类、虚拟现实技术的研究状况；单元2是虚拟现实产品认知，主要介绍了虚拟现实硬件外设、虚拟现实典型产品；单元3是虚拟现实关键技术，主要介绍了立体显示技术、环境建模技术、三维虚拟声音的实现技术、人机自然交互技术、实时碰撞检测技术；单元4是虚拟现实应用，主要介绍了虚拟现实在医疗健康领域的应用，在旅游行业的应用，在房地产领域的应用，在游戏、影视媒体、购物上的应用，在教育领域的应用，在制造领域的应用，在能源仿真领域的应用，在文物保护、城市规划领域的应用，在军事、安全防护领域的应用；单元5是增强现实认知，主要介绍了增强现实的概念、发展历史、工作原理、研究现状、增强现实和虚拟现实的区别和联系、增强现实系统的关键技术、

# 前言

增强现实应用领域；单元6是混合现实认知，主要介绍了混合现实的概念及特点、混合现实的交互技术；单元7是虚拟现实项目实训，主要介绍了计算机配置要求、HTC Vive的安装与使用、虚拟驾驶、跑步机、步行VR、虚拟骑行、多人互动、全息、三维扫描仪、无人机、眼动仪、全景直播机、地面互动、洞穴虚拟现实系统的项目，以及面向虚拟现实的内容开发项目。

本书电子资料包含所用案例教学文件和配套素材文件，读者可访问网站进行查看下载。

本书由孙会龙、包秀莉、湛杨担任主编，徐泽申、徐德会担任副主编，邓小翠、尹敬齐、周诗玲参编。具体编写分工为：单元1、单元2主要由包秀莉、邓小翠编写，单元3、单元4主要由湛杨、孙会龙、尹敬齐编写，单元5主要由湛杨、包秀莉编写，单元6主要由孙会龙、徐德会编写，单元7主要由包秀莉、徐泽申、周诗玲编写。

本书在编写过程中得到重庆市教委科学技术研究项目（基于BIM技术的装配式建筑虚拟现实应用与实现KJZD-K201805201）资助，同时得到很多老师的大力支持，参考了大量书籍和网站，在此对相关资料的编者及本书的支持者表示衷心的感谢。

由于编者水平有限，加上电子信息技术发展的快速，书中难免有不当之处，敬请读者批评指正。

编　者

# 二维码索引

# 目录

# 目录

目录

# 目录

# 单元 1

# 虚拟现实概述

**单元介绍**

虚拟现实技术从20世纪60年代萌芽发展至今，技术越发成熟，应用范围越发广泛。本章主要围绕虚拟现实技术的发展历史、概念、特征、分类以及国内外研究状况进行介绍，使读者尽快熟悉虚拟现实技术。

扫码观看视频

**知识目标**

- 掌握虚拟现实的概念、特征和发展历史。
- 熟悉虚拟现实系统的四种不同类型。
- 了解国内外虚拟现实技术的发展概况。
- 了解虚拟现实技术的基本原理和工作方式。
- 理解虚拟现实技术的最新发展和前沿研究领域。

**能力目标**

- 能够解释虚拟现实技术的基本原理和工作方式。
- 能够识别和描述虚拟现实系统中的各种技术组件和功能。
- 能够分析虚拟现实技术的发展趋势和应用领域。
- 能够区分和描述各种类型的虚拟现实系统以及分析每种类型的优缺点和适用范围。
- 能够运用虚拟现实技术解决实际问题，并考虑实际情境和需求。

**素质目标**

- 培养对新兴技术的理解和认知能力。
- 培育科技创新精神，增强民族自豪感和文化自信。
- 弘扬求真务实精神，养成实事求是、尊重自然规律的科学态度。
- 培养创新精神，做到与时俱进、锐意进取、勤于探索、勇于实践。
- 扩展视野，汲取中华优秀传统文化精华，借鉴和学习国外优秀文化成果。

导读

人类的智慧——仿生学

1. **苍蝇与气体分析仪、振动陀螺仪**

令人讨厌的苍蝇与宏伟的航天事业似乎风马牛不相及，但仿生学把它们紧密地联系起来。苍蝇的嗅觉特别灵敏，甚至能嗅到远在几千米外的气味。但是苍蝇并没有“鼻子”，它靠什么来充当嗅觉感受器官的呢？原来，苍蝇的嗅觉感受器官分布在头部的一对触角上，内含上百个嗅觉神经细胞。若有气味进入，这些神经细胞会立即把气味刺激转变成神经电脉冲，送往大脑。由于不同气味物质所产生的神经电脉冲不同，大脑可区别出不同气味的物质。因此，苍蝇的触角像是一台灵敏的气体分析仪。

仿生学家由此得到启发，根据苍蝇嗅觉感受器官的结构和功能，仿制成一种十分奇特的小型气体分析仪。这种仪器的“探头”不是金属，而是活的苍蝇，也就是把非常纤细的微电极插到苍蝇的嗅觉神经上，将引导出来的神经电信号经电子线路放大后，送给分析器；分析器一旦发现气味物质的信号，便能发出警报。这种仪器已经被安装在宇宙飞船的座舱里，用来检测舱内气体的成分。这种小型气体分析仪也可测量潜水艇和矿井里的有害气体。利用这种原理，还可用来改进计算机的输入装置和气体色层分析仪。另外苍蝇的楫翅（又叫平衡棒）是“天然导航仪”，人们模仿它制成了“振动陀螺仪”。这种仪器已经应用在火箭和高速飞机上，实现了自动驾驶。

2. **蝙蝠与雷达**

蝙蝠会释放出一种超声波，这种声波遇见物体就会反弹回来。雷达就是根据蝙蝠的这种特性发明出来的。在很多地方都会用到雷达，如飞机、航空等。

3. **小鸟与飞机**

飞机的发明源于人类对飞行的向往和对鸟类的研究。古人由于不懂空气动力学，只是从样子上模仿鸟类。近代由于空气动力学以及机械学的发展，人们渐渐懂得了鸟类飞行的原理，即气流流过翅膀上表面的速度比流过下表面的速度快，导致下翼面受到的向上的气流压力大于上翼面受到的向下的气流压力，这个压力差就是升力。

思考

1．除了上述案例，你还知道哪些仿生学的例子？

2．什么是虚拟现实技术？它与仿真技术的联系与区别是什么？

## 1.1 虚拟现实的发展史

虚拟现实（Virtual Reality，VR）技术演变发展史大体上可以分为四个阶段。第一阶段：1963年以前，蕴涵虚拟现实技术思想；第二阶段：1963～1972年，虚拟现实技术的萌芽阶段；第三阶段：1973～1989年，虚拟现实技术概念和理论产生的初步阶段；第四阶段：1990年至今，虚拟现实技术理论的完善和应用阶段。

### 1.1.1 虚拟现实的前身

虚拟现实技术是对生物在自然环境中的感官和动作等行为的一种模拟交互技术，它与仿真技术的发展是息息相关的。中国古代的“风筝”就是模拟飞行动物而创造的，是仿真技术在中国的早期应用，也是中国古代人们试验飞行器模型的最早发明。美国发明家Edwin A. Link发明了飞行模拟器，使操作者能有乘坐真正飞机的感觉。1962年，Morton Heilig发明了“全传感仿真器”，蕴涵了虚拟现实技术的思想理论。这些典型的发明都蕴涵了虚拟现实技术的思想，是虚拟现实技术的前身。

### 1.1.2 虚拟现实的萌芽

1968年美国计算机图形学之父伊凡·苏泽兰（Ivan Sutherlan）开发的第一个计算机图形驱动的头盔显示器HMD及头部位置跟踪系统，是虚拟现实技术发展史上一个重要的里程碑。此阶段也是虚拟现实技术的探索阶段，为虚拟现实技术的基本思想产生和理论发展奠定了基础。

### 1.1.3 虚拟现实概念和理论的初步形成

虚拟现实概念和理论产生的初步阶段出现了VIDEOPLACE与VIEW两个比较典型的虚拟现实系统。由M.W.Krueger设计的VIDEOPLACE系统，产生一个虚拟图形环境，使参与者的图像投影能实时地响应参与者的活动。由M. MGreevy领导完成的VIEW系统，在装备数据手套和头部跟踪器后，通过语言、手势等交互方式形成虚拟现实系统。

### 1.1.4 虚拟现实理论的完善和全面应用

虚拟现实概念并不新鲜，其成型技术和产品起源的时间与数字游戏相当，最早始于20世纪60年代。在这一时期，虚拟现实技术从研究型阶段转向应用型阶段，广泛运用到了科研、航空、医学、军事等领域。

虚拟现实技术的应用领域逐渐扩大，如美军开发的空军任务支援系统与海军特种作战部队计划和演习系统，虚拟的军事演习也能达到真实军事演习的效果；浙江大学开发的虚拟故宫、虚拟建筑环境系统和CAD&CG国家重点实验室开发出的桌面虚拟建筑环境实时漫游系统；北京航空航天大学虚拟现实与可视化新技术研究室开发的虚拟环境系统。近年来，随着技术的不断升级与成本的不断下降，软硬件生态环境日趋成熟。2015年，VR进入了新一轮的快车道。不少厂商重新燃起了对VR的兴趣，竞相发布各类产品或公布即将推出的相应产品。这一活跃氛围也带动着国内中小厂商同时跟进，进而形成了火热的VR产业。2016年被称为虚拟现实元年，VR呈现爆发式增长，当时人们预测VR市场规模3年内将超过159亿美元。VR的基本现状是投资狂热、大厂云集、终端剧增。

## 1.2 虚拟现实的概念

虚拟现实又称灵境技术，即本来没有的事物和环境，通过各种技术虚拟出来，让人感觉如真实的一样。

虚拟现实是以沉浸感、交互性和多感知性为基本特征的计算机高级人机界面。它综合利用了计算机图形学、仿真技术、多媒体技术、人工智能技术、计算机网络技术、并行处理技术和多传感器技术，模拟人的视觉、听觉、触觉等感官功能，使人能够沉浸在计算机生成的虚拟境界中，并能够通过语言、手势等自然的方式与之进行实时交互，创建了一种适人化的多维信息空间。

虚拟现实创建的是一个酷似客观环境、超越客观时空、使人能沉浸其中又能驾驭它的和谐人机环境，即由多维信息所构成的可操纵的空间。

VR是建立在计算机图形学、人机接口技术、传感技术和人工智能等学科基础上的综合性极强的高新信息技术，在军事、医学、设计、艺术、娱乐等多个领域都得到了广泛的应用，被认为是21世纪大有发展前途的科学技术领域。

## 1.3　虚拟现实的特征

由于沉浸感、交互性和构想性三个特性的英文单词的首字母均为I，所以这三个特征通常被称为3I特性，如图1-1所示。

沉浸感：又称临场感、存在感，是指用户感到作为主角存在于虚拟环境中的真实程度。

交互性：在虚拟环境中，操作者能够对虚拟环境中的对象进行操作，并且操作的结果能够反过来被操作者准确地、真实地感觉到。

构想性（也称为多感知性）：除一般计算机所具有的视觉感知外，还有听觉感知、力觉感知、触觉感知、运动感知，甚至包括味觉感知、嗅觉感知等。

虚拟现实最重要的特点就是“逼真”与“交互”，如图1-2所示。

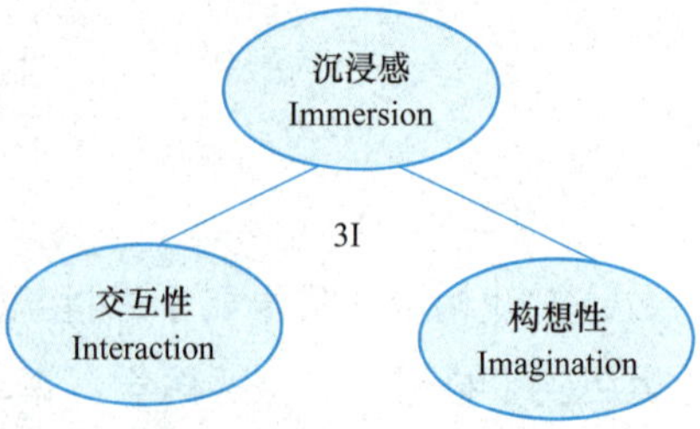


图 1-1　虚拟现实的特征

图 1-2　虚拟现实的特点

环境中的物体和特性，按照自然规律发展和变化，让人犹如身临其境般感受到视觉、听觉、触觉、味觉和嗅觉的变化。

## 1.4　虚拟现实系统的分类

在实际应用中，按其功能不同将虚拟现实系统划分为以下4种类型。

### 1.4.1　桌面式虚拟现实系统

它是利用个人计算机或图形工作站等设备，采用立体图形、自然交互等技术，产生三维立体空间的交互场景，利用计算机的屏幕作为观察虚拟世界的一个窗口，通过各种输入设备实现与虚拟世界的交互，如图1-3所示。

桌面式VR系统具有以下特点：

① 缺少完全沉浸感，参与者不完全沉浸，即使戴上立体眼镜，仍然会受到周围现实世界的干扰。

② 对硬件要求较低。

③ 应用比较普遍，因为它的成本相对较低。

图 1-3　桌面式 VR 系统

## 1.4.2　沉浸式虚拟现实系统

沉浸式虚拟现实系统利用头盔式显示器或其他设备，把参与者的视觉、听觉和其他感觉封闭起来，提供一个新的、虚拟的感觉空间，并利用位置跟踪器、数据手套、其他手控输入设备、声音等使参与者产生一种身在虚拟环境、并能全心投入和沉浸其中的感觉。常见的沉浸式系统有：

① 基于头盔式显示器的系统。

② 投影式虚拟现实系统。

③ 远程存在系统。

1）沉浸式VR系统，如图1-4和图1-5所示，其特点是：

① 高度的沉浸感。

② 高度的实时性。

图 1-4　沉浸式 VR 系统 1

图 1-5　沉浸式 VR 系统 2

2）沉浸式VR系统的类型如下：

① 头盔式虚拟现实系统。

② 洞穴式虚拟现实系统。

③ 坐舱式虚拟现实系统。

④ 投影式虚拟现实系统。

⑤ 远程存在系统。

### 1.4.3　增强式虚拟现实系统

增强式虚拟现实系统既允许用户看到真实世界，同时也能看到叠加在真实世界上的虚拟对象，它是把真实环境和虚拟环境结合起来的一种系统，如图1-6和图1-7所示。常见的增强式VR系统有：

① 基于台式图形显示器的系统。

② 基于单眼显示器的系统（一个眼睛看到显示屏上的虚拟世界，另一只眼睛看到的是真实世界）。

③ 基于透视式头盔显示器的系统。

增强式VR系统有以下3个特点：

① 真实世界和虚拟世界融为一体。

② 具有实时人机交互功能。

③ 真实世界和虚拟世界是在三维空间中整合的。

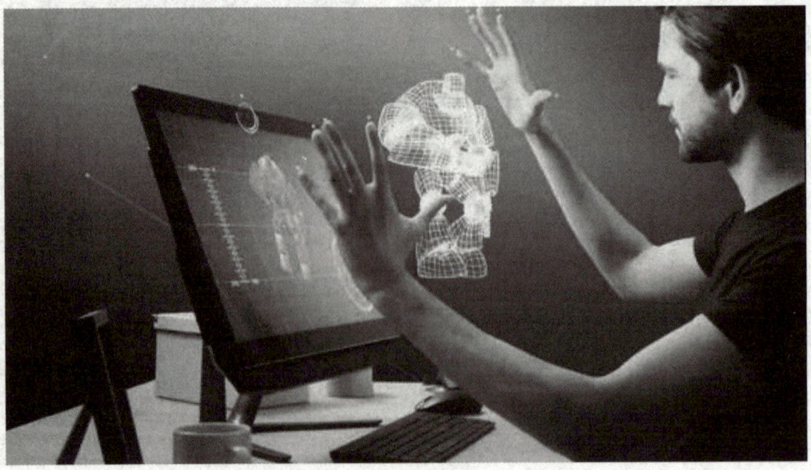

图 1-6　增强式 VR 系统 1

图 1-7 增强式 VR 系统 2

## 1.4.4 分布式虚拟现实系统

分布式虚拟现实系统又称DVR，是虚拟现实系统的一种类型，它是基于网络的虚拟环境。在这个环境中，位于不同物理环境位置的多个用户或多个虚拟环境通过网络相连接，或者多个用户同时参加一个虚拟现实环境，通过计算机与其他用户进行交互并共享信息。它在沉浸式VR系统的基础上，将位于不同物理位置的多个用户或多个虚拟环境通过网络相连接并共享信息，从而使用户的协同工作达到一个更高的境界，如图1-8和图1-9所示。

分布式VR系统具有以下5个特点：

① 各用户具有共享的虚拟工作空间。

② 伪实体的行为真实感。

③ 支持实时交互，共享时钟。

④ 多个用户可用各自不同的方式相互通信。

⑤ 资源信息共享以及允许用户自然操纵虚拟世界中的对象。

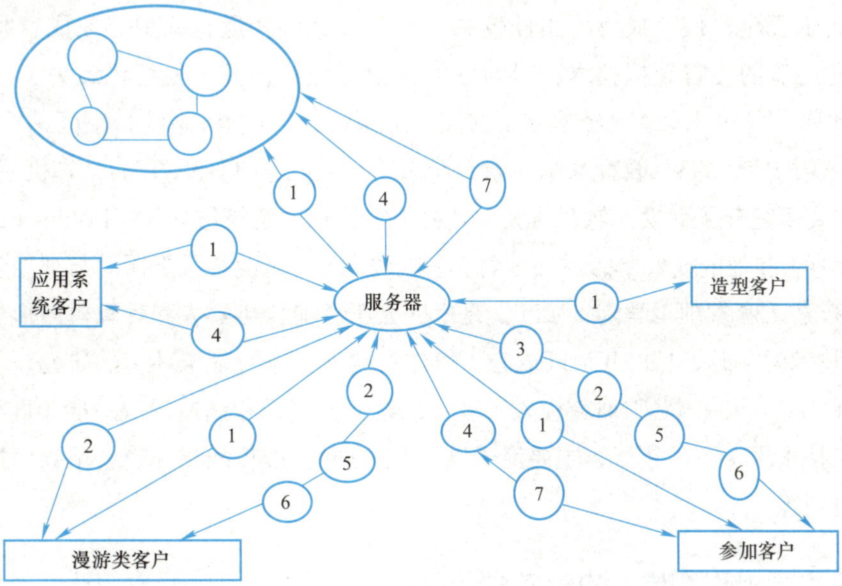


图 1-8 分布式 VR 系统 1

1—联结管理 2—导航控制 3—交互 4—仿真 5—几何 6—动画 7—场景管理

图 1-9 分布式 VR 系统 2

## 1.5 虚拟现实技术的研究状况

VR技术的概念最早在20世纪中期由美国VPL探索公司和它的创始人Jamn IJallier提出，后来美国国家航空航天局（NASA）的艾姆斯空间中心利用流行的液晶显示电视和其他设备开始研制低成本的虚拟现实系统，推动了该技术硬件的进步。目前，虚拟现实技术已获得了长足的发展。

### 1.5.1 国外的研究状况

#### 1. 美国虚拟现实技术的研究动态

美国作为VR技术的发源地，其研究水平基本上代表国际VR发展的水平。目前美国在该领域的基础研究主要集中在感知、用户界面、后台软件和硬件4个方面。NASA的Ames实验室研究主要集中在以下方面：将数据手套工程化，使其成为可用性较高的产品；在约翰逊空间中心完成空间站操纵的实时仿真；大量运用面向座舱的飞行模拟技术；对哈勃太空望远镜的仿真。他们正致力于“虚拟行星探索”（VPE）的试验计划。现在NASA已经建立了航空、卫星维护VR训练系统，空间站VR训练系统，并且已经建立了可供全美国使用的VR教育系统。北卡罗来纳州立大学（UNC）的计算机系是进行VR研究最早的大学，他们主要研究分子建模、航空驾驶、外科手术仿真、建筑仿真等。Loma Linda大学医学中心的David Warner博士和他的研究小组成功地将计算机图形及VR设备用于探讨与神经疾病相关的问题，首创了VR儿科治疗法。麻省理工学院（MIT）是研究人工智能、机器人和计算机图形学及动画的先锋，这些技术都是VR技术的基础，1985年MIT成立了媒体实验室，进行虚拟环境的研究。华盛顿大学的人机界面技术实验室（HIT Lab）将VR研究引入了教育、设计、娱乐和制造领域。从20世纪90年代初起，美国率先将虚拟现实技术用于军事领域，主要用于以下4个方面：虚拟战场环境、单兵模拟训练、诸军兵种联合演习、指挥员训练。

#### 2. 英国和日本虚拟现实技术的研究与开发

在VR开发的某些方面，特别是在分布并行处理、辅助设备（包括触觉反馈）设计和应用研究方面，英国是领先的，尤其是在欧洲。英国主要有4个从事VR技术研究的中心：Windustries（工业集团公司）是国际VR界的著名开发机构，在工业设计和可视化等重要领域占有一席之地；英国宇航公司（British Aerospace，BAe）的Brough分部正在利用VR技术设计高级战斗机座舱；Dimension International是桌面VR的先驱，该公司生产了一系列以Superscape命名的商业VR软件包；Divison LTD公司在开发VISION、Pro Vision和supervision系统/模块化高速图形引擎中率先使用了Tmnsputer和i860技术。

日本主要致力于建立大规模VR知识库的研究，在虚拟现实游戏方面的研究处于领先地位。京都的先进电子通信研究所（ATR）正在开发的一套系统能用图像处理来识别手势和面部表情，并把它们作为系统输入；富士通实验室有限公司正在研究虚拟生物与VR环境的相互作用，他们还研究了虚拟现实中的手势识别，已经开发了一套神经网络姿势识别系统，该系统可以识别姿势，也可以识别表示词的信号语言。日本奈良尖端技术研究生院大学教授千原国宏领导的研究小组于2004年开发出一种嗅觉模拟器，只要把虚拟空间里的水果拉到鼻尖上一闻，装置就会在鼻尖处放出水果的香味，这是虚拟现实技术在嗅觉研究领域的一项突破。

### 1.5.2 国内的研究状况

我国VR技术研究起步较晚，与一些发达国家还有一定的差距，但现在已引起国家有关部门和科学家们的高度重视，并根据我国的国情制订了VR技术的研究计划。国家自然科学基金委员会、国家高技术研究发展计划等都把VR列入了研究项目。国内一些重点院校已积极投入到这一领域的研究工作。北京航空航天大学计算机系是国内最早进行VR研究的单位之一，并在以下方面取得进展：着重研究了虚拟环境中物体物理特性的表示与处理；在虚拟现实中的视觉接口方面开发出部分硬件，并提出有关算法及实现方法；实现了分布式虚拟环境网络设计，可以提供实时三维动态数据库、虚拟现实演示环境、用于飞行员训练的虚拟现实系统、虚拟现实应用系统的开发平台等。浙江大学CAD&CG国家重点实验室开发出了一套桌面型虚拟建筑环境实时漫游系统，还研制出了在虚拟环境中一种新的快速漫游算法和一种递进网格的快速生成算法；哈尔滨工业大学已经成功地虚拟出了人的高级行为中特定人脸图像的合成、表情的合成和唇动的合成等技术问题；清华大学计算机科学和技术学院对虚拟现实和临场感的方面进行了研究；西安交通大学信息工程研究所对虚拟现实中的关键技术——立体显示技术进行了研究，提出了一种基于JPEG标准压缩编码的新方案，获得了较高的压缩比、信噪比以及解压速度；北方工业大学CAD研究中心是我国最早开展计算机动画研究的单位之一，我国第一部完全用计算机动画技术制作的科教片《相似》就出自该中心。此外，北京科技大学成功开发出了纯交互式汽车模拟驾驶培训系统。北京航空航天大学开发了直升机虚拟仿真器、坦克虚拟仿真器、虚拟战场环境观察器、计算机兵力生成器。

国内，浙江大学、西安交通大学、南京大学、国防科技大学、天津大学、北京理工大学、西北大学、山东大学、大连海事大学和香港中文大学等高校以及其他民营研究机构进行了相关的研究。

## 课后习题

### 一、填空题

1．虚拟现实的发展史分为__________、__________、__________、__________四个阶段。

2．虚拟现实技术的基本特征有__________、__________、__________。

3．虚拟现实系统可分为__________、__________、__________、__________四类。

4．__________年被称为虚拟现实元年，VR呈现爆发式增长，当时预计VR市场规模3年内将超过159亿美元。

5．混合现实技术的基本特征包括它结合了虚拟和现实、__________和__________。

6．虚拟现实的建模软件主要有__________、__________、__________。

## 二、选择题

1．被称为虚拟现实之父，也是计算机图形学之父的科学家是（　　）。

A．冯·诺依曼　　B．伊凡·苏泽兰

C．杨孟飞　　D．王恩东

2．虚拟现实技术的发源地是（　　）。

A．日本　　B．美国　　C．英国　　D．印度

3．世界上第一套虚拟现实演播室是（　　）的NHK Nano space。

A．日本　　B．美国　　C．英国　　D．印度

4．（　　）是一种用于建立真实世界的场景模型或人们虚构的三维世界的场景建模语言，也具有平台无关性。

A．虚拟现实建模语言　　B．增强现实建模语言

C．混合现实建模语言　　D．物理建模语言

## 三、简答题

1．简述虚拟现实技术的基本特征。

2．简述虚拟现实技术的主要类型。

3．简述虚拟现实系统的主要技术。

# 单元2

## 虚拟现实产品认知

**单元介绍**

上一单元学习了虚拟现实的基础知识，了解了虚拟现实的概念、特征以及发展史等。这一单元将学习虚拟现实产品，详细介绍虚拟现实硬件外部设备、典型产品的知识。

扫码观看视频

**知识目标**

- 掌握不同类型的虚拟现实硬件外设的功能和特点。
- 熟悉虚拟现实领域的相关产品和公司，了解其技术特点和市场地位。

**能力目标**

- 能够操作和配置虚拟现实硬件外设，实现基本功能和交互操作。
- 能够评估不同虚拟现实产品和公司的优势、竞争力和应用领域。
- 能够选择和使用合适的虚拟现实APP，根据需求进行安装和使用。

**素质目标**

- 培养对新时代虚拟现实技术发展方向的把握和关注，培养系统思维和创新思维。
- 培养国际视野，在学习和科学创新中弘扬“致知”的精神。

**导读**

**VR点亮元宇宙　让世界更精彩**

全球首款元宇宙手机、智能AR字幕眼镜、动态裸眼3D特效、AI虚拟主播、AR魔法图书馆、全息娱乐元宇宙平台……从令人目不暇接的硬件设备，到科技感十足的软件平台，再到丰富多彩的行业应用场景，一场虚拟现实产业盛会在江西南昌举行。

2022年11月12日至14日，2022世界VR产业暨元宇宙博览会在南昌绿地国际博览中心举办。本届博览会展览面积为3万平方米，包括HTC、科大讯飞、华为、创维、如视、恒信东方、世纪华通、大朋、中国电信、中国移动、中国联通、中国铁塔、科俊、泰豪等在内的200多家知名企业和机构参展。

**VR+教育：让教学内容“活”起来**

近年来，以VR/AR、数字孪生等为代表的视觉沉浸技术正不断从学习资源、教学组织和系统平台等方面重塑教育行业，有效破解了职业教育面临的进不去、看不见、动不了、难在线的瓶颈，为高技能人才提供了优质平台。从展会的展出成果来看，VR/AR+教育已经能够覆盖从学前教育到高中、职业技能培训等各个学习阶段。

“快看，故事中的卡通形象‘跳出来了’！”一位家长带着小朋友在中国电信“AR魔法图书”展区体验时激动地说。区别于传统的纸质图书，“AR魔法图书”呈现了一个色彩丰富、栩栩如生、直观立体的3D世界。孩子不但能读故事、学单词，还能参与知识问答。通过AR技术，故事中的卡通形象“跳出”屏幕和孩子们互动，趣味感十足。除此之外，“AR魔法图书”还提供了魔法绘画、来跳舞吧、超级弹弓等趣味游戏，在游戏中培养孩子的观察力、创造力、记忆力等。

在课程资源展示区，一名十几岁的孩子正聚精会神地操作着VR桌面式一体机。机械拆装、心脏构造、生物演化……这些在课本上枯燥的文字以3D的方式“活”了过来，吸引了众多小观众前来体验。借助桌面式VR/AR一体机，搭载基于虚拟仿真技术的9大类26个专业课程资源为破解传统职业教育实训中“三高、三难”问题提供了切实可行的办法。

无需佩戴VR眼镜就能实现裸眼3D效果。江西科骏展台展示了27英寸裸眼3D桌面一体机设备。“虽然从沉浸感上说，VR头显的确能带来更好的效果，但3D桌面一体机设备长时间使用都不会产生眩晕感，适应性强，具有广泛的应用空间。”该展台相关负责人表示。

从3D XR平板计算机，到桌面全息交互一体机，再到裸眼3D解决方案，江西科骏的VR/AR软硬件创新成果覆盖了基础教育、职业教育、高等教育等各教育层次，为智能制造、轨道交通、航空航天、智慧矿山等多行业提供了完整的产品服务。

**VR+制造：传统产业焕新机**

戴上AR眼镜，观察实景，各种信息被投射到眼镜上，佩戴者可全程语音交互，不用双手也可随时掌握现场情况……也正因如此，近年来，不少工业制造企业开始利用AR/VR技术，改变传统的工业装配、检修、运维模式。这一趋势在本次展会上得以彰显。

在中国联通展台，观众戴上MR眼镜可体验汽车拆解工作。通过MR眼镜，能观察发动机内部机械结构，可以对各个零部件进行拖拽、旋转以及放大缩小。当拆解过程中遇到问题时，还可以利用5G低时延、大带宽的特性，连线专家远程指导。

针对VR+制造业，泰豪集团在通过虚拟展厅直观地向人们展示工厂、生产线、核心产品以及典型应用案例。可视化的技术不仅便利了实际生产制造及方案评估，还在员工培训，甚至是行业产品宣传、抢占销售先机等方面提供了极大助力。

**VR+游戏：元宇宙流量密码**

随着元宇宙概念的火爆，VR游戏成为虚拟现实技术落地最早、最成熟的领域之一。目前，VR游戏市场的增长势头依旧猛烈，基本上每一家游戏开发商都在努力开发VR游戏。

作为5G+VR在C端的优秀落地应用案例，由国内团队PolarOwl Studio打造的免费VR社交游戏《四分之三空间站》出现在本次展会上。该游戏内置多种3D虚拟形象，玩家可使用不同形象出现在空间站中，携手在内置的VR派对游戏中开启风格各异的奇幻冒险，展现了未来元宇宙社交的无限可能。

在HTC VIVE展区，火爆世界电玩城的LBE大空间娱乐应用吸引了大批参观者。借助HTC VIVE的硬软件和VR的多样性功能，LBE大空间娱乐应用可以打破虚拟与现实壁垒，为消费者创造独特的沉浸式娱乐体验：VIVE Focus 3能轻松将障碍物、墙体等现实物理元素集成到VR游戏里；头显上的摄像头可识别物体代码，将真实空间转化为VR场景；新款腕带式追踪器还可进行手部追踪，让游戏体验更逼真。

**VR+文旅：云端畅游成新趋势**

伴随虚拟现实技术与文旅行业的深入融合，云端畅游名胜古迹正在成为一种流行趋势，“VR+文旅”产业发展的创新红利得到进一步释放。

走进江西中直新经济产业发展有限公司打造的海昏侯展馆，参观者只要戴上VR眼镜，就能走进大气磅礴的海昏侯国，俯视脚下，万亩城池尽收眼底，而且还可以使用VR手柄完成“推城门”“拿文物”等互动体验。

南昌市博物馆推出全国首个元宇宙概念流动数字博物馆，LED互动大屏幕、VR沉浸式内容、VR互动内容、AR体感内容、文物数字魔墙、AI体感拍照、AI机器人讲解等各式各样的体验，令众多参观者沉醉于科技与文化碰撞的魅力中。

思考

1. 案例中有哪些虚拟现实设备？除了这些，还有哪些虚拟现实的产品？
2. 你体验过哪些VR设备？谈谈你的感受。

## 2.1 虚拟现实硬件外设

### 2.1.1 立体眼镜

3D眼镜采用了当今先进的“时分法”，通过3D眼镜与显示器同步的信号来实现。当显示器输出左眼图像时，左眼镜片为透光状态，而右眼镜片为不透光状态，当显示器输出右眼图像时，右眼镜片透光而左眼镜片不透光，这样两只眼睛就看到了不同的游戏画面，达到欺骗眼睛的目的。以这样地频繁切换来使双眼分别获得有细微差别的图像，经过大脑计算从而生成一幅3D立体图像。3D眼镜在设计上采用了精良的光学部件，与被动式眼镜相比，可实现每一副眼镜双倍分辨率以及很宽的视角。

#### 1. 3D眼镜的成像原理

人类之所以能够看到立体的景物是因为人们的双眼可以各自独立看东西，也就是左眼只能看到左眼的景物，而右眼只能看到右眼的景物。因为人类左右两眼有间距，造成两眼的视角有些细微的差别，而这样的差别会让两眼分别看到的景物有一点位移。而左眼与右眼图像的差异称为视差，人类的大脑很巧妙地将两眼的图像融合，在大脑中产生出有空间感的立体视觉效果。

由于计算机屏幕只有一个，但人们有两只眼睛，又必须让左、右眼所看的图像各自独立分开才能有立体视觉。这时，就可以通过3D眼镜让这个视差持续在屏幕上表现出来。通过控制IC送出立体信号（左眼→右眼→左眼→右眼→依序连续互相交替重复）到屏幕，并同时送出同步信号到3D眼镜，使其同步切换左、右眼图像。换句话说，左眼看到左眼该看到的景象，右眼看到右眼该看到的景象。3D眼镜是一个穿透液晶镜片，通过电路对液晶眼镜开、关的控制，开可以控制眼镜镜片全黑，以便遮住一眼图像；关可以控制眼镜镜片为透明的，以便另一眼看到另一眼该看到的图像。3D眼镜可以模仿真实的状况，使左、右眼画面连续互相交替显示在屏幕上，并同步配合3D眼镜，利用人眼视觉暂留的生理特性，就可以看到真正的3D图像。

### 2. 3D眼镜的显示模式

市面上搭配3D/VR眼镜应用的立体图像种类繁多。最常见的显示模式主要有以下4种：交错显示（Interlacing）、画面交换（Page-Flipping）、画面同步倍频（Sync-Doubling）、线遮蔽（Line-Blanking）。

(1) 交错显示

交错显示就是依序显示第1、3、5、7等单数扫描线，然后再依序显示第2、4、6、8等偶数扫描线的周而复始的循环显示方式。这就有点类似老式的逐行显示器和NTSC、PAL及SECOM等电视制式的显示模式。

交错显示模式的工作原理是将一个画面分为两个图场，即单数描线所构成的单数扫描线图场或单图场与偶数扫描线所构成的偶数扫描线图场或偶图场。在使用交错显示模式做立体显像时，便可以将左眼图像与右眼图像分置于单图场和偶图场（或相反顺序）中，称为立体交错格式。如果使用快门立体眼镜与交错模式搭配，则只需将图场垂直同步信号当作快门切换同步信号即可，即显示单图场（左眼画面）时，立体眼镜会遮住使用者一只眼，而当换为显示偶图场时，则切换遮住另一只眼睛，如此周而复始，便可达到立体显像的目的。

由于交错模式不适于长时间且近距离的操作使用，就计算机显示周边技术而言，交错模式需要在显示硬件与驱动程序的双重支持之下方可运行。随着相关显示周边技术的进步，非交错模式已完全取代交错模式成为标准配备。

(2) 画面交换

画面交换是由特殊的程序来改变显卡的工作原理，使新的工作原理可以用来表现3D效果。因为不同的显示芯片有其独特的工作原理，所以如果要使用画面交换，那么必须针对各个显示芯片发展独特的立体驱动程序以驱动3D硬件线路，因此画面交换仅限于某些特定显示芯片。

它的工作原理是将左右眼图像交互显示在屏幕上的方式，使用立体眼镜与这类立体显示模式搭配，只需要将垂直同步信号作为快门切换同步信号即可达成立体显像的目的。而使用其他立体显像设备则将左右眼图像（以垂直同步信号分隔的画面）分送至左右眼显示设备上即可。

画面交换提供全分辨率的画面质量，故其视觉效果是四种立体显示模式中最佳的。但是画面交换的软硬件要求也是最高的，原因主要有两点：第一，如果屏幕的交错显示与3D眼镜的遮蔽不佳，那么有可能只能使左眼看到右眼的部分，右眼看到左眼的部分，造成“三重”图像（左眼、右眼、合成图像），也就是说图像会有残影出现，所以要想同时存取左右眼的画面，那么画面缓存器（Frame Buffer）所需的最小容量就要增大两倍；第二，由于屏幕是交错显示的，因此不可避免地会出现闪烁现象。要想克服立体显像的闪烁问题，左右眼都必须提供至少每秒60个画面，也就是说垂直扫描频率必须达到120Hz或更高。

（3）画面同步倍频

画面同步倍频与前两种显示模式最大的不同是，它用硬件线路而不是软件去产生立体信号，所以无须任何驱动程序来驱动3D硬件线路，因此任何一个3D加速显示芯片均可支持。只需在软件系统上对左右眼画面做上下安排便可达成。

它的工作原理是通过外加电路的方式在左右画面间（即上下画面间）多安插一个画面垂直同步信号，如此便可使左右眼画面就像交错般地显示在屏幕上，通过使用画面垂直同步信号作为快门切换同步的方式，便可以将左右画面几乎同时送到相对应的双眼中，达到立体显像的目的。由于画面同步倍频会将原垂直扫描频率加倍，因此须注意显示设备扫描频率的上限。此模式是最具效果的立体显示方式，不会受限于计算机硬件规格，同时可利用图像压缩（MPEG）格式达到进一步传输、储存的目的。

（4）线遮蔽

线遮蔽与画面同步倍频一样，是通过外加电路的方式来达到立体显像的目的，相当适合计算机标准的非交错显示模式。

它的工作原理是将获取的画面储存在相当的缓存器（Buffer）中，送出遮蔽偶数扫描线的画面后送出一个画面垂直同步信号，再接着送出遮蔽单数扫描线的画面，如此周而复始地截取画面并送出两个单偶遮蔽的画面，便可以类似于画面交换的方式进行立体显像。其工作模式会将显卡送出信号的垂直扫描频率加倍，因此使用这种立体显示模式须注意显示设备扫描频率的上限。

由于其采用立体交错格式，对于过去的交错显示的应用软件及媒体，线遮蔽都可充分支持，因此这种立体显示模式的回溯兼容性最佳。但它与交错模式一样，垂直分辨率将会减少一半，所以立体画面品质会比画面交换模式稍差。

### 3. 3D眼镜分类

（1）时分式

时分式主要以液晶眼镜为主，现在的技术也比较先进了，如果屏幕足够大，那么效果可以和电影院中的立体电影相比。时分式3D眼镜可以打3D游戏，结合计算机配合实现很多功能。但它有一个缺点，显示器要求是CRT的显示器，因为液晶显示器刷新频率达不到100Hz以上。新的眼镜只售100多元。

（2）互补色

主要是红蓝、红绿立体眼镜，价格最便宜，十几元就能买一个，对显示器没有要求，还能在电视、投影等设备上播放。但是这种方式实现立体效果有一个缺点，就是有一点重影。这种方法在国外非常流行。另外，使用这种方式看的时间不能过长，这也是一部真正的红蓝立体电影每到半小时就要加进一段2D片段的原因。

（3）偏振光

这种立体观看方式目前只能在电影院中实现，在家中难以实现。有的人用双投影的方法在家中使用，但价格昂贵，不现实，所以家用买偏振眼镜是没有太多意义的，除非花费几万元买一套双投影系统。当然，随着未来技术的发展，用一种全新的双屏幕的液晶显示器也有可能用偏振眼镜在家里使用。

（4）光栅式

为了迎接2008年奥运会，接收的电视节目能立体化，我国现已制造出光栅式的立体电视机。但光栅式也有缺点，就是清晰度和其他的立体效果相比要差一些，只有在非常大的电视上清晰度稍高，但这样一来，价格也就上去了。

(5) 全真式

由德国人托马斯·侯亨赖克发明的当今世界上唯一成功的全真立体电视技术与全世界原有各制式电视设备兼容，从电视制作、播出系统，到百姓家的电视机，均无须增添任何设备和投资，只是拍摄立体节目时在摄像机上加装特殊装置即可。观众收看节目时只需戴上一副特制的三维眼镜即可，眼镜成本低廉。如果不戴眼镜和看普通电视没有区别，目前这样的节目很少，立体效果并不是非常出色，这项技术面临淘汰。现在又有部分数字电视节目应用这项技术。

(6) 观屏镜、立体派观片器

以前专用于看立体照相机拍的图片对，图片对一般左右呈现。现在这种观屏镜也可看左右型立体电影，这是一个创新。缺点：看图像或电影时最多只能是屏幕一半大小；优点：直接看屏幕，所以非常清晰。

(7) 全息式

应用全息式技术制作的影片在各个角度看上去都是立体的，不用立体眼镜，但价格昂贵。

## 2.1.2 头盔显示器

头盔显示器（Head Mounted Displays，HMD）是专门为用户提供虚拟现实中立体场景的显示器，一般由下面几个部分组成：图像显示信息源、图像成像的光学系统、定位传感系统、电路控制机连接系统、头盔及配重装备。两个显示器分别向两只眼睛提供图像，显示器发射的光线经过凸透镜影响折射产生类似远方的效果，利用这个效果将近处物体放大至远处观赏而达到所谓的全像视觉。HMD可以使参与者暂时与现实世界隔离，完全处于沉浸状态，因而它成为沉浸式VR系统不可缺少的视觉输出设备。

图像显示信息源是指图像信息显示器件，一般采用微型高分辨率CRT或者LCD等平板显示器件。CRT和LCD是最常用的两种设备，CRT具有高分辨率、高亮度、响应速度快和低成本的特性，不足之处是功耗较大、体积大、质量大。LCD的优点是功耗小、体积小、质量小，不足之处是显示亮度低，响应速度较慢。

头盔显示器可以根据需要设计成为全投入式和半投入式。全投入式头盔显示器将显示器件的图像经过放大、畸变等相差矫正以及中继等光学系统在观察者眼前成放大的虚像；半投入式头盔显示器是将经过矫正放大的虚像投射到观察者眼前的半反半透的光学玻璃上，这样显示的图像就叠加在透过玻璃的外界图像之上，观察者可以得到显示的信息和外部的信息。

头盔的定位传感系统是与光学系统同等重要的一部分。它包括头部的定位和眼球的定位。眼球的定位主要应用于标准系统上，一般采用红外图像的识别处理跟踪来获得眼球的运动信息。头部的定位采用的方法比较多，如超声波、磁、红外、发光二极管等的定位系统，头部的定位提供位置和指向等6个自由度的信息。

头盔显示器的基本参数主要包括：显示模式、显示视野、视野双目重叠、显示分辨率、眼到虚拟图像的距离、眼到目镜距离、物面距离、目标域半径、视轴间夹角、瞳孔距离、焦距、出射光瞳、图像像差、视觉扭曲矫正、质量、视频输出等。

头盔显示器是常见的图形显示设备。

头盔上装有位置跟踪器，可实时测出头部的位置和朝向，并输入计算机。计算机根据这些数据生成反映当前位置和朝向的场景图像并显示在头盔显示器的屏幕上。

头盔显示器提供一种观察虚拟世界的手段，通常支持两个显示源及一组光学器件。这组光学器件将图像以预先确定的距离投影到参与者面前，并将图形放大以加宽视域。

### 1. 头盔显示器的原理

① 将图像投影到用户面前1～5m的位置，通过放置在HMD小图像面板和用户眼睛之间的特殊光学镜片实现图像放大，填充人眼的视场角。

② 场景放大的同时，像素间距也随之放大。

③ HMD分辨率越低，视场角（Field of View，FOV）越高，颗粒度越大。

HMD的显示技术分普通消费级和专业级两种。

① 普通消费级：使用LCD显示器，主要为个人观看电视节目和视频游戏设计，接受NTSC/PAL单视场视频输入。

② 专业级：使用CRT显示器，分辨率更高。接受RGB视频输入。配备头部运动跟踪器。

### 2. 常见的头盔显示器

① VR1280数字头盔。

② eMagin数字头盔。

③ Liteye单目穿透式头盔。

④ Cybermind双目式数字头盔。

⑤ 5DT数字头盔。

## 2.1.3 数据手套

数据手套是虚拟仿真中最常用的交互工具。数据手套设有弯曲传感器，弯曲传感器由柔性电路板、力敏元件、弹性封装材料组成，通过导线连接至信号处理电路；在柔性电路板上设有至少两根导线，以力敏材料包覆于柔性电路板上，再在力敏材料上包覆一层弹性封装材料，柔性电路板留一端在外，以导线与外电路连接。它把人手姿态准确实时地传递给虚拟环境，而且能够把与虚拟物体的接触信息反馈给操作者，使操作者以更加直接、自然、有效的方式与虚拟世界进行交互，大大增强了互动性和沉浸感，并为操作者提供了一种通用、直接的人机交互方式。它特别适用于需要多自由度手模型对虚拟物体进行复杂操作的虚拟现实系统。数据手套本身不提供与空间位置相关的信息，必须与位置跟踪设备配合使用。

除了能够跟踪手的位置和方位外，数据手套还可以用于模拟触觉。戴上这种特殊的数据手套就可以以一种新的形式去体验虚拟世界。使用者可以伸出戴手套的手去触碰虚拟世界里的物体，当碰到物体表面时，不仅可以感觉到物体的温度、光滑度以及物体表面的纹理等集合特性，还能感觉到稍微的压力作用。虽然没有东西阻碍手继续下按，但是往下按得越深，手上感受到的压力就会越大，松开时压力又消失了。模拟触觉的关键是获得某种材质的压力或皮肤的变形数据。

## 2.1.4 运动捕捉系统

在VR系统中为了实现人与VR系统的交互，必须确定参与者的头部、手、身体等位置的方向，准确地跟踪测量参与者的动作，将这些动作实时监测出来，以便将这些数据反馈给显示和控制系统。这些工作对VR系统是必不可少的，也正是运动捕捉技术的研究内容。

到目前为止，常用的运动捕捉技术根据原理不同可分为机械式、声学式、电磁式和光学式。同时，不依赖于传感器而直接识别人体特征的运动捕捉技术也将很快进入应用阶段。

从技术角度来看，运动捕捉就是要测量、跟踪、记录物体在三维空间中的运动轨迹。典型的运动捕捉设备一般由以下几个部分组成。

① 传感器：被固定在物体的特定位置，向系统提供运动的位置信息。

② 信号捕捉设备：负责捕捉、识别传感器的信号。

③ 数据传输设备：负责将运动数据从信号捕捉设备快速准确地传送到计算机系统。

④ 数据处理设备：负责处理系统捕捉到的原始信号，计算传感器的运动轨迹，对数据进行修正、处理并与三维角色模型结合。

### 1. 机械式运动捕捉

机械式运动捕捉依靠机械装置来跟踪和测量运动轨迹。典型的系统由多个关节和刚性连杆组成，在可转动的关节中装有角度传感器，可以测得关节转动角度的变化情况。装置运动时根据角度传感器所测得的角度变化和连杆的长度得出杆件末端点在空间中的位置和运动轨迹。实际上，装置上任何一点的轨迹都可以求出，刚性连杆一端可以换成长度可变的伸缩杆。

机械式运动捕捉的一种应用形式是将欲捕捉的运动物体与机械结构相连，物体运动带动机械装置，从而被传感器记录下来。这种方法的优点是成本低、精度高、可以做到实时测量，还可以允许多个角色同时表演，但是使用起来非常不方便，机械结构对表演者的动作的阻碍和限制很大。

### 2. 声学式运动捕捉

常用的声学捕捉设备由发送器、接收器和处理单元组成。发送器是一个固定的超声波发送器，接收器一般由呈三角形排列的三个超声波探头组成。通过测量声波从发送器到接收器的时间或者相位差，系统可以计算并确定接收器的位置和方向。

这类装置的成本较低，但对运动的捕捉有较大的延迟和滞后，实时性较差，精度一般不太高，声源和接收器之间不能有大的遮挡物，受噪声影响和多次反射等干扰较大。由于空气中声波的速度与大气压、湿度、温度有关，所以必须在算法中做出相应的补偿。

### 3. 电磁式运动捕捉

电磁式运动捕捉是比较常用的运动捕捉设备。一般由发射源、接收传感器和数据处理单元组成。发射源是在空间按照一定时空规律分布的电磁场；接收传感器安置在表演者身体的相关位置，随着表演者在电磁场中运动，通过电缆或者无线方式与数据处理单元相连。

电磁式运动捕捉对环境的要求比较严格，在使用场地附近不能有金属物品，否则会干扰电磁场，影响精度。系统的允许范围比光学式要小，特别是电缆对使用者的活动限制比较大，对于比较剧烈的运动不适用。

### 4. 光学式运动捕捉

光学式运动捕捉通过对目标上特定光点的监视和跟踪来完成运动捕捉的任务。目前常见的光学式运动捕捉大多应用于计算机视觉原理。从理论上说，对于空间中的一个点，只要它能同时被两个照相机缩减，则根据同一时刻两个照相机所拍摄的图像和照相机参数，可以确定这一时刻该点在空间中的位置。当照相机以足够高的速率连续拍摄时，从图像序列中就可以得到该点的运动轨迹。

这种方法的缺点是价格昂贵，虽然可以实时捕捉运动，但后期处理的工作量非常大，对光照、反射情况有一定的要求，装置定标也比较烦琐。

## 2.1.5 三维跟踪传感设备

为了与三维虚拟世界交互，必须感知参与者的视线，即跟踪其头部的位置和方向，这需要在头盔上安装头部跟踪传感器。为了在虚拟世界中移动物体或移动参与者的身体，必须跟踪观察者的手位和手势，甚至于全身各肢体的位置，此时参与者需要穿戴数据手套和数据服装。另外，也可使用三维或六维鼠标和空间球等装置与虚拟世界进行交互。

### 1. 机械跟踪器

机械跟踪器是由一个串行或并行的运动结构组成，该运动结构由多个带有传感器的关节连接在一起的连杆构成。每个连杆的维数是事先知道的，并且可供存储在计算机中的直接运动学计算机模型使用。

根据实时读取的跟踪器关节传感器的数据，确定机械跟踪器的某个端点相对于其他端点的位置和方向。

通常把一个端点固定在桌子或地板上，把另一个端点固定在对象上。

把能单独旋转的机械部件装配使用，给用户提供多种旋转能力。通过各种连接角度计算端点位置，利用增量式编码器或电位计测量连接角。

机械跟踪器的优点：

① 简单且易于使用。

② 精度稳定，取决于关节传感器的分辨率。

③ 性能可靠，潜在的干扰源较少。

④ 抖动较小，延迟较低。

⑤ 没有遮挡问题。

机械跟踪器的缺点：

① 由于机械臂的尺寸限制，工作范围有限。

② 连杆过长时质量和惯性会随之增加，对机械振动的敏感性增加。

③ 由于跟踪器机械臂自身运动的妨碍，用户运动的自由度被减小了。

④ 当跟踪器必须由用户支撑时会导致用户疲劳，降低在虚拟环境中的沉浸感。

### 2. 电磁跟踪器

电磁跟踪器是一种非接触式的位置测量设备，由一个固定发射器产生的电磁场来确定移动接收单元的实时位置，如图2-1所示。

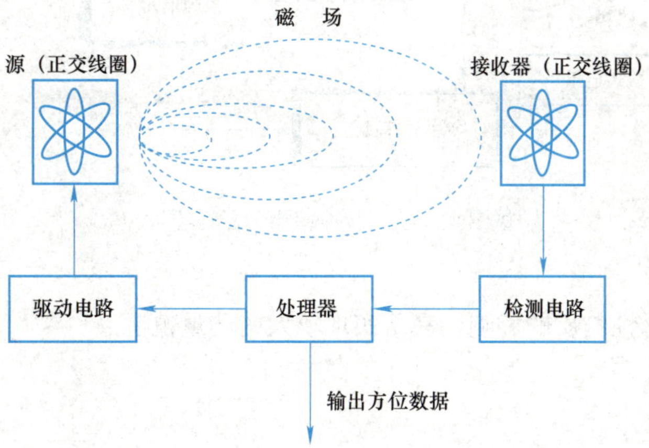


图 2-1 电磁跟踪器的工作原理

一般由发射器、接收传感器和数据处理单元组成。

电磁跟踪器的工作原理：

当给一个线圈通电后，在线圈的周围将产生磁场。 磁传感器的输出值与发射线圈和接收器之间的距离及磁传感器的敏感轴与发射线圈发射轴之间的夹角有关。

发射器由缠绕在立方体磁芯上的三个互相垂直的线圈组成，被依次激励后在空间产生按一定时空规律分布的电磁场（交流电磁场和直流电磁场）。

使用交流电磁场时接收器由三个正交的线圈组成，当使用直流电磁场时接收器由三个磁力计或霍尔效应传感器组成。

电磁跟踪器的优点：

① 成本低，体积小，质量小。

② 速度快，实时性好。

③ 装置的定标较简单，技术较成熟，鲁棒性好。

电磁跟踪器的缺点：

① 对环境要求严格，抗干扰性差。

② 工作范围因耦合信号随距离增大迅速衰减而受到了限制，这同时也影响了磁跟踪器的精度和分辨率。

③ 由于电磁场对人体的影响，电磁场强度不可能无限制地增长。需要在系统工作范围、精度、分辨率以及刷新率之间做出综合选择。

### 3. 超声波跟踪器

超声波跟踪器是一种非接触式的位置测量设备，使用由固定发射器发射产生的超声信号来确定移动接收单元的实时位置，如图2-2所示。

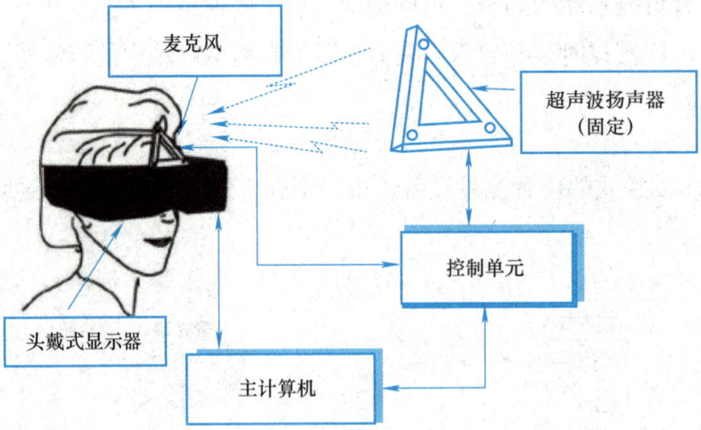


图 2-2 超声波跟踪器的工作原理

超声波跟踪器的优点：

① 不受外部磁场和铁磁性物质的影响，易于实现较大的测量范围。

② 成本低，体积小。

超声波跟踪器的缺点：

① 延迟和滞后较大，实时性较差，精度不高。

② 声源和接收器间不能有遮挡物体。

③ 受噪声和多次反射等干扰较大。

④ 由于空气中声波的速度与气压、湿度、温度有关，所以必须在算法中做出相应的补偿。

### 4. 光学跟踪器

光学跟踪器是一种非接触式的位置测量设备，使用光学感知来确定对象的实时位置和方向。

与超声波跟踪器类似，它也是基于三角测量，要求畅通无阻并且不受金属物质的干扰。

光学跟踪器比超声波跟踪器相比具有明显的优势：

① 光的传播速度远远大于声波的传播速度，因此光学跟踪器具有较高的更新率和较低的延迟。

② 具有较大的工作范围，这对于现代VR系统来说是非常重要的。

光学跟踪器的分类：

① 从外向里看的跟踪器，跟踪器的感知部件，如CCD照相机、光敏二极管或其他光传感器是固定的，用户身上装有一些能发光或反光的标志。

② 从里向外看的跟踪器，在被跟踪对象或用户身上安置照相机，在环境中安放反光或发光的标志，如图2-3所示。

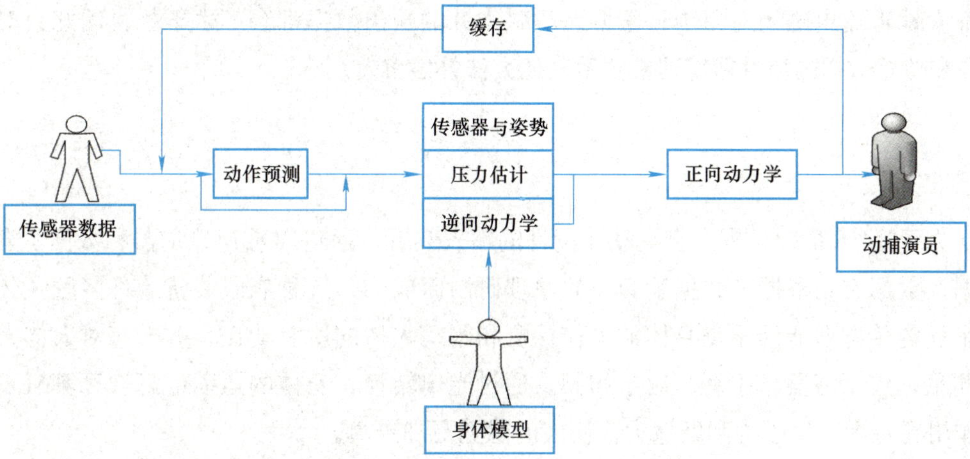


图 2-3 光学跟踪器

光学跟踪器的优点：

① 在近距离内非常精确且不受磁场和声场的干扰。

② 不受金属物质的干扰。

③ 较高的更新率和较低的延迟。

光学跟踪器的缺点：

① 要求光源和探测器可视。

② 跟踪的角度范围有限。

### 5. 惯性跟踪器

惯性传感器主要指陀螺仪和加速度计。这是由于陀螺仪所感测的角速度、加速度计所感测的加速度都是相对惯性空间的。

现代惯性跟踪器是一个使用了微机电（MEMS）系统技术的固态结构。

惯性跟踪器通过自约束的惯性传感器测量一个对象的方向变化速率或平移速度变化率。

惯性跟踪器的优点：

① 具有无源操作的优点，理论上的操作范围可以无限大。

② 数据刷新率很高，对减少延迟有很好的效果。

惯性跟踪器的缺点：快速积累偏差。

解决偏差的方法：使用来自其他类型跟踪器的数据，周期性重新设置惯性跟踪器的输出。

#### 6. GPS跟踪器

GPS跟踪器是目前应用最广泛的一种跟踪器。GPS系统包括三大部分：空间部分——GPS卫星星座、地面控制部分——地面监控系统、用户设备部分——GPS信号接收机。

#### 7. 混合跟踪器

混合跟踪器指使用了两种或两种以上位置测量技术来跟踪对象的系统，能取得比使用任何一种单一技术更好的性能。

如果只需要方向数据，则可以通过在陀螺仪旁边并排增加地磁跟踪系统来补偿偏航（方位角）测量中的偏差。

任何局部大地直流电磁场对用于补偿偏差的磁力计的输出数据都会产生干扰，因此会对性能产生影响。提供方向和位置数据的惯性跟踪器需要用其他方法补偿偏差。

### 2.1.6 数据衣

数据衣是为了让VR系统识别全身运动而设计的输入装置。通过BOOM显示器和数据手套与虚拟现实系统交互数据。数据衣是根据“数据手套”的原理研制而成的，这种衣服装备着许多触觉传感器，穿在身上，衣服里面的传感器能够根据身体的动作探测和跟踪人体的所有动作。数据衣对人体大约50个不同的关节进行测量，包括膝盖、手臂、躯干和脚。通过光电转换，身体的运动信息被计算机识别，反过来衣服也会反作用在身上产生压力和摩擦力，使人的感觉更加逼真。

和HMD数据手套一样，数据衣也有延迟大、分辨率低、作用范围小、使用不便的缺点，另外数据衣还存在着一个潜在的问题就是人的体型差异比较大。为了检测全身，不但要检测肢体的伸张状况，而且还要检测肢体的空间位置和方向，这需要许多空间跟踪器。

### 2.1.7 墙式投影显示设备

随着信息时代的到来，计算机多媒体技术迅猛发展，网络技术普遍应用，大到指挥监控中心、网管中心的建立，小到临时会议、技术讲座的进行，都渴望获得大画面、多彩色、高亮度、高分辨率的显示效果，而传统的CRT显示器很难满足人们这方面的要求。近些年来迅速发展起来的大屏幕投影技术成为解决彩色大画面显示的有效途径，应用范围进一步拓展，市场也因需求的增长日渐活跃。

到目前为止，投影机主要通过三种显示技术实现，即CRT投影技术、LCD投影技术以及近些年发展起来的DLP投影技术。

按照投影方式的不同分为前投式、背投式和组合拼接式三种。投影设备的显示屏幕一般远远大于CRT显示器，因此在监控系统中常常用作主监视器。

### 1. CRT投影机

CRT（Cathode Ray Tube，阴极射线管）作为成像器件是实现最早、应用最广泛的一种显示技术。这种投影机可把输入信号源分解成R（红）、G（绿）、B（蓝）三基色，它们控制电子束分别打在RGB三个CRT管的荧光屏上，荧光粉在高压作用下发光，在荧光屏上重现一个较亮的图像，经过光学系统放大、会聚，在大屏幕上显示出彩色图像。光学系统与CRT管组成投影管，通常所说的三枪投影机就是由三个投影管组成的投影机。由于使用内光源，也叫主动式投影方式。CRT技术成熟，显示的图像色彩丰富，还原性好，具有丰富的几何失真调整能力；但其图像分辨率与亮度相互制约，直接影响CRT投影机的亮度值，到目前为止，其亮度值始终徘徊在300lm以下。另外CRT投影机操作复杂，特别是会聚调整烦琐，机身体积大，只适合安装于环境光较弱、相对固定的场所，不宜搬动。

CRT投影机有两个特有性能指标值得注意：

第一个指标是会聚性能，会聚是指红、绿、蓝三种颜色在屏幕上的重合。对CRT投影机来说，会聚控制性显得格外重要，因为它有RGB三种CRT管，平行安装在支架上，要想做到图像完全会聚，必须对图像各种失真均能校正。机器位置的变化，会聚也要重新调整，因此对会聚的要求，一是全功能，二是方便快捷。会聚有静态会聚和动态会聚，其中动态会聚有倾斜、弓形、幅度、线性、梯形、枕形等功能，每一种功能均可在水平和垂直两个方向上进行调整。除此之外，还可进行非线性平衡、梯形平衡、枕形平衡的调整。

第二个指标是CRT管的聚焦性能。图形的最小单元是像素。像素越小，图形分辨率越高。在CRT管中，最小像素是由聚焦性能决定的，所谓可寻址分辨率，即是指最小像素的数目。CRT管的聚焦机制有静电聚焦、磁聚焦和电磁复合聚焦三种，其中以电磁复合聚焦较为先进，其优点是聚焦性能好，尤其是高亮度条件下不会散焦，且聚焦精度高，可以进行分区域聚焦、边缘聚焦、四角聚焦，从而可以做到画面上每一点都很清晰。

### 2. LCD投影机

LCD（Liquid Crystal Display，液晶显示）投影机是液晶显示技术和投影技术相结合的产物，它利用液晶的电光效应，用液晶板作为光的控制层来实现投影。液晶的种类很多，不同的液晶，其分子排列顺序也不同（在LCD显示器中，采用了扭曲向列型液晶）。有些液晶在不加电场时是透明的，而加了电场后就变得不透明了；有些则相反，在不加电场时是不透明的，而加了电场后就变得透明了，透明度的变化与所加电场有关，这就是电光效应。LCD投影机按内部液晶板的片数可分为单片式和三片式两种。现在投影机主要采用三片式LCD板，在此重点说明三片式LCD投影机的工作原理。

三片式LCD投影机用红、绿、蓝三块液晶板分别作为红、绿、蓝三色光的控制层。光源发射出来的白色光经过镜头组会聚到达分色镜组，红色光首先被分离出来，投射到红色液晶板上，液晶板记录下的以透明度表示的图像信息被投射生成了图像中的红色光信息。绿色光被投射到绿色液晶板上，形成图像中的绿色光信息，同样蓝色光经蓝色液晶板生成图像中的蓝色光信息，三种颜色的光在棱镜中会聚，由投影镜头投射到投影幕上形成一幅全彩色图像。

LCD投影机分为液晶光阀和液晶板两种。液晶是介于液体和固体之间的物质，本身不发光，工作性质受温度影响很大，其工作温度为-55～70℃。投影机利用液晶的光电效应，即液晶分子的排列在电场作用下发生变化，影响其液晶单元的透光率或反射率，从而影响它的光学性质，产生具有不同灰度层次及颜色的图像。

（1）液晶光阀投影机

这种投影机也称为图像光学放大器（Image Light Amplifier，ILA），理论上可以将亮度与图像完全分离，从而显示高亮度、高对比度、高分辨率的画面。

液晶光阀投影机采用CRT管和液晶光阀作为成像器件，是CRT投影机与液晶光阀相结合的产物。为了解决图像分辨率与亮度间的矛盾，它采用外光源，也叫被动式投影方式。一般的光阀主要由三部分组成：光电转换器、镜子、光调制器，它是一种可控开关。通过CRT输出的光信号照射到光电转换器上，将光信号转换为持续变化的电信号；外光源产生一束强光，投射到光阀上，由内部的镜子反射，通过光调制器，改变其光学特性，紧随光阀的偏振滤光片，将滤去其他方向的光，而只允许与其光学缝隙方向一致的光通过，这个光与CRT信号相复合，投射在屏幕上。它是目前为止亮度、分辨率最高的投影机，亮度可达6000lm，分辨率为2500像素×2000像素，适用于环境光较强、观众较多的场合，如超大规模的指挥中心、会议中心及大型娱乐场所。但其价格高、体积大，光阀不易维修。

（2）液晶板投影机

液晶板投影机的成像器件是液晶板，也是一种被动式的投影方式。利用外光源金属卤素灯，通过分光镜形成RGB三束光，分别透射过RGB三块液晶板；信号源经过模数转换调制加到液晶板上，控制液晶单元的开启、闭合，从而控制光路的通断，再经镜子合光，由光学镜头放大显示在大屏幕上。目前市场上常见的液晶投影机比较流行单片设计，这种投影机体积小、重量轻、操作、携带极其方便，价格也比较低廉。但其光源寿命短、色彩不太均匀、分辨率较低，最高分辨率为1024像素×768像素，多用于临时演示或小型会议。这种投影机虽然也实现了数字化调制信号，但液晶本身的物理特性决定了它的响应速度慢，随着时间的推移，性能有所下降。

它的模拟信号显示达450线，数字信号为1600×1280以下，亮度集中在400～1200lm。这类投影机具有体积小、便于携带，使用时无须调整会聚的特点，其灯泡使用寿命大约为3000h。

### 3. 三片式DLP投影机

另外一种方法是将白光通过棱镜系统分成三原色。这种方法使用三个DMD，一个DMD对应于一种原色。应用三片式DLP投影机的主要原因是为了增加亮度。通过三片DMD，来自每一原色的光可直接连续地投射到自己的DMD上。结果更多光线到达屏幕，从而给出一个更亮的投影图像。这种高效的三片式DLP投影系统被用在超大屏幕和高亮度应用领域。

DLP的潜在问题如下：

人们常常提到的DLP投影机弱点只有一个，即“彩虹效应”，具体表现是色彩被简单地分离出明显的红、绿和蓝三种单色，看起来像雨后彩虹一样。这是由于用一个旋转色轮来调制图像色彩而产生的，同时因为有些人的视觉系统特别灵敏，能察觉出一种彩色转换到另一种彩色的过程，而不是像大多数人那样靠视觉暂留现象把几种单色混合成新的色彩。除了某些用户能把色彩分离出来，还有些用户可能因为色彩的迅速变化而产生眼睛胀痛和头痛的情况。而LCD投影机和三片式DLP投影机都不会有这种现象，它们在物理结构上就是把三个固定的红、绿、蓝图像叠加而成。

但这一问题对不同的人，作用是不一样的。某些人能看出彩虹效应，甚至严重到几乎不能看画面。有些人只是偶尔会看到彩虹痕迹，远没到无法欣赏画面的程度。对于后者来说，DLP的这一缺点就没有实用上的影响。更幸运的是大多数人既看不出彩虹痕迹，也不会被眼胀、头痛所困惑。如果人人都能在DLP投影机上看到彩虹效应，DLP投影机也就失去了存在的机会了。

但不管怎样，彩虹效应总是一个问题。德州仪器公司和用DLP技术制造投影机的厂商还是在尽力解决这一问题。第一代DLP投影机色轮每秒旋转60次，相当于帧频60Hz，或每分钟3600转。在色轮中，红、绿、蓝像素各一段，所以，每种颜色每秒刷新也是60次。这种第一代产品称为“1X”转速。

第一代产品还有少数人能看到彩虹效应，改进的第二代产品的色轮转速上升到2X，即120Hz和7200r/min，能看到彩虹效应的人就更少了。今天，很多专为家庭影院市场设计的DLP投影机用六段色轮，色轮转一圈会出现两次红、绿、蓝，且色轮又以120Hz或7200r/min旋转，这样在商业上就称之为4X转速。不断提高色彩刷新速度，看得出彩虹效应的人数也就越来越少。但到目前，彩虹效应对少部分观众来说还是个问题。

## 2.1.8　洞穴式虚拟系统

洞穴式虚拟系统就是一种基于投影的环绕屏幕的洞穴自动化虚拟环境（Cave Automatic Virtual Environment，CAVE）。人置身于由计算机生成的世界中，并能在其中来回走动，从不同的角度观察它、触摸它、改变它的形状。大屏幕投影系统除了洞穴式还有圆柱形的投影屏幕和由矩形拼接构成的投影屏幕等。

## 2.1.9　触觉、力觉反馈设备

触觉反馈设备使参与者除了接受虚拟世界物体的视觉和听觉信号外，同时还能接受其触觉刺激，如纹理、质地感；力觉反馈设备则可以提供虚拟物体对人体的作用力或虚拟物体之间的吸引力和排斥力的信号，如图2-4所示。

接触反馈传送接触表面的几何结构、虚拟对象的表面硬度、滑动和温度等实时信息。它不会主动抵抗用户的触摸运动，不能阻止用户穿过虚拟表面。

力反馈提供虚拟对象表面光滑度，对象的质量和惯性等实时信息。它主动抵抗用户的触摸运动，并能阻止该运动（如果反馈力比较大），如图2-5所示。

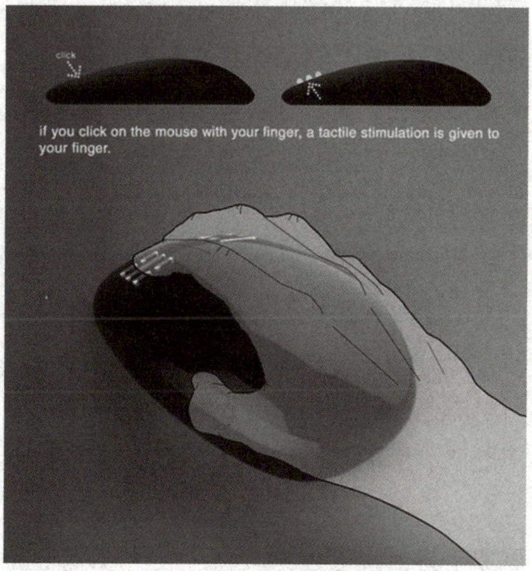


图 2-4　触觉鼠标

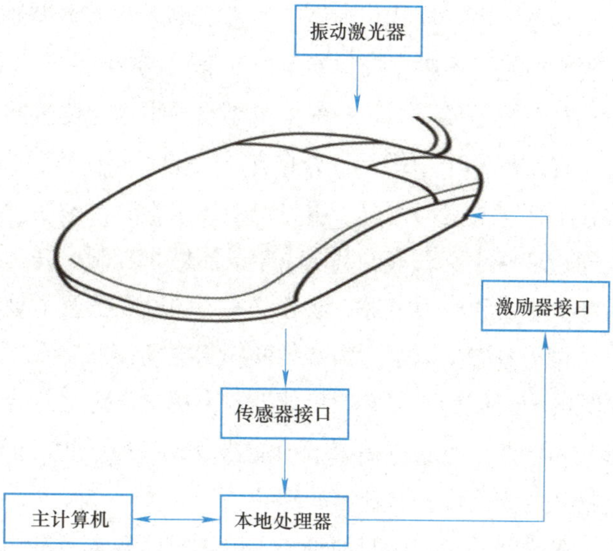


图 2-5　触觉鼠标原理

### 1. 人类的触觉系统

① 触觉。

② 传感器—发动机控制。

### 2. 接触反馈接口

① 触觉鼠标。

② CyberTouch手套，如图2-6所示。

图 2-6 CyberTouch 手套

### 3. 力反馈接口

它能提供真实的力，结构更重。要被牢固固定，以防止滑动。

① 力反馈操纵杆，如图2-7所示。

② CyberGrasp手套，如图2-8所示。

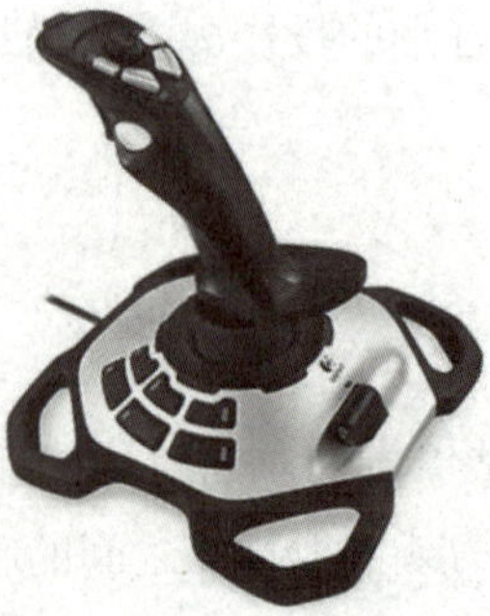

图 2-7 力反馈操纵杆

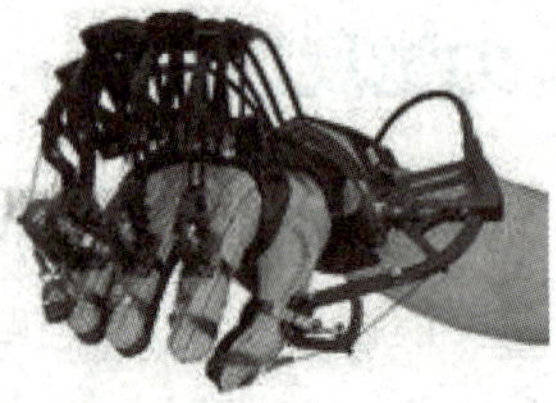

图 2-8 CyberGrasp 手套

外骨架：引导电缆，机械放大器。

缺点：易疲劳，无法模拟对象的质量。

在VR系统中如果没有触觉反馈，当用户接触到虚拟世界的某一物体时易使手穿过物体，从而失去真实感。解决这种问题的有效方法是在用户交互设备中增加触觉反馈。触觉反馈主要是基于视觉、气压式、振动触感、电子触感和神经肌肉模拟等方法来实现的。向皮肤反馈可变点脉冲的电子触感反馈和直接刺激皮层的神经肌肉模拟反馈都不太安全，相对而言，气压式和振动触感是较安全的触觉反馈方法。

气压式触摸反馈是一种采用小空气袋作为传感装置的。它由双层手套组成，其中一个输入手套来测量力，有20～30个力敏元件分布在手套的不同位置，当使用者在VR系统中产生虚拟接触的时候，检测出手的各个部位的受力情况。用另一个输出手套再现所检测的压力，手套上也装有20～30个空气袋放在对应的位置，这些小空气袋的气压由空气压缩泵控制，并由计算机对气压值进行调整，从而实现虚拟手物碰触时的触觉感受和受力情况。该方法实现的触觉虽然不是非常逼真，但是已经有较好的结果。

振动触感反馈是用声音线圈作为振动换能装置以产生振动的方法。简单的换能装置就如同一个未安装喇叭的声音线圈，复杂的换能器是利用状态记忆合金支撑的。当电流通过这些换能装置时，它们都会发生形变和弯曲。可根据需要把换能器做成各种形状，把它们安装在皮肤表面的各个位置。这样就能产生对虚拟物体的光滑度、粗糙度的感知。

力觉和触觉实际是两种不同的感知，触觉包括的感知内容更加丰富如接触感、质感、纹理感以及温度感等；力觉感知设备要求能反馈力的大小和方向，与触觉反馈设备相比，力反馈设备相对成熟一些。目前已经有的力反馈设备有：力量反馈臂、力量反馈操纵杆、笔式六自由度游戏棒等。其主要原理是由计算机通过力反馈系统对用户的手、腕、臂等运动产生阻力从而使用户感受到作用力的方向和大小。

由于人对力觉感知非常敏感，一般精度的装置根本无法满足要求，而研制高精度力反馈装置又相当昂贵，这是人们面临的难题之一。

## 2.1.10 三维扫描仪

三维扫描仪是快速获取物体的立体彩色信息并将其转化为计算机能直接处理的三维数字模型的仪器，即快速实现三维信息数字化的一种极为有效的工具。三维扫描仪主要有两类：接触式三维扫描仪、非接触式三维扫描仪。

### 1. 接触式三维扫描仪

其优点是：

① 具有较高的准确性和可靠性。

② 配合测量软件，可快速准确地测量出物体的基本几何形状。

其缺点是：

① 测量费用较高。

② 探头易磨损且容易划伤被测物体表面。

③ 测量速度慢，检测一些内部元件有先天的限制。

④ 在测量时，接触探头的力将使探头尖端部分与被测件之间发生局部变形而影响测量值的实际读数。

⑤ 由于探头触发机构的惯性及时间延迟而使探头产生超越现象，趋近速度会产生动态误差。

### 2. 非接触式三维扫描仪

① 非接触式的光电方法对曲面的三维形貌进行快速测量已成为大趋势。

② 对物体表面不会有损伤。

③ 相比接触式三维扫描仪，非接触式三维扫描仪具有扫描速度快，容易操作等特点，三维激光扫描仪可以达到5000～10000点/s的速度，而照相式三维扫描仪则采用面光，速度更是达到几秒钟百万个测量点，应用于实时扫描、工业检测具有很好的优势。

非接触式三维扫描仪分为：激光式和照相式两种。

① 激光式扫描仪属于较早的产品，由扫描仪发出一束激光光带，光带照射到被测物体上并在被测物体上移动，就可以采集出物体的实际形状。

② 照相式扫描仪是针对工业产品领域的新一代扫描仪，与传统的激光扫描仪和三坐标测量系统比较，其测量速度提高了数十倍。由于有效地控制了整合误差，整体测量精度也大大提高。其采用可见光将特定的光栅条纹投影到测量工件表面，借助两个高分辨率CCD数字照相机对光栅干涉条纹进行拍照，利用光学拍照定位技术和光栅测量原理，可在极短时间内获得复杂工件表面的完整点云。其独特的流动式设计和不同视角点云的自动拼合技术使扫描不需要借助于机床的驱动，而扫描大型工件则变得高效、轻松。其高质量的完美扫描点云可用于汽车制造业中的产品开发、逆向工程、快速成型、质量控制，甚至可实现直接加工。

### 3. 三维扫描仪的应用

三维扫描仪的应用：工业设计行业、制鞋行业、精密雕刻行业、汽车行业、玩具行业、模具制造行业、数码设计行业、工艺品行业、动漫设计行业、服装设计行业、文物保护与古董修复行业、陶瓷卫浴行业、家电产品设计、医学与人体美容、珠宝饰品设计、教育行业等。

三维扫描仪的功能如下：

三维扫描仪是一种科学仪器，可用来检测并分析现实世界中物体或环境的形状（几何构造）与外观数据（如颜色、表面反射率等）。搜集到的数据常被用来进行三维重建计算，在虚拟世界中创建实际物体的数字模型。这些模型具有相当广泛的用途，工业设计、瑕疵检测、逆向工程、机器人导引、地貌测量、医学信息、生物信息、刑事鉴定、数字文物典藏、电影制片、游戏创作素材等领域都可见其应用。三维扫描仪的制作并非采用单一技术，各种不同的重建技术都有其优缺点，成本与售价也有高低之分。目前并无一体通用的重建技术，仪器与方法往往受限于物体的表面特性。例如光学技术不易处理闪亮（高反射率）、镜面或半透明的表面，而激光技术不适用于脆弱或易变质的表面。

三维扫描仪用于创建物体几何表面的点云，这些点可用来插补成物体的表面形状，密集的点云可以创建更精确的模型（这个过程称为三维重建）。若扫描仪能够获取工件表面颜色，则可进一步在重建的表面上粘贴材质贴图，亦即所谓的材质印射（Texture Mapping）。

三维扫描仪可模拟照相机，它们的视线范围都呈现圆锥状，信息的搜集皆限定在一定的范围内。两者的不同之处在于照相机所抓取的是颜色信息，而三维扫描仪测量的是距离。

## 2.2 虚拟现实典型产品

### 2.2.1 VR头盔

VR头盔又叫虚拟现实头盔，即VR头显。VR头盔是一种利用头戴式显示器将人对外界的视觉、听觉封闭，引导用户产生一种身在虚拟环境中的感觉。头戴式显示器是较早出现的虚拟现实显示器中的一种，其显示原理是左右眼屏幕分别显示左右眼的图像，人眼获取这种带有差异的信息后在脑海中产生立体感。

VR头盔使用红外激光来跟踪头盔的移动。图2-9所示的VR头盔使用的是放在办公桌上的红外摄像头跟踪VR头盔前后的红外发射器。如果使用控制器，那么还需要另外配一个摄像头，以避免在跟踪头盔和控制器上的红外灯时出现混淆。每个传感器都是单独跟踪的，计算机收集所有信息来渲染画面，让使用者在任何时候从任何角度看到的图像都是正确的。所有这一切几乎都需要立即完成，这意味着每个红外传感器的坐标被立即捕获和处理，图像也就马上显示出来，几乎没有滞后。

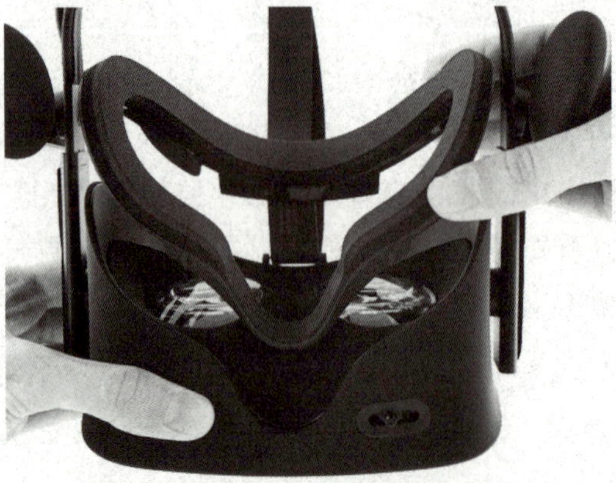

图2-9 VR头盔

## 2.2.2 VR眼镜

随着科学技术的发展，越来越多的新型产品被研发出来，这是时代进步的表现，也是一个时代的象征。也许有的读者对眼镜并不陌生，然而VR眼镜并不是人们平时所了解到的眼镜，它是智能化眼镜的一大里程碑。

VR眼镜是利用仿真技术与计算机图形学、人机接口技术、多媒体技术、传感技术、网络技术等多种技术集合的产品，是借助计算机及传感器技术创造的一种崭新的人机交互手段，如图2-10所示。VR眼镜是一个跨时代的产品。

图 2-10　VR 眼镜

VR眼镜的原理和人们的眼睛类似，两个透镜相当于眼睛，但远没有人眼“智能”。再加上VR眼镜一般都是将内容分屏，切成两半，通过镜片实现叠加成像。这时往往会导致人眼瞳孔中心、透镜中心、屏幕中心不在一条直线上，使得视觉效果很差，出现不清晰、变形等问题。而理想的状态是，人眼瞳孔中心、透镜中心、屏幕中心应该在一条直线上，这时就需要通过调节透镜的“瞳距”使之与人眼瞳距重合，然后使用软件调节画面中心，保证三点一线，从而获得更佳的视觉效果。国内设备有的是通过物理调节，有的是通过软件调节，如暴风魔镜的瞳距需要通过上方的旋钮来调节，SVR Glass则需要使用软件来调节瞳距。

可以将手机程序安装进VR眼镜中，下载相对应的APP，之后将其戴在头上如同眼镜一般，即可给体验的人带来一种如同身临其境的感觉，也大概类似于人们平常在电影所观看的3D格式电影，当然不仅如此，更让人震撼的是用来体验一些专为这个眼镜开发的多视角视频和游戏，就像一个人的电影院一样，大屏幕就在眼前，而且体验效果是非常好的。但是目前对VR眼镜的深入开发研究尚未停止，为了使画面更加具有真实感并消除佩戴者的眩晕感，VR眼镜技术还需要有进一步的优化，使VR眼镜不仅不伤眼还能矫正视力。通常，VR眼镜屏幕离眼睛都特别近，因此容易引起人们对VR眼镜伤害视力的联想，但VR眼镜实际上是可以改善视力的。

## 2.2.3 常见设备

### 1. HTC Vive

HTC VR Vive简称虚拟游戏头盔，通过计算机下载场景，头盔中展示逼真的虚拟世界，带用户到另外一个场景、另外一个时代。HTC Vive是一款目前全球领先的头戴式设备，由电子产品生产商HTC和虚拟世界设计商Valve联合开发。HTC Vive目前有以下5个系列：VIVE系列、VIVE Cosmos系列、VIVE Focus系列、VIVE Pro系列以及VIVE Flow系列，见表2-1。

表 2-1　HTC Vive 系列

| 序　号 | 系列名称 | 主要特点 | 产品图片 |
|---|---|---|---|
| 1 | VIVE系列 | 面向游戏玩家的主流PC-VR，精准的360°头显追踪，逼真的图形显示，定向音频和高清触觉反馈可在虚拟世界中提供激动人心的体验 | 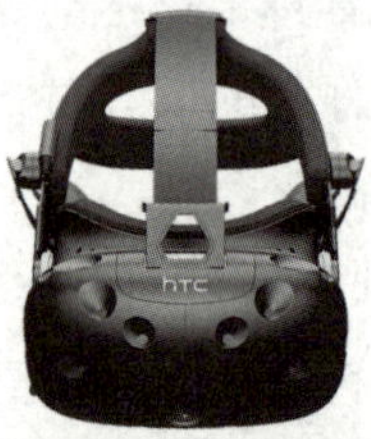 |
| 2 | VIVE Cosmos系列 | 为了适用各种VR应用程序，VIVE Cosmos系列带来了创新的模块化选项PC-VR系统，并且提供了高分辨率的解决方案 |  |
| 3 | VIVE Focus系列 | 多模式六自由度高端VR一体机，轻松应对企业及消费需求。VIVE Focus是HTC Vive推出的革命性VR一体机，搭载高通骁龙835处理器、超高清3K AMOLED屏幕，采用inside-out追踪技术，支持六自由度，实现World-Scale大空间定位，给用户极致沉浸感的VR虚拟现实体验 |  |
| 4 | VIVE Pro系列 | 专业级PC-VR。VIVE Pro为满足专业级的VR用户需求而设计，是简单易用的PC-VR系统，可随用户的业务需求进行扩展，并为游戏玩家提供了丰富的功能。从用户坐姿到大空间体验，以及多用户模式，VIVE Pro提供高质量的视觉保真度、强大的音效和沉浸式体验 |  |
| 5 | VIVE Flow系列 | 沉浸式VR眼镜。VIVE Flow是一款为改善大众身心健康而设计的沉浸式VR眼镜。从沉思到冥想，从大脑训练到集中精力，从效率提升到休闲娱乐——甚至可以在VR中播放最喜欢的电影和电视节目。将VIVE Flow与手机配对，搭配轻量化的应用程序，为用户打造VR的全面沉浸感，旨在帮助用户按需兼顾身心放松与集中专注 |  |

## 2. Oculus

Oculus Rift是Oculus VR旗下一款为电子游戏设计的头戴式显示器。Oculus VR于2014年被Facebook公司收购。Oculus Rift将虚拟现实接入游戏中，使得玩家们能够身临其境，对游戏的沉浸感大幅提升。Oculus VR系列主要有Oculus Rift、Oculus Quest和Oculus Go，见表2-2。

表 2-2　Oculus VR 系列

| 序　号 | 系列名称 | 产品类型 | 主要特点 | 产品图片 |
|---|---|---|---|---|
| 1 | Oculus Rift | VR一体机 | 具有陀螺仪控制的视角 |  |
| 2 | Oculus Quest | VR一体机 | 先进的处理能力，6GB RAM与全新的Qualcomm Snapdragon™XR2平台相结合，确保提供顺畅的性能表现 | 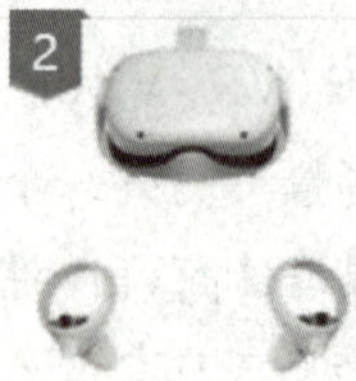 |

（续）

| 序　号 | 系列名称 | 产品类型 | 主要特点 | 产品图片 |
|---|---|---|---|---|
| 3 | Oculus Go | 外接式头戴设备 | 新一代的VR镜片，分辨率为2560像素×1440像素 |  |

### 3. Pico

北京小鸟看看科技有限公司又称Pico。Pico主要有Pico Neo3系列、Pico G2 4K系列，见表2-3。

表2-3　Pico系列

| 序　号 | 系列名称 | 产品类型 | 主要特点 | 产品图片 |
|---|---|---|---|---|
| 1 | Pico Neo3 | VR一体机 | 六自由度的VR游戏旗舰Neo系列 |  |
| 2 | Pico G2 4K | VR一体机 | 小巧强劲的VR小怪兽G系列 |  |

### 4. HoloLens

微软发布的全息影像头戴设备HoloLens内置处理器、传感器，具有全息透视镜头及全息处理芯片，无需连接手机、计算机即可使用，如图2-11所示。

图2-11　HoloLens

HoloLens是增强现实眼镜，戴上它之后，会在现实的世界里混入虚拟物体或信息，从而进入一个混合空间中。它会将人的头部移动虚拟成指针，将手势用作动作开关，而将声音指令作为辅助，帮助切换不同的动作指令。

相比Google Glass，HoloLens的工作环境是室内，以提供新的交互方式来帮助人更加高效地工作，或者展示新的娱乐方式。相比Oculus Rift，HoloLens不会把人封闭在全新的虚拟世界里，所以并不妨碍人们面对面交流。

1）HoloLens是独立的计算机，但关键在深度摄像头和HPU。

HoloLens具备CPU、GPU，因此是独立的计算机。不过，真正让它变得犹如“魔法”一般的关键是自带的深度摄像头以及HPU。如果你熟悉Kinect，就会知道它的技术关键是源自被苹果收购的PrimeSense，后者通过随机的激光散斑对空间进行“光编码”（light coding），对整个空间进行标记，以此来检测人体的运动。

HoloLens的深度摄像头的工作原理也同样如此，在它正式运作之前，需要对整个空间进行编码，然后才会显出虚拟图形。在HoloLens的官方视频中，演员用眼镜玩Mindcraft之前，展现了一个编码化的过程——或许在一个新环境使用HoloLens，会有一个初始化的过程。

2）HoloLens的原型机戴上后会自动校正。

HoloLens的原型机分为两个部分，一部分是绕在脖子上的计算单元，它上面甚至拖着一根电源线，另一部分是套在头上的部分，会自动测量瞳孔间的距离且自动校正，以适应人眼。

3）HoloLens实时对环境进行3D建模。

2013年，微软研究院发布了名为IllumiRoom的项目，通过Kinect和一部投影仪结合，将电视中的游戏画面扩展到电视外，让人获得更加沉浸式的体验。在这里，Kinect的作用是迅速捕捉房间内部的几何形状，以配合投影，而且无需任何图像的预处理。

显然，微软在结合Kinect进行快速的3D建模方面积累了大量的经验。

4）HoloLens也许会改变我们的客厅。

HoloLens发布后，Vox写了一篇评论《3D眼镜如何令电视淘汰》，讨论了HoloLens这类增强现实眼镜如何改变我们的客厅环境。

相比传统的电视，存在于HoloLens镜片上的虚拟电视有几大优势：

①直接显示3D视频；

②虚拟电视尺寸可大可小，而且基本不受室内环境限制；

③在享受电影的同时，HoloLens不会阻碍用户与家人之间交流；

④用户可以选择观看点。

5）HoloLens的将来。

未来技术的热点趋势之一是穿戴式设备。穿戴式设备未来可能比手机更便携，拥有更丰富的交互方式（比如能持续地采集手机采集不到的数据）。未来穿戴式设备的技术将会大量成熟并成为手机之外的智能辅助设备。而在这些穿戴式设备中，其他设备只是处于配角来辅助手机，只有眼镜才有超越手机的交互信息获取优势。

HoloLens 2是一款佩戴舒适的混合现实设备，如图2-12所示，它拥有先进的行业解决方案，并提供优秀的沉浸感体验——这有赖于微软云和AI服务的可靠性、安全性和可扩展性。HoloLens 2的特点是一些关键的设计升级，包括更宽阔的视野、全新的人体工程学设计、自然的交互，并且因为没有线缆束缚可以实现完全自由的移动，见表2-4。相比于HoloLens 1，HoloLens 2具有更沉浸的感受，更舒适的佩戴体验，见表2-5。

图2-12 HoloLens 2

表 2-4 HoloLens 2 的特点

| 特 点 | 描 述 |
|---|---|
| 沉浸感 | 利用大幅拓宽的视野一次浏览更多全息图。领先的分辨率有助于更轻松、更舒适地阅读文本并查看3D图像上的复杂细节 |
| 符合人体工程学 | 专为拓宽用途而设计的拨入贴合系统，让HoloLens 2佩戴起来更长久、更舒适。不影响佩戴眼镜，头戴显示设备可调整到眼镜正前方。需要切换任务时，向上翻转遮阳板即可退出混合现实 |
| 本能基础 | 以真实自然的方式实现全息图的触摸、抓握和移动。使用Windows Hello，只需使用虹膜信息即可立即安全登录HoloLens 2。通过智能麦克风和自然语言语音处理，它甚至可以在嘈杂的工业环境中执行语音命令 |
| 无线缆束缚 | 支持自由移动，没有线缆或外部配件等障碍物。HoloLens 2头戴显示设备本质是一台独立的计算机，具有Wi-Fi连接，这意味着用户可以随时携带工作时需要的一切 |
| 改善视野 | 微软已经将HoloLens 2中的FoV翻倍，这代表了HMD（头戴式显示器）的一大进步。更新后的设备包括新的眼动追踪传感器，旨在使眼睛与全息图的交互更加自然。例如，当某人的眼睛落在机器的特定部分上时，它可以调用有关该机器的有用数字信息。与全息图的交互也变得更加容易，借助手部跟踪功能，用户可以像抓握现实世界中的物体一样抓握并旋转它们，而不必学习模仿鼠标移动的手势 |
| 跟踪进度 | HoloLens 2增加和改进许多跟踪功能。引入了改进的ToF传感器并增强了软件，因此手势和手势跟踪得到了改善 |
| 改进和调整HMI | HoloLens 2的HMI改进非常有益，使眼睛跟踪、手部跟踪、手势识别和语义全部协同工作，为工作人员与虚拟对象进行交互提供了一种更自然的上下文方式。这可能意味着工作任务将更有效地完成，并达到更高的标准 |
| 安全 | 随着眼动追踪技术的推出，可穿戴式AR设备使用智能虹膜扫描解锁 |
| 其他 | HoloLens 2还包括具有Windows Hello身份验证的虹膜识别功能，使多个用户可以更轻松地登录和共享设备。新的上翻式遮阳板使用户可以在物理世界和全息世界之间轻松切换<br>舒适度也得到了解决。新的拨入式合身系统使HoloLens 2在连续数小时内佩戴舒适。用户还可以使用混合现实耳机佩戴眼镜，可以通过在其上方滑动来适应眼镜 |

表 2-5 HoloLens 2 与 HoloLens 1 对比

| 名 称 | HoloLens 1 | HoloLens 2 |
|---|---|---|
| 价 格 | 3000美元 | 3500美元 |
| 分辨率 | 1366像素×768像素；16:9光引擎 | 2K；3:2光引擎 |
| 视场角 | 34° | 52° |
| 重 量 | 579g | 566g |
| 续 航 | 2～3h | 2～3h |
| HPU | HPU1.0 | HPU2.0 |
| 芯 片 | Intel Atom X5-Z8100P芯片 | 高通骁龙850 |
| 蓝 牙 | 4.1 | 5.0 |
| 内 存 | 2G RAM；64G闪存 | 4-GB LPDDR4x系统DRAM |
| 摄像头 | 200万像素；720P视频 | 800万像素；1080P视频 |
| OS | Windows 10 | Windows Holographic |
| 手部追踪 | 单手识别与追踪 | 双手全关节模型识别与追踪 |
| 眼球追踪 | 无 | 实时眼球追踪 |

### 5. 爱奇艺VR眼镜

爱奇艺已先后推出了奇遇1、奇遇2、奇遇2S、奇遇SE、奇遇2Pro、奇遇3、奇遇Dream、奇遇Dream Pro等多款深受中国用户喜爱的VR一体机产品，并创造了诸如全球首款4K VR一体机、独家定制iQUT观影标准、全球首个5G+8K VR直播、国内首个计算机视觉（CV）头手6DoF VR交互技术等多项业界第一。经过多年发展与积淀，奇遇目前已成为国内头部VR一体机品牌。IDC数据报告显示，2021年中国VR

市场（线上电商）出货量，奇遇VR以26.6%市场份额，位居国内第二；2021年第四季度，因在产品及营销方面的创新举措，奇遇VR全渠道销售额占比22.5%，位列中国市场第一。奇遇系列VR眼镜见表2-6。

表 2-6 奇遇系列 VR 眼镜

| 序 号 | 系列名称 | 产品类型 | 主要特点 | 产品图片 |
|---|---|---|---|---|
| 1 | 奇遇2S | VR一体机 | Real RGB像素排列；818ppi逼真细节之美；双非球面镜片 | 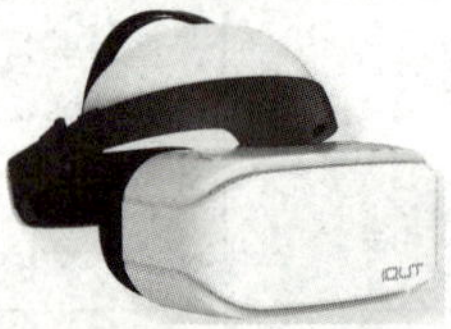 |
| 2 | 奇遇2Pro | VR一体机 | 双目摄像头，宽视视角，六自由度3D空间移动 | 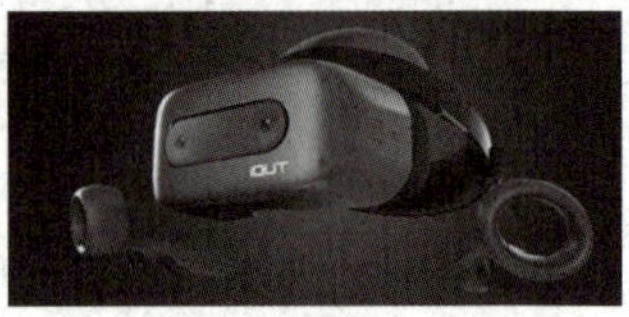 |
| 3 | 奇遇SE | VR一体机 | 75Hz刷新率，快速响应无拖影；双非球面镜片；高通骁龙835芯片；语音智能助手，随叫随应 | 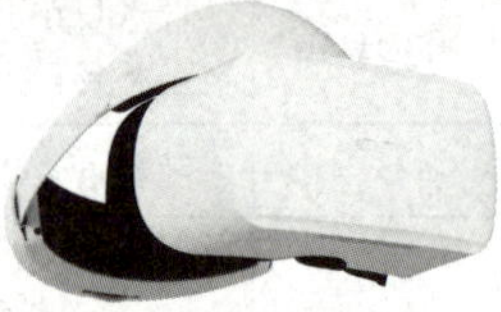 |
| 4 | 奇遇3 | VR一体机 | 4K+超清屏，4320像素×2160像素，1058PPI；90Hz定制双屏双驱；高通骁龙XR2芯片；头手六自由度，CV技术+毫米级定位 | 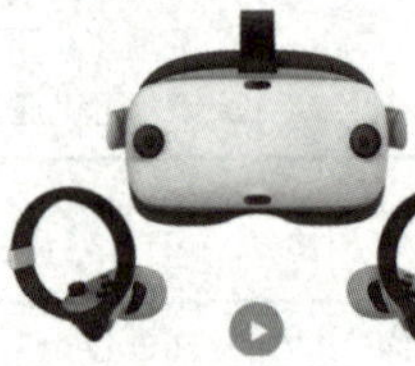 |
| 5 | 奇遇Dream | VR一体机 | 348g，高通骁龙XR2芯片；多人多端，联机畅玩 | 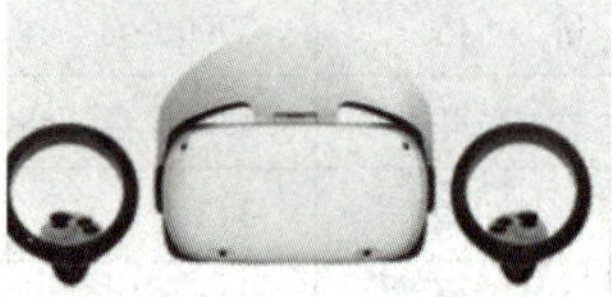 |
| 6 | 奇遇Dream Pro | VR一体机 | 在线联机，手机联机，跨平台联机；6DoF5全体感VR一体机，RMS毫米定位 | 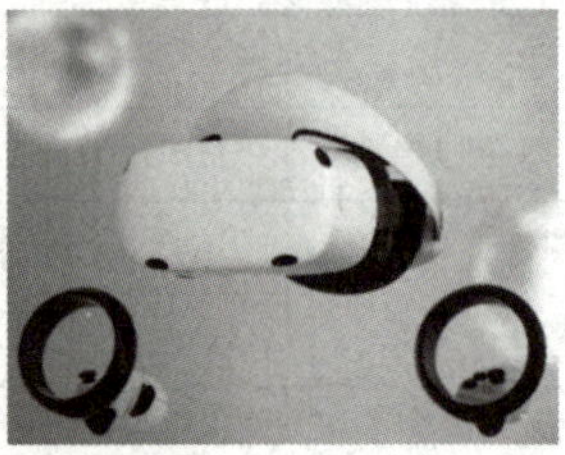 |

## 6. 华为VR眼镜

HUAWEI VR Glass支持手机一键投屏，小屏秒变巨幕，移动的IMAX巨幕，3K高清分辨率，3D沉浸式画面，3D全景立体声视听合一，如图2-13所示。HUAWEI VR Glass特点见表2-7。

表 2-7 HUAWEI VR Glass 特点

| 特 点 | 描 述 |
|---|---|
| 移动IMAX巨幕，眼前呈现 | 两块独立的2.1英寸Fast LCD显示屏，延迟低，有效改善画面拖影。3K高清分辨率，极大地减少颗粒感与朦胧感，细节之处纤毫毕现。3D沉浸式画面配合90°视场角，在家也能享受IMAX影院般的身临其境感 |
| 3D全景立体声，视听合一 | 采用半开放式的双扬声器设计，声场开阔，声音清晰而富有层次感。开启3D立体音效，沉醉于听觉盛宴之中。更有双Smart PA智能功放芯片加持，音乐输出动态范围大幅提升，外放音量更大、低音更浑厚有力、音质更饱满 |

（续）

| 特 点 | 描 述 |
| --- | --- |
| 超薄轻盈，佩戴舒适 | HUAWEI VR Glass采用超短焦光学模组，实现了仅约26.6mm厚度的机身，看得见的纤薄。轻量化机身设计，含线控约166g重，摸得着的轻盈。佩戴舒适，更适合长时间使用 |
| 外接6DOF配件，交互升级 | 引入第三方6DOF配件，为HUAWEI VR Glass带来6DOF交互新体验，解锁大型PC游戏新技能，轻松体验国际3A级游戏大作和海量内容 |

图 2-13 HUAWEI VR Glass

## 课后习题

### 一、填空题

1．HTC Vive头戴式设有__________个头戴式设备感应器，可实现360°移动追踪。

2．Stream VR系统的房间设置包括__________和__________两种模式。

3．当HTC Vive设备中的手柄开机仍未配对时，需同时按住手柄的__________和__________键，实现控件配对。

4．VR系统中常用的立体显示设备可分为__________、__________、__________三大类。

5．HMD是__________的简称。

6．HTC Vive是由HTC和__________联合开发的。

### 二、选择题

1．（ ）是运用先进的技术手段将虚拟物体的空间无能运动转变成物理设备的机械运动，使用户能够体验到真实的力度感和方向感，从而提供一个崭新的人机交互界面。该项技术最早应用于尖端医学和军事领域。

A．光学系统 B．力反馈 C．跟踪系统 D．声音系统

2．下列生产商不生产虚拟现实头盔设备的是（ ）。

A．Oculus Rift B．HTC Vive C．索尼 D．顺丰

3．AR设备的典型代表是（ ）。

A．HTC Vive B．HoloLens C．Magic Leap D．Oculus Rift

### 三、简答题

1．简述洞穴式虚拟现实系统的特点。

2．列举一套完整的HTC Vive套装里面的配件（至少5个）。

3．简述虚拟现实系统的组成部分。

# 单元3

# 虚拟现实关键技术

单元介绍

虚拟现实相关技术是最重要的学习内容，在虚拟现实领域中需要能够运用相关技术制作出合适的高品质虚拟现实应用系统。本单元将讲解一些常用的虚拟现实技术，为读者掌握基本的虚拟现实技术、深入学习虚拟现实技术打下扎实的基础。

扫码观看视频 扫码观看视频 扫码观看视频

## 知识目标

- 掌握常用的虚拟现实建模技术，包括建模软件、建模方法和建模工作流程。
- 掌握虚拟现实人机交互技术，包括交互设备、交互技术和用户体验设计原则。
- 熟悉立体显示技术，了解不同类型的立体显示设备及其工作原理。
- 熟悉三维虚拟声音的实现，了解音频处理技术和声音定位技术。
- 熟悉碰撞检测的要求，了解虚拟环境中物体碰撞检测的算法和技术。

## 能力目标

- 能够使用常用的虚拟现实建模技术创建虚拟环境和模型。
- 能够设计和实现虚拟现实人机交互界面，提供良好的用户体验。
- 能够应用立体显示技术展示虚拟现实场景，实现沉浸式体验。
- 能够实现三维虚拟声音的效果，使声音与虚拟环境相匹配。
- 能够应用碰撞检测技术，实现虚拟环境中物体之间的交互和碰撞效果。

## 素质目标

- 弘扬爱岗敬业精神，培养刻苦钻研、严谨笃学的职业价值观。
- 培养潜心钻研业务、精耕细作的职业素养，追求专业技术的卓越性。
- 倡导数字科技赋能文化，增强文化自信，培养建设文化强国的意识和责任感。

导读

## 2022年北京冬奥会开幕式解密系列——科技篇

北京冬奥会开幕式和点火都是关于雪花的故事，完全不同的雪花汇聚到北京，成为一朵人类的雪花，如图3-1所示。

图 3-1 北京冬奥会开幕式

开幕式全程都使用数字表演与仿真技术，在虚拟的鸟巢（国家体育场）先模拟呈现，最后落地到现实世界中，并通过综合运用人工智能、5G、AR、裸眼3D和云计算等多种科技成果，实现了“人少而不空，空灵而浪漫”的效果。这也是全球首次规模化应用8K技术进行开幕式直播，并联合5G网络全方位呈现一场身临其境的冰雪视觉盛宴。

**1. 虚实结合**

开幕式前的热场环节中，深圳展示出多番科技大秀。激光投射灯点亮深圳夜空，2022架无人机展现出漫天的雪花，通过矩阵组合变换，组成“冰墩墩”和“雪容融”两个冬奥吉祥物。同时深圳城市楼宇灯光形成了裸眼3D视觉效果。最后冬奥运动智能机器人身着民族服饰，挥动着冬奥旗帜登场，有的还化身滑雪滑冰运动员，为冬奥会开幕式先行暖场。

**2. 世界最大的LED地屏：裸眼3D+动作捕捉**

开幕式地屏是由46504个50cm见方的单元箱体组成的，总面积达到11626$m^2$，采用多个8K+级分辨率的画面融合技术，超大规模的光学校正算法可对每个显示画面进行像素点级的光学校正，可呈现出100000:1超高对比度，3840Hz超高刷新率，以及29900×15096超高分辨率的超高清绚丽画面。地屏整体不仅能够呈现裸眼3D效果，而且还带有动作捕捉互动系统，可以实时捕捉演员的行进轨迹，从而实现演员与地面屏幕的互动。

北京理工大学和中央电视台自主研发的渲染集群管理软件将集群渲染速度提高到30倍以上。为保障地屏视频呈现、表演者动作、背景音乐三者实时配合，冬奥会开幕式仿真系统结合可视化界面和图纸、视频等多种数据输出载体将各种表演方案的真实效果进行三维呈现，将每一个要素的时空变化精准至0.01s，最终使视觉震撼效果达到“极致”。

**3. 冰立方和奥运五环（图3-2）**

冰立方总重量400t，升降重量达180t，大约是一辆小汽车重量的120倍。在84m×42m×10m的基坑内，要实现的升降载荷超过一般剧院大型升降台的8倍，是整个开闭幕式最大功率的驱动设备。负责冬奥开幕式舞台总承的长征天民研制团队，在场地受限的情况下，通过精确控制电动机驱动16条链条、16条钢丝绳组成的4套同步传动单元，将冰立方的升降定位精度控制在±1mm。

奥运五环标志的展示，是奥运会开幕式一个重要的仪式环节。银河般的瀑布从天而降凝结成冰，近3层楼高的冰立方在43s内拔地而起，冰立方里内有乾坤，绚丽的激光打在冰立方上，雕刻出一个晶莹剔透的冰雪五环，在音乐烘托下五环于碎冰中徐徐升起，宛如夜空中璀璨恒星，点燃了全场观众的热情。

图 3-2 冰立方和奥运五环

奥运五环长19m，高8.75m，重量约3t，厚度仅35cm，采用了大量LED屏幕，结构特点是异形、大跨距、低刚度，它的设计和火箭研制异曲同工，对重量和精度要求都非常苛刻。参照了航天结构设计的方法，为奥运五环研制了骨骼——铝合金桁架结构，衣服——LED显示屏，外套——扩散板，让奥运五环也跟火箭的箭体一样，既坚又轻。

**4. 实时AI动捕互动**

国家或地区的代表入场都有一个雪花形状的引导牌，随着引导员的动作变化，近百朵写着各国（地区）名字的虚拟雪花也开始汇聚在一起，橄榄枝将小雪花变化成大雪花，大雪花在鸟巢中自由飞舞，一个虚拟地球慢慢显现。

虚拟的大雪花慢慢消失，一个雪花形态的主火炬台慢慢升起，这个主火炬台直径有14.89m，由96块小雪花形状和6块橄榄枝形状的LED双面屏组成，上面嵌着超55万颗LED灯珠，每个LED灯珠都由驱动芯片的单一信道独立控制。

600多位小朋友挥舞着和平鸽灯童声合唱，每位孩子脚下的雪花都如影随形。这是世界上首次对超过600人进行集体实时人工智能动作捕捉、渲染。凭借英特尔3DAT计算机视觉动作捕捉技术、北京电影学院声音学院师生团队AI实时视频特效等技术的支持，以及先进的AI算法，技术团队仅通过4部摄像机便覆盖全场，实现演员与现场铺设大屏之间的实时互动。

火炬点燃，巨型雪花屏由中心向四周辐射并快速变换，完美同步的显示画面背后，是京东方AIoT技术体系及自主研发的同/异步兼容信发系统，异步集控能在极短时间内将大规模视频内容快速下发，同步集控确保102块双面屏幕实现毫秒级响应。同时，通过采用LoRa（远距离无线电）低延迟控制系统搭配同步播放时间校正技术，进一步确保视频画面完美协同。

5. **虚拟融入现实**

数字表演与仿真技术团队负责人、北京理工大学计算机学院丁刚毅教授介绍称：“我们通过三维仿真技术，模拟出冬奥会开幕式全流程，对演员、灯光、音乐、烟花、奥运火炬，甚至转播机位等全要素进行全方位‘排兵布阵’。这个平台相当于电影预演系统，帮助导演团队等直观了解开幕式的整体效果。”这种数字表演依托人工智能、大数据、云计算、智能仿真等新技术手段增强实现艺术创意，通过提供感官复合的视觉效果和虚拟交互能力丰富表演呈现和制作手段，从而全面提升了文艺演出的表现效果。节目仿真效果图如图3-3所示。

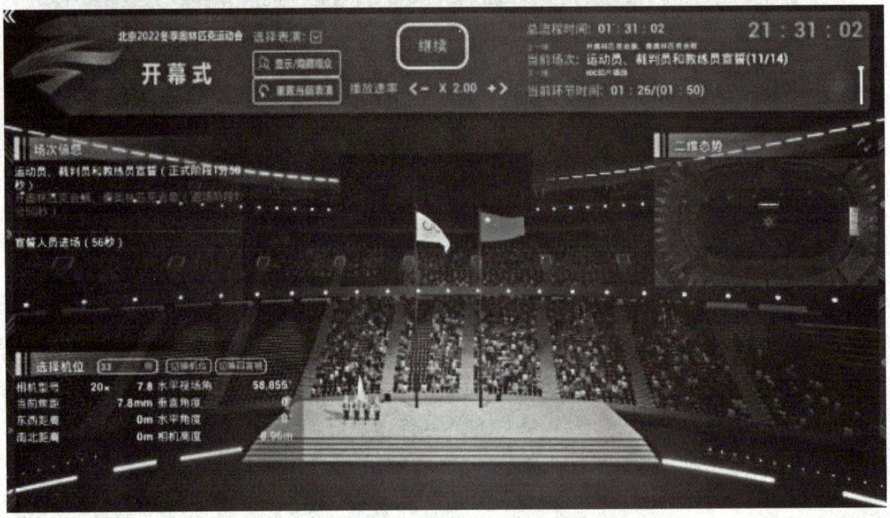


图 3-3　节目仿真效果图

5G+VR技术应用打破了传统的定点观赛模式，为观众带来了自由视角、子弹时间、沉浸式观赛、VR互动等多种创新观赛体验，观众不仅可以通过调整观看视角动态追踪自己想看的内容，还可以随时捕捉稍纵即逝的定格画面。同时，这项技术还能辅助裁判判罚，保障赛事公平性。北京冬奥会场馆还创新应用了虚拟场馆仿真系统（VSS），通过可视化“数字孪生”模型，对赛事场馆进行了1:1的3D场景还原，这是奥运赛历史上首次使用虚拟场馆仿真方式进行运行设计和转播规划的系统平台。

北京航空航天大学教授张霖指出，虚拟仿真技术还有极大的发展空间。“未来，在视觉感知方面最终需要摆脱眼镜和头盔，在视觉之外更需进一步发展物理建模仿真技术，最终构造内外真实的虚拟物体、虚拟环境、虚拟人、虚拟社会、虚拟世界、虚拟宇宙，并建立人、真实世界和虚拟世界之间的无缝融合和自由交互。”

此外，还有各个领域的新技术在北京冬奥会上应用，为冬奥会的成功举办增添了无尽动力和十足的科技感。

从“同一个世界，同一个梦想”到“一起向未来”，中国用实力向世界展示奥林匹克精神和双奥之城的品格，当奥林匹克又一次进入“北京时间”，我们有信心、有能力为世界奉献一届精彩、非凡、卓越的奥运盛会！我们有决心、有底气在奥林匹克运动发展史上留下浓墨重彩的一笔！这些冬奥上的高科技不仅仅是我国实行“科技强国”战略的成果，更彰显了我们的文化自信。

思考

1．案例当中应用了哪些科技？

2．案例当中体现了虚拟现实的哪些关键技术？

虚拟现实技术是一种综合了多媒体技术、计算机图形技术、网络技术、人机交互技术、虚拟仿真技术及立体显示技术等的计算机学科新技术，其目的是创造虚拟环境并通过视觉、听觉和触觉等感知行为让用户身临其境并可进行智能交互。其中，快速建模技术、实时三维图形生成、体感交互以及虚拟现实开发引擎是虚拟现实技术的关键技术环节。

虚拟现实技术可以为人们提供一个更加直观、易操作、精确性高、交互式的高效操作平台。

# 3.1 立体显示技术

人类从客观世界获取信息的80%来自于视觉，视觉信息的获取是人类感知外部世界、获取信息的最主要渠道。在视觉显示技术中，实现立体显示技术是较复杂和关键的。立体显示技术是虚拟现实的关键技术之一，它可以使人在虚拟现实世界里具有更强的沉浸感，立体显示技术的引入可以使各种模拟器的仿真更加逼真。因此，有必要研究立体成像技术并利用现有的计算机平台，结合相应的软硬件系统在显示器上显示立体视景。

## 3.1.1 立体视觉的形成原理

双目视差显示技术：由于人两眼之间有4～6cm的距离，所以实际上看物体时两只眼睛中的图像是有差别的。两幅不同的图像输送到大脑后，看到的是有景深的图像。这就是计算机和投影系统的立体成像原理，如图3-4所示。

立体显示技术主要有分色技术、分光技术、分时技术、光栅技术以及全息技术。其中前三种技术的流程很相似，都是需要经过两次过滤，第一次是在显示器端，第二次是在眼睛端，如图3-5所示。

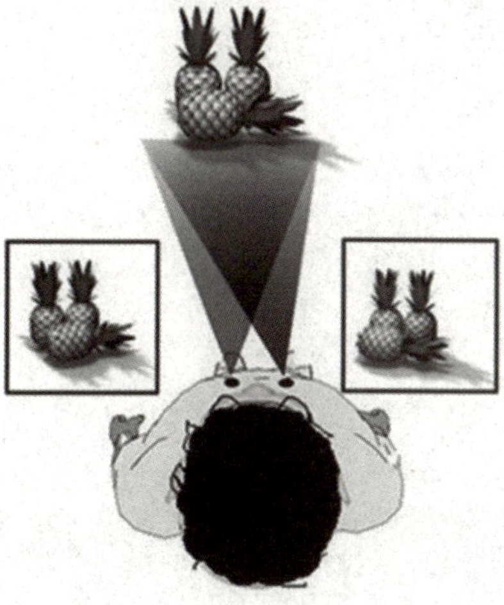

图 3-4　立体成像原理

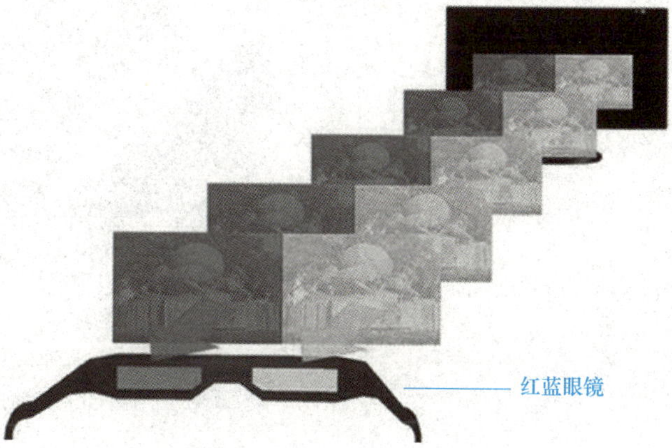


图 3-5　立体显示技术

### 1. 分色技术

分色技术的基本原理是让某些颜色的光只进入左眼，另一部分只进入右眼。显示器就是通过组合红、黄、蓝三原色来显示上亿种颜色的，计算机内的图像资料大多数也是用三原色的方式储存的。分色技术在第一次过滤时要把左眼画面中的蓝色、绿色去除，右眼画面中的红色去除，再将处理过的这两套画面叠合起来，但不完全重叠，左眼画面要稍微偏左边一些，这样就完成了第一次过滤。第二次过滤是观众戴上专用的滤色眼镜，眼镜的左边镜片为红色，右边镜片是绿色或蓝色。由于右眼画面同时保留了蓝色和绿色的信息，因此右边的镜片，不管是蓝色还是绿色都是一样的。

### 2. 分光技术

分光技术的基本原理是当观众戴上特制的偏光眼镜时，由于左、右两片偏光镜的偏振轴互相垂直，并与放映镜头前的偏振轴相一致。使观众的左眼只能看到左像，右眼只能看到右像，然后通过双眼汇聚功能将左右图像相叠合在视网膜上，由大脑神经产生三维立体的视觉效果。常见的光源都会随机发出自然光和偏振光，分光技术是用偏光滤镜或偏光片滤除特定角度偏振光以外的所有光，让0° 的偏振光只进入右眼，90° 的偏振光只进入左眼（也可用45° 和135° 的偏振光搭配）。

### 3. 分时技术

分时技术是将两套画面在不同的时间播放，显示器在第一次刷新时播放左眼画面，同时用专用的眼镜遮住观看者的右眼，下一次刷新时播放右眼画面，并遮住观看者的左眼。按照上述方法将两套画面以极快的速度切换，在人眼视觉暂留特性的作用下就合成了连续的画面。

### 4. 光栅技术

在显示器前端加上光栅挡光，让左眼透过光栅时只能看到部分画面，右眼也只能看到另外一半画面，于是就能让左右眼看到不同影像并形成立体，此时无需佩戴眼镜。而光栅本身亦可由显示器所形成，也就是将两片液晶画板重叠组合而成，当位于前端的液晶面板显示条纹状黑白画面时，即可变成立体显示器；而当前端的液晶面板显示全白的画面时，不但可以显示3D影像，而且可以同时相容于现有的2D显示器，如图3-6所示。

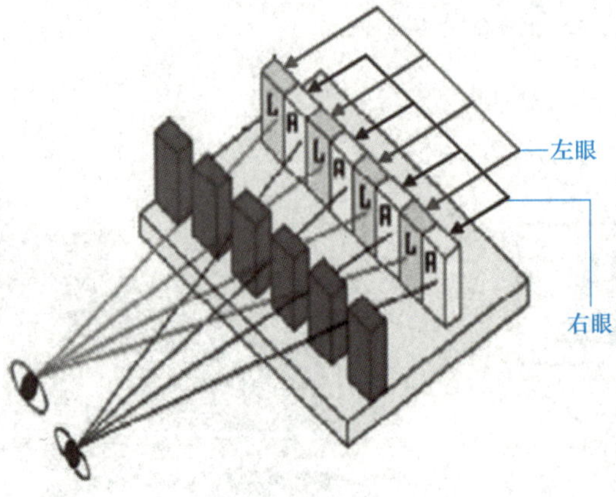


图 3-6　光栅 3D 显示技术原理

### 5. 全息技术

计算机全息图是通过计算机的运算来获得的一个计算机图形的干涉图样，替代传统全息图物体光波记录的干涉过程，而全息图重构的衍射过程并没有原理上的改变，只是增加了对光波信息可重新配置的设备，从而实现不同的计算机静态、动态图形的全息显示。

(1) 全息投影

全息投影技术，也称虚拟成像技术，是利用光的干涉和衍射原理记录并再现物体真实三维图像的技术。全息投影技术不仅可以产生立体的空中幻像，还可以使幻像与表演者产生互动，一起完成表演，产生令人震撼的演出效果。主要适用于产品展览、汽车服装发布会、舞台节目、互动演出、酒吧娱乐等。

例如，2016年辽宁春晚六小龄童3D美猴王，通过3D全息影像技术，在舞台上展现花果山多彩壮观的奇景，有“美猴王”的招牌动作大耍金箍棒，更有高科技的3D全新影像技术重磅加身，使得“美猴王”现场腾云驾雾，而花果山、天宫等壮丽美景也得以再现舞台，画面震撼。

（2）幻影成像

将幻影成像系统配合专业的灯光设计，把播放的视讯呈现于立体空间之中，而配合音响系统及控制系统，即可以实现大型的梦幻演出，绘声绘色，虚幻莫测，非常直观地给人留下深深的印象。幻影成像分类如图3-7所示。

1）舞台幻影。舞台幻影成像技术以宽银幕的环境、场景模型和灯光的变换为背景，使用投影机播放特殊的3D全息视频，经由透明全息半透膜的光学反射，将活动人像叠加进场景之中，构成了动静结合的影视画面。再加以声光电控制系统的渲染，构成气势磅礴的全息幻影舞台。

地面上有一个屏幕，然后钢架上架设45° 倾斜的透明全息半透膜。根据光学知识，把透明全息半透膜当作一个镜子，那么LED地面屏幕上显示的内容恰好会被反射到观众的眼睛里，看起来就像是立着的。在环境光很暗的情况下，效果还是很惊艳的。实际舞台中，利用一个或者多个光学镜面组合将实物或者动态图像悬浮于空中，使观众可以看到立体的图像。舞台幻影原理如图3-8所示。

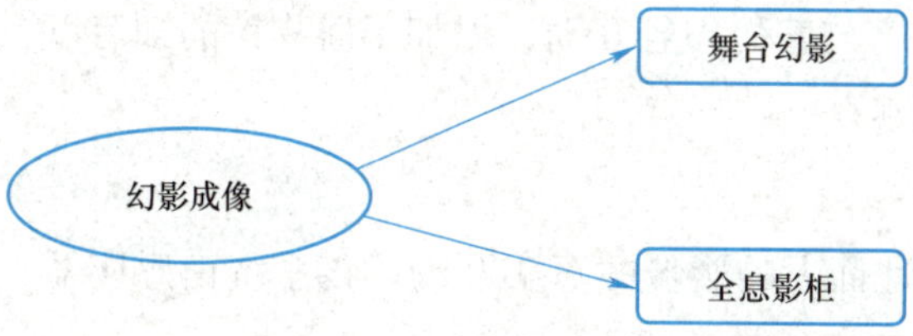

图3-7 幻影成像分类

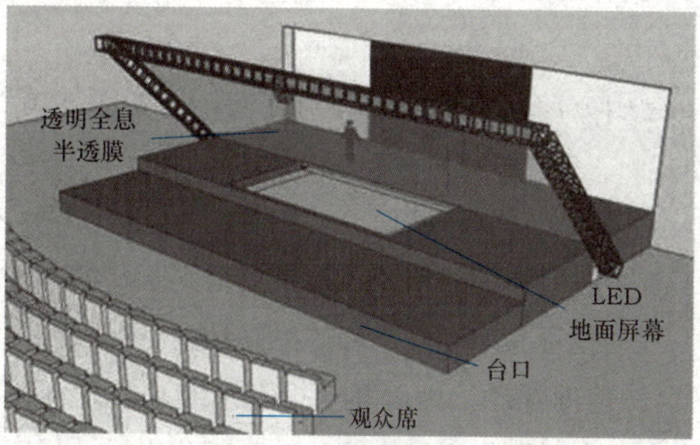

图3-8 舞台幻影原理

舞台幻影成像所使用的反射膜是特殊的专用膜，在膜的表面通过真空磁控溅射镀膜工艺镀制纳米级的感光涂层，使膜在保持较高的透过率95%以上的同时也具有高的反射率（镜面外观）。膜层主要成分是SOB感光材料，具有成像细腻，高清晰度的功能，能使影像产生极大立体纵深感。

2）全息影柜。全息影柜是能够把影像悬浮于空中的立体成像技术，是由全息材料制成的反射面，将虚拟影像悬浮于空中，360° 均能观看。根据功能需要，可做成180°、270° 和360° 的全息影柜，最大的可做成3m宽。全息影柜原理如图3-9所示。

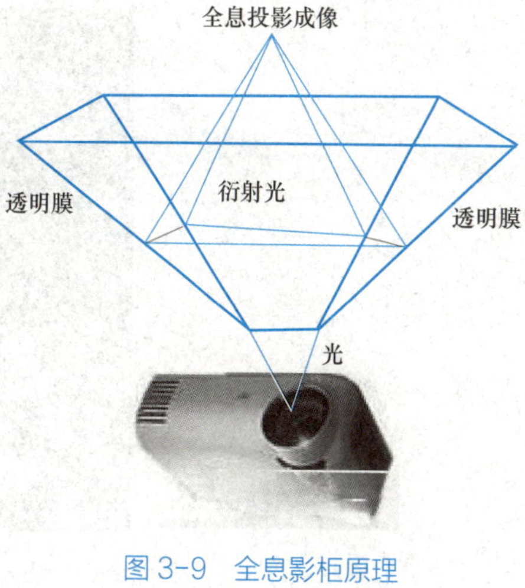

图3-9 全息影柜原理

将展示的产品配合成像逼真的立体特效重叠于一个空间中呈现，做成以假乱真的效果，带给人们视觉上强烈的冲击。主要应用于购物中心的高端精致商店展示，或者作为装潢设计风格的体现、房地产行业应用展示，甚至在发布会中作为布置的亮点运用。全息展示如图3-10所示。

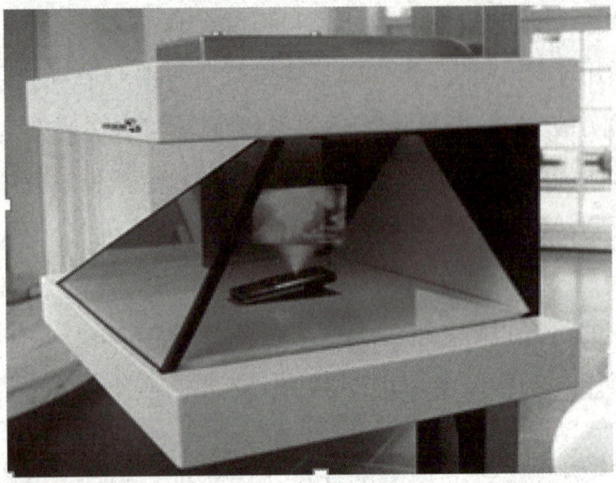

图 3-10 全息展示

（3）互动投影

互动投影采取动作捕捉的技术，适合各种设备，如LED大屏幕，等离子、数字视频墙等，将参与者的动作转换成数据与虚拟影像互动。互动投影应用场所有商城、专卖店、大卖场等消费场所；酒吧、迪厅、KTV等娱乐场所；展览会、大型庆典等活动现场；博物馆、科技馆、图书馆等展馆。

互动投影的优点如下：

吸引人流：新奇的互动效果必然会吸引和引导人流的参观，同时好的设计和艺术效果可以增加互动气氛。

导引方向：可以用作导引方向，如智能的博物馆指引、查询，比起以往传统的指示牌查询屏更加人性化。

增加效益：做成实时互动内容的形式，如博物馆让游客与宣传内容互动，增加了博物馆的知名度，加深了游客对博物馆的印象，博物馆得到宣传的同时娱乐了观众。

互动投影有地面互动和体感互动两种形式。

1）地面互动。地面互动投影系统是参与者和投射在地面上的影像的真实互动，该系统由感应器、应用服务器和地面显示及互动软件四部分组成。地面互动如图3-11所示。

地面互动投影系统适用于科技馆、规划馆、博物馆、行业展馆、主题展馆、企业展厅等常年展馆，也适用于展览会现场、商场、酒店、新产品发布、促销活动、舞台、婚庆典礼，以及写字楼、广场等传统用多媒体技术无法实现的场所。

图 3-11 地面互动

2）体感互动。体感互动系统实际上是一种3D体感摄影机，比一般的摄像头更智能。首先，它能够发射红外线，从而对整个房间进行立体定位，摄像头则可以借助红外线来识别人体的运动。

除此之外，动作感应器能追踪用户全身的动作，并且会根据数据建立数位骨架，它可以对人体的20个部位进行实时追踪，该设备最多可以同时对两个玩家进行实时追踪。体感互动系统利用即时动态捕捉、影像辨识、麦克风输入、语音辨识等功能让人们摆脱传统单调的操作模式。体感互动如图3-12所示。

图 3-12 体感互动

（4）高清投影膜

高清投影膜在保持清晰显像的同时，能让观众透过投影膜看见背后景物。无论光源是否充足的情况下，皆能透过正面及背面两侧，同时多角度直接观看影像的划时代专利技术投影膜，主要应用于虚拟迎宾、商场装饰等，如图3-13所示。

图 3-13 高清投影膜

## 3.1.2 立体图像再造

相比较而言，利用计算机模型产生图形图像并不是太难的事情。如果有足够准确的模型，又有足够的时间，我们就可以生成不同光照条件下各种物体的精确图像，但是这里的关键是实时。

实时三维图形生成技术能增强场景图形的真实感和提高生成速度。目前该项技术已经较成熟，其关键是如何实现实时生成。为了达到实时生成的目的，至少要保证图形的刷新率不低于15帧/s，最好是高于30

帧/s。因此，在不降低图形的质量和复杂度的前提下，尽可能地提高刷新频率是该技术的主要研究方向。

# 3.2 环境建模技术

快速建模技术是近年来的新兴三维建模技术，其通过几何图形模型库、3D扫描仪以及Kinect深度照相机等技术手段与工具快速有效地对真实物体进行数据收集并转化为数字信号进行自动建模，可在虚拟世界展现真实世界中的场景，相比传统建模技术省略了许多复杂程序，建模效率得到极大提升，已成为场景建模的主要手段之一。快速建模过程中常通过次世代游戏技术及场景分块、可见消隐等方式对场景建模优化，以确保虚拟现实系统的运行效率与流畅性。

虚拟环境建模的目的在于获取实际三维环境的三维数据，并根据其应用的需要，利用获取的三维数据建立相应的虚拟环境模型。只有设计出反映研究对象的真实有效的模型，虚拟现实系统才有可信度。

基于目前的技术水平，常见的是三维视觉建模和三维听觉建模。在当前应用中，三维建模一般主要是三维视觉建模。三维视觉建模可分为几何建模、物理建模、行为建模和听觉建模。

## 3.2.1 几何建模技术

虚拟环境中的几何模型是物体几何信息的表示，涉及表示几何信息的数据结构、相关的构造与操纵该数据结构的算法。虚拟环境包括两个方面，一是形状，二是外观。物体的形状是由构成物体的各个多边形、三角形和顶点等来确定的，物体的外观是由表面的纹理、颜色、光照系数等来确定的。

几何建模是开发虚拟现实系统过程中最基本、最重要的工作之一。几何建模通常可分为层次建模法和属主建模法，如图3-14所示。几何建模可通过以下两种方式实现：

1）人工几何建模方法。

2）自动几何建模方法。

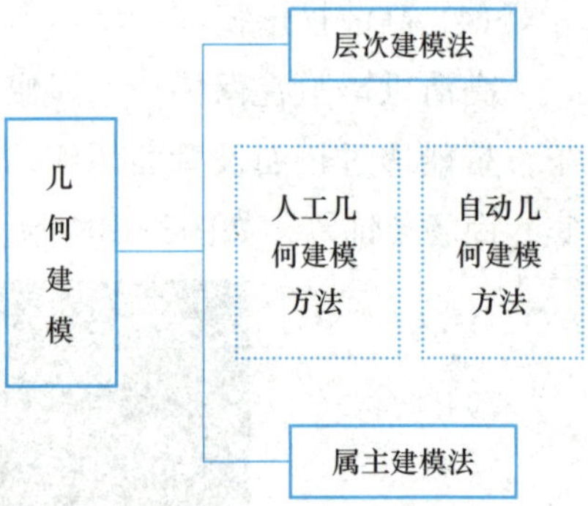

图 3-14 几何建模的分类

### 案例演示（使用 3ds Max 2018 软件完成）

#### 案例1 简单花朵的制作

本案例将制作一朵造型简单的花朵，其渲染效果如图3-15所示。

图 3-15 简单花朵渲染效果

本案例将涉及二维图形的创建和编辑等操作。通过学习，可以了解二维图形的有关概念，掌握正多边形、圆等二维图形的创建方法、参数设置方法，初步认识Edit Spline编辑修改器和Extrude编辑修改器的功能。

##### 1. 创建正多边形

1）依次单击命令面板中的和（Shapes）按钮，在“Object Type”卷展栏中单击“NGon”（正多边形）按钮，这时，该按钮呈黄色显示，表示处于选中状态。

2）将鼠标指针移到Top视图中，按住左键后拖动鼠标，这时视图中出现一个正六边形（可通过设置改变边的数目），在合适的位置放开鼠标左键，完成创建正多边形的操作。

### 2. 设置多边形参数

1）确认刚创建的多边形处于被选中状态，然后在命令面板的“Name and Color”卷展栏中设置多边形的颜色为白色，名称为“多边形”。

2）在命令面板的“Rendering”卷展栏中选择“Renderabl（可渲染）”复选项，如图3-16所示。

3）在“Parameters”卷展栏中设置“Radius（半径）”值为40，改变多边形的大小。将“Sides（边数）”设为14，将多边形变成正十四边形，如图3-17所示。

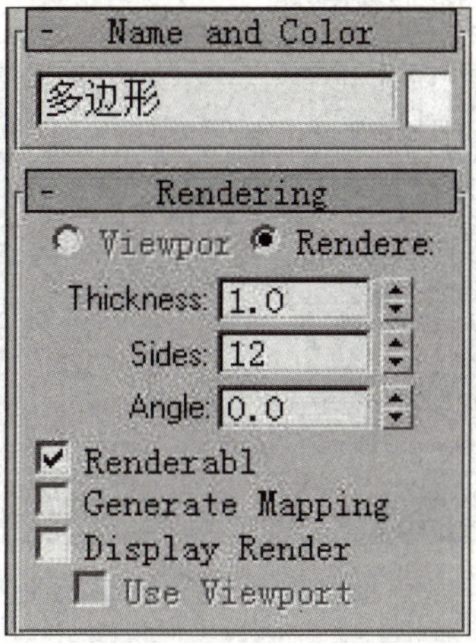


图 3-16　设置多边形为可渲染

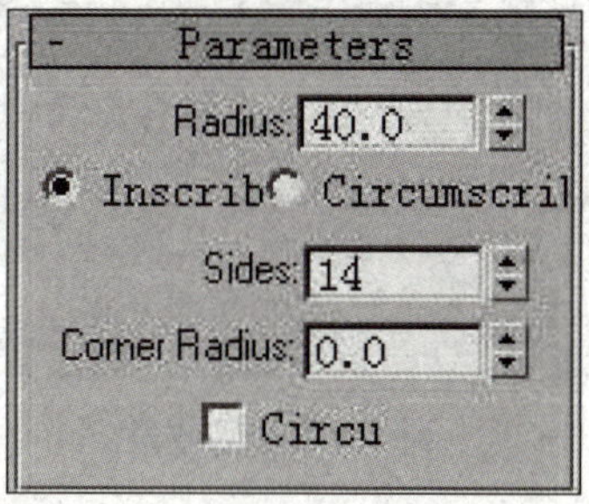


图 3-17　设置多边形的参数

### 3. 将正多边形编辑成花瓣形状

1）保持正多边形为选中状态，单击命令面板上的按钮，打开“Modify”（修改）命令面板。

2）单击“Modify”面板中的“Modifier List”（修改列表）列表框右侧的箭头按钮，从弹出的列表中选择“Edit Spline”（编辑样条）命令，所选择的编辑器出现在编辑修改器堆栈区域列表中，如图3-18所示。

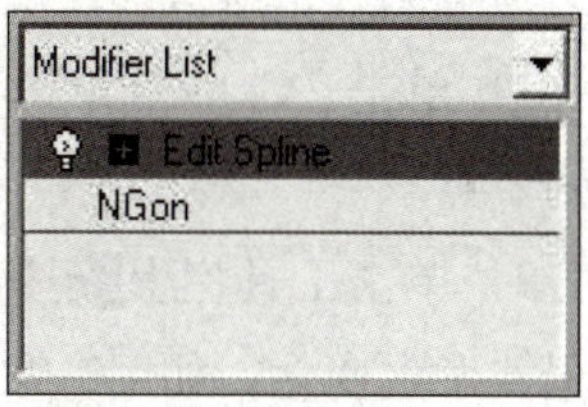


图 3-18　编辑样条

3）选择“Edit Spline”编辑修改器后，该编辑修改器的参数面板出现在命令面板的下方。单击“Selection”卷展栏中的“Vertex”（节点）按钮，使它变成黄色显示。这时，从视图中可以看到多边形上出现了很多白色小十字图标，表示多边形各边相交的节点。其中带白色框的十字图标表示多边形的起始点，如图3-19和图3-20所示。

4）在Top视图中，单击多边形上的任一节点，该节点变成红色显示，表示选中了该节点。按住<Ctrl>键，按间隔一个节点的方式在多边形上选择节点，形成节点选择集。按<Space>键，锁定所选择的节点对象。

5）单击工具栏上的按钮，再单击工具栏上的按钮右下角箭头，从弹出的列表中选择，以节点选择集的中心作为变换中心准备对选择的节点对象进行缩放操作。

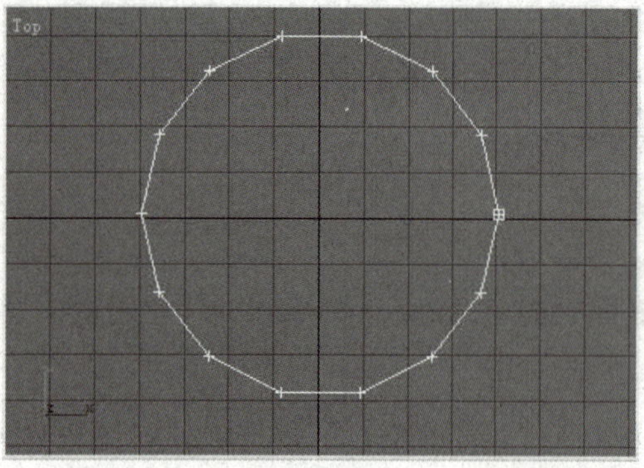


图 3-19　节点选择集

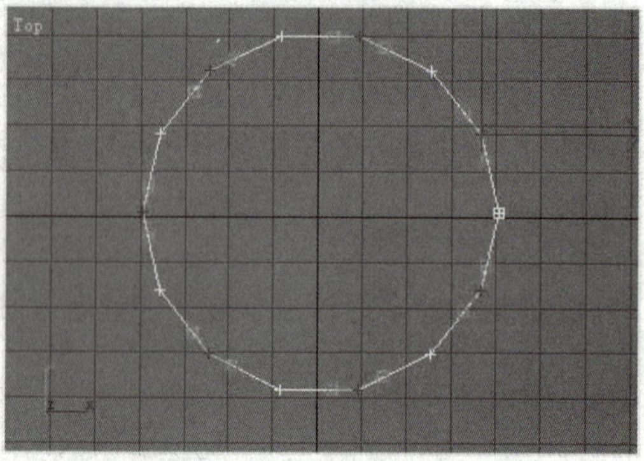


图 3-20　多边形上的节点

6）将光标移到Top视图中，按住鼠标左键后向下拖动，所选择的节点会跟随鼠标的移动而向内收缩，当到达适当位置后松开鼠标左键，得到如图3-21和图3-22所示的效果。

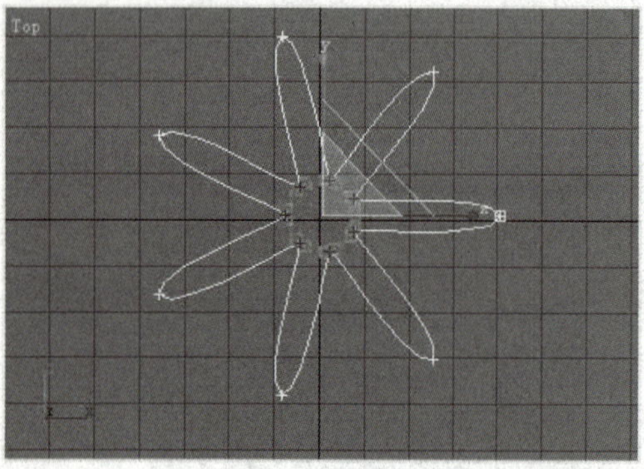


图 3-21　平分线段后的效果

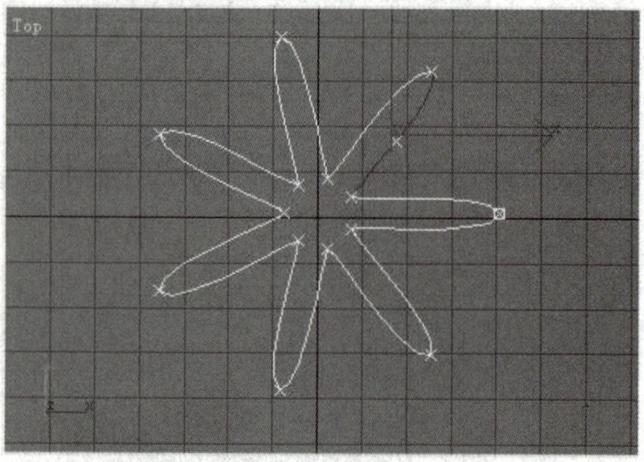


图 3-22　缩放节点得到的造型

7）单击“Selection”卷展栏中的“Segment”（线段）按钮，进入线段编辑状态。然后在Top视图中单击构成多边形的任意一条线段，该线段呈红色显示，表示选中了该线段。再单击“Geometry”卷展栏中的“Divide”（分段）按钮，即在该线段中间增加了一个节点，将该线段平分成了两条线段，按同样的方法将图形中所有的线段都平分成两段。

8）单击“Selection”卷展栏中的按钮，回到节点编辑状态。然后在Top视图中单击选择一个新增加的节点。

9）单击工具栏上按钮，在Top视图中按住鼠标左键拖动，选择的节点会随之移动，同时线条的形状跟着发生变化，如图3-23所示。

10）按同样的方法移动所有线段上中间节点的位置以调整多边形的形状，使之变成更为生动的花瓣造型，如图3-24所示。

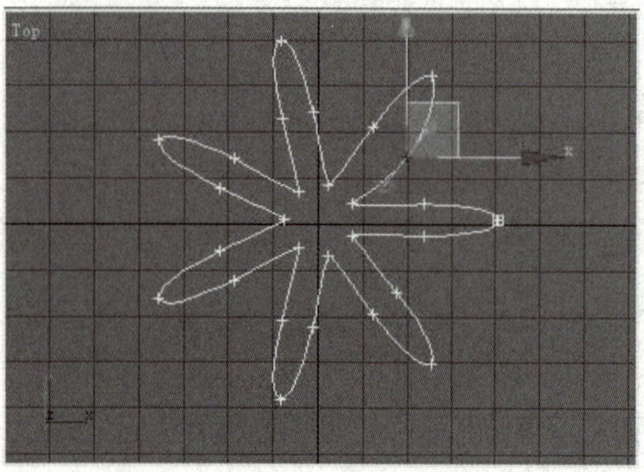


图 3-23　花瓣造型

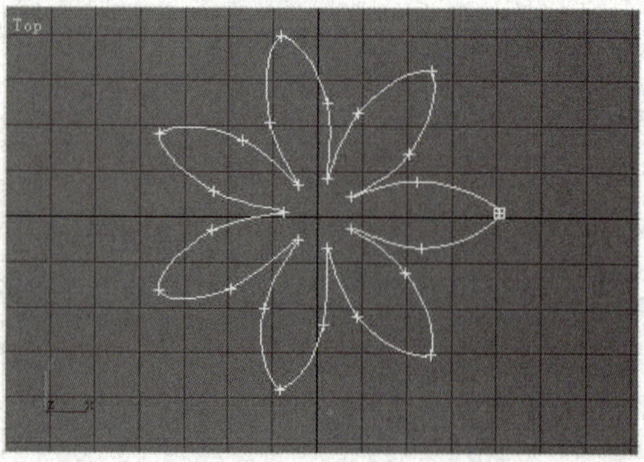


图 3-24　移动节点位置后的效果

### 4. 制作花蕊

1）单击“Create / Shapes”面板上的“Circle”（圆）按钮，使它变成黄色显示。

2）将鼠标移到Top视图，按住鼠标左键拖动，创建一个圆形，如图3-25所示。

3）设置圆形的颜色为粉红色，并在“Rendering”卷展栏中选择“Renderabl”和“Display Render”两个复选项。

4）将圆形移到花瓣的中心位置，并调整其大小刚好与花瓣底部节点相连，如图3-26所示。

图 3-25　创建圆形

图 3-26　创建圆形后的效果

### 5. 使用“Extrude”编辑器将二维图形变成三维图形

1）在Top视图中单击命令面板上的“Modify”按钮，打开“Modify”命令面板。再单击“Modifier List”列表框右侧的箭头按钮，从弹出的列表中选择“Extrude”命令。可看到“Perspective”视图中花瓣轮廓线内也填充了白色，得到了花瓣效果。

2）在Top视图中选择圆形，制作花蕊效果。

3）至此，即制作完成了一朵简单的花朵。单击工具栏上的按钮，将场景中的图形进行渲染，得到图3-15所示的渲染效果。

### 案例2　回形针的制作

1）在顶视图（快捷键<T>）用图形工具绘制一个图形。

选择“线”开始在顶视图进行绘制，如图3-27所示。

在绘制的同时按住<Shift>键可绘制直线，绘制的顺序可以由里往外，也可以由外往里，如图3-28所示。

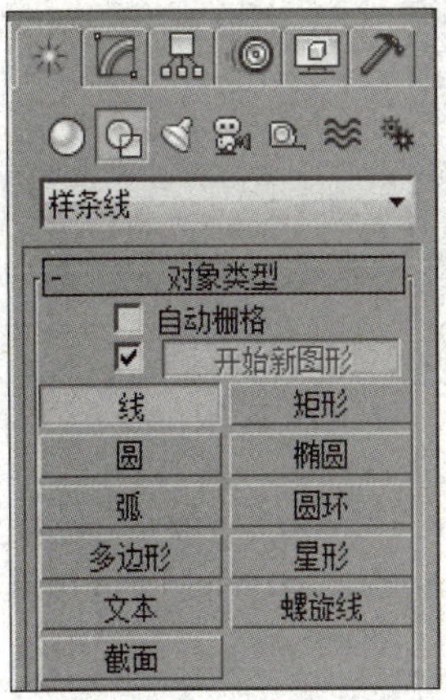


图 3-27　绘制选择界面

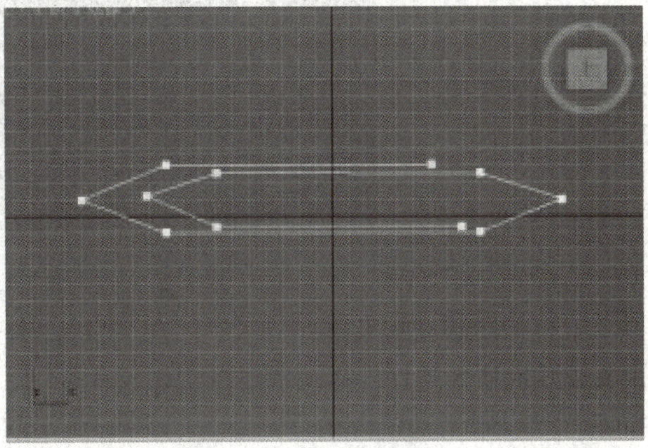

图 3-28　绘制界面

2）图形绘制好后，进入修改器，选择“顶点”（黄色标识）：此时图形上会显示各个点，如图3-29所示。

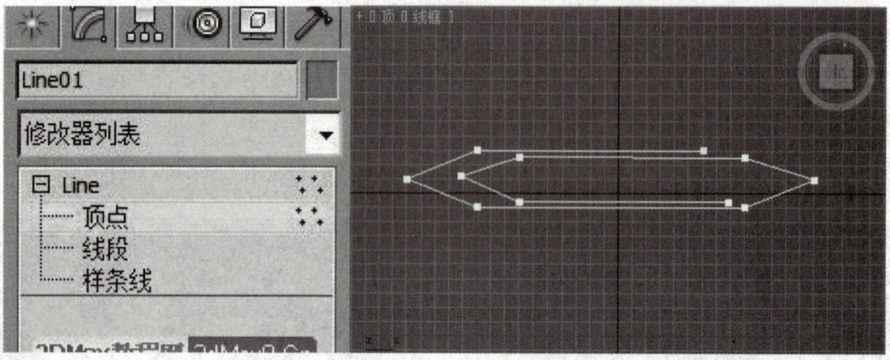


图 3-29 修改器

在顶点处单击鼠标右键选择移动进行微调，主要看直线是否直。调整好之后，利用圆角工具将回形针的两端修改成圆角：选择两端的顶点，在右边几何体工具栏中找到圆角工具，可以在文本框中输入数值，或者利用鼠标滑动它的微调器，一直滑到不能够再进行拖动为止。此时，原来的尖角已经变为圆角，如图3-30所示。

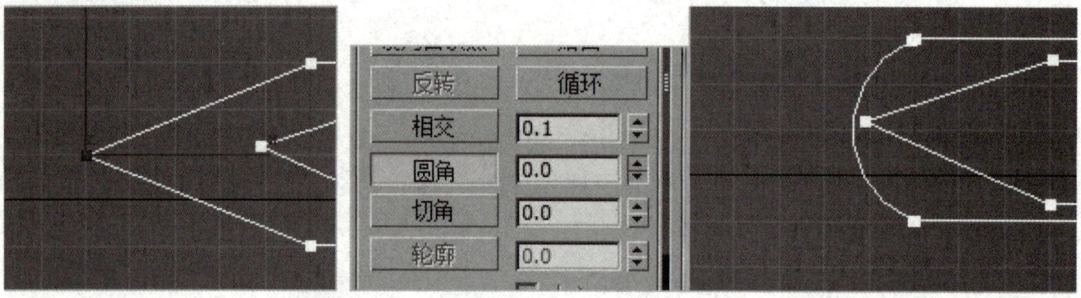


图 3-30 微调

3）将进行圆角处理后的顶点进行熔合和焊接处理，圆角处理后会发现顶点处是两个顶点，放大图形就可发现，如图3-31所示。

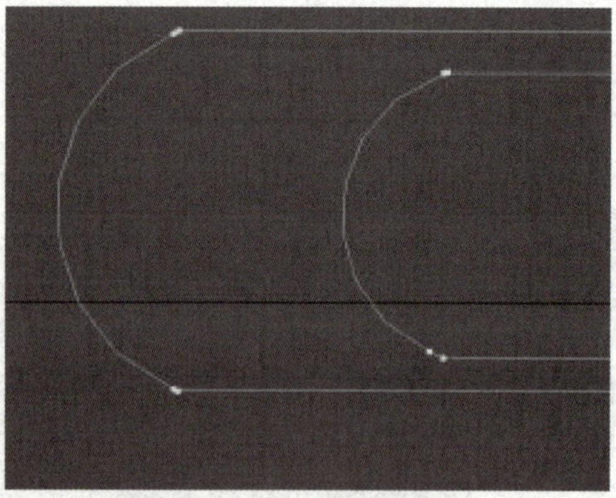

图 3-31 圆角处理

将这些顶点进行熔合和焊接处理以方便下一步操作，可按<W>键，转换为可移动模式。先选中要处理的顶点，在右边几何体工具栏中找到“熔合”和“焊接”，先单击“熔合”按钮然后再单击“焊接”按钮，如图3-32所示。

共有6个点要进行处理。注意：熔合是针对两个顶点进行的，所以选择时要注意选中两个。

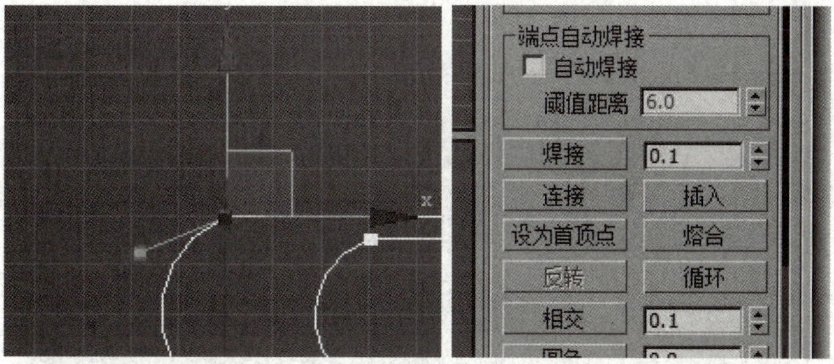


图 3-32　熔合和焊接处理

4）全部都处理完之后，选中4个顶点，这4个顶点是红色显示的（先选中其中一个，然后按住<Ctrl>键将其余3个也选中），如图3-33所示。

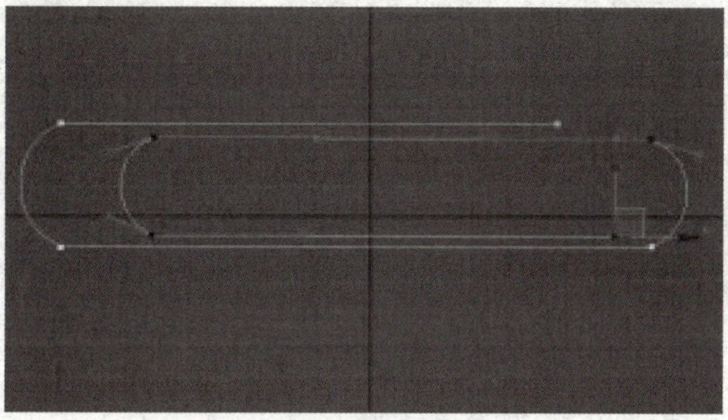

图 3-33　选择 4 个顶点

开始向上拖动，如图3-34所示。

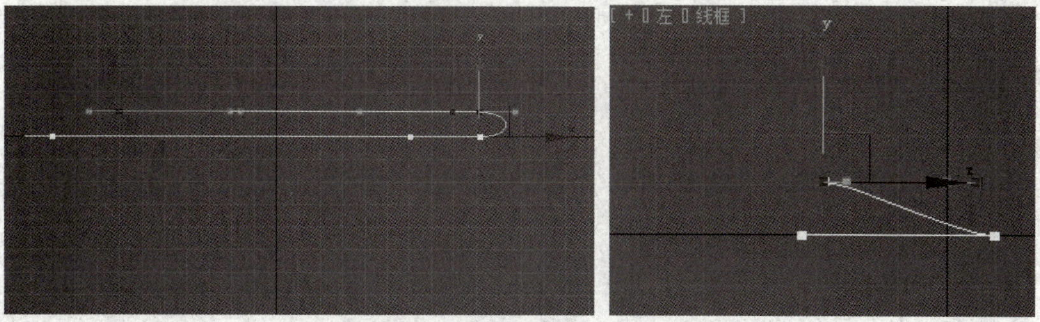

图 3-34　拖动顶点

5）在前视图中拖动鼠标框住如图3-35的两个点，将其选中。

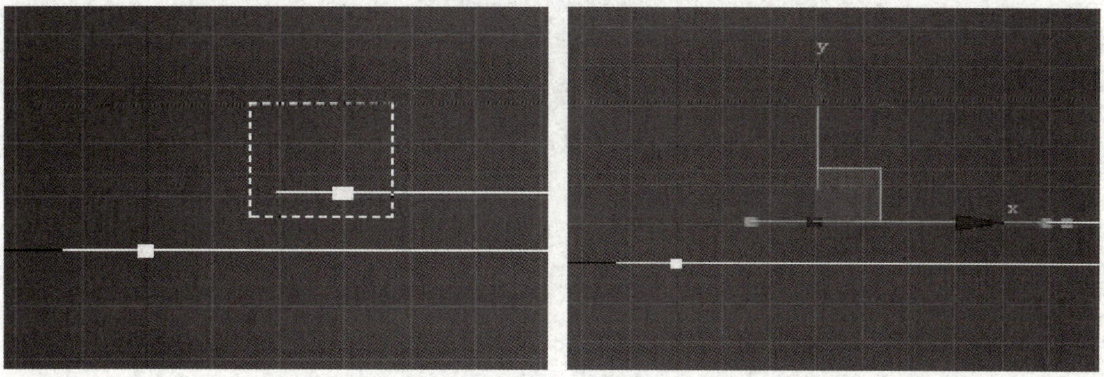

图 3-35　透视图

注意：在前视图中看到好像是一个点，实际上在透视图中可以看到选中的是两个点。

选中之后单击鼠标右键将它们转换为Bezier角点，如图3-36所示。

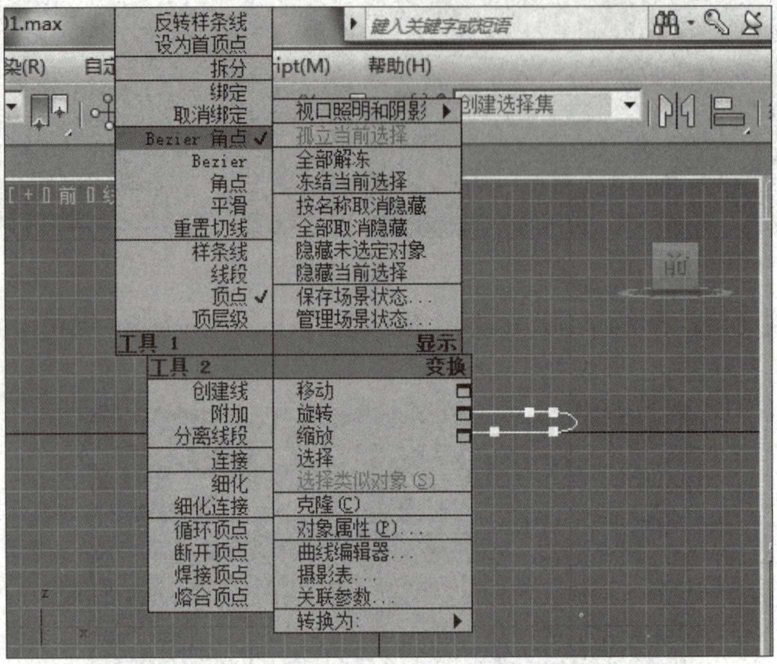


图 3-36　Bezier 角点

然后就可在透视图中调节两个绿点，如图3-37所示。

注意：如果转换为Bezier角点之后调节不了，则看一看上面的工具栏里是否选中了这个标识。

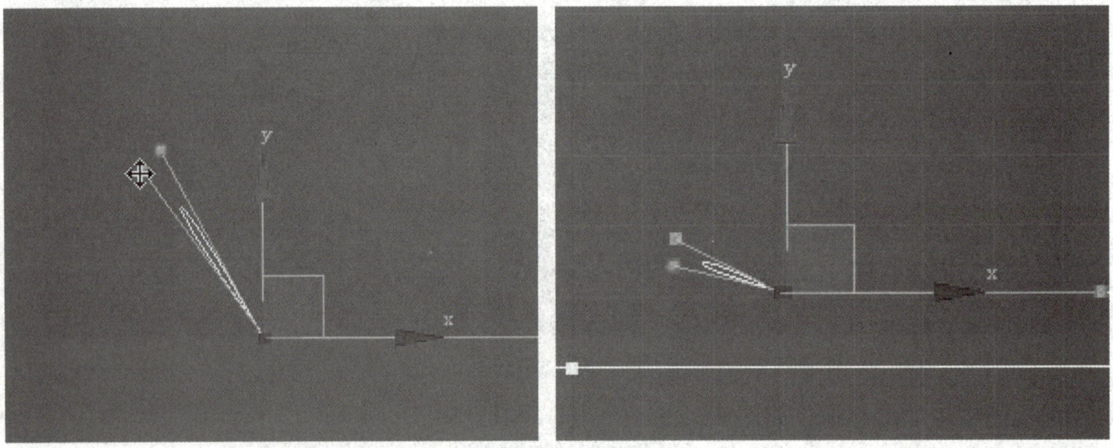

图 3-37　调节绿点

也可在视图中调节两个绿点，如图3-38所示。

6）渲染调节好，切换到透视图放大看一看效果，满意之后退出顶点选择，选中整个图形，在右边工具栏中找到渲染，如图3-39所示。

两个点都选中，然后在下面的径向中调节比较合适的大小及粗细。

注意：各方面都调节好之后，会发现这个地方不自然，如图3-40所示。

可利用圆角工具调节，步骤与第2）步一样，选择要处理的两个顶点，在右边几何体工具栏中找到圆角工具，可以在文本框中输入数值，或者利用鼠标滑动它的微调器进行微调。

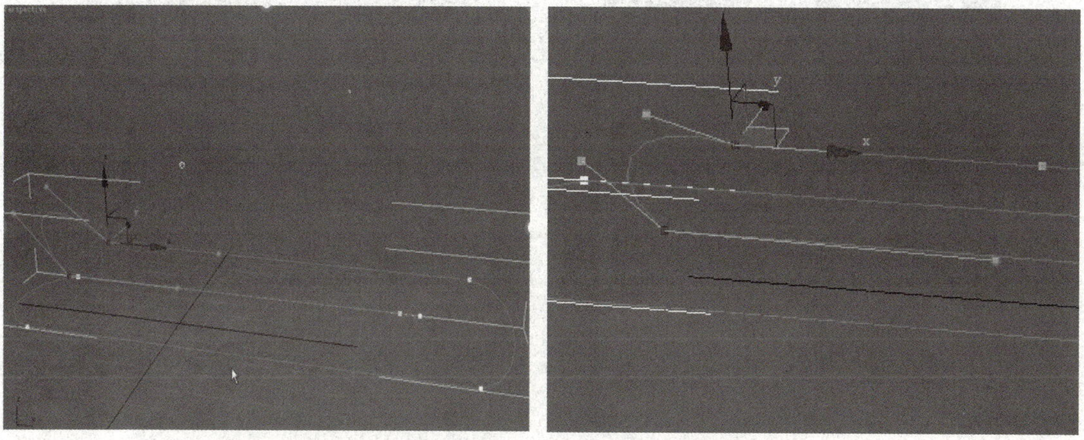

图 3-38 通过视图调节绿点

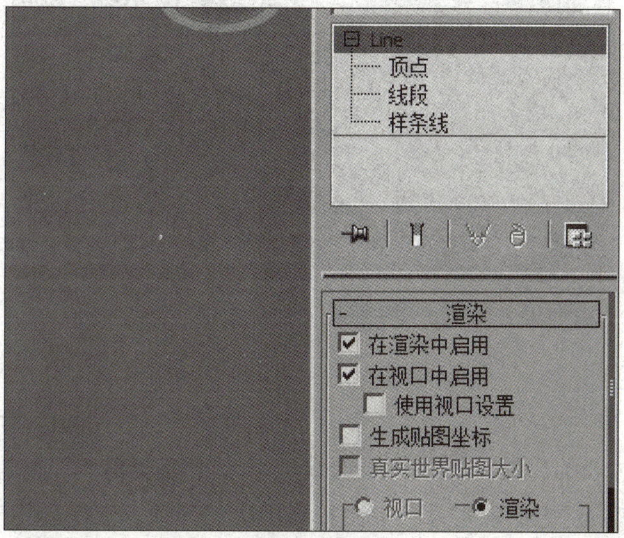


图 3-39 工具栏

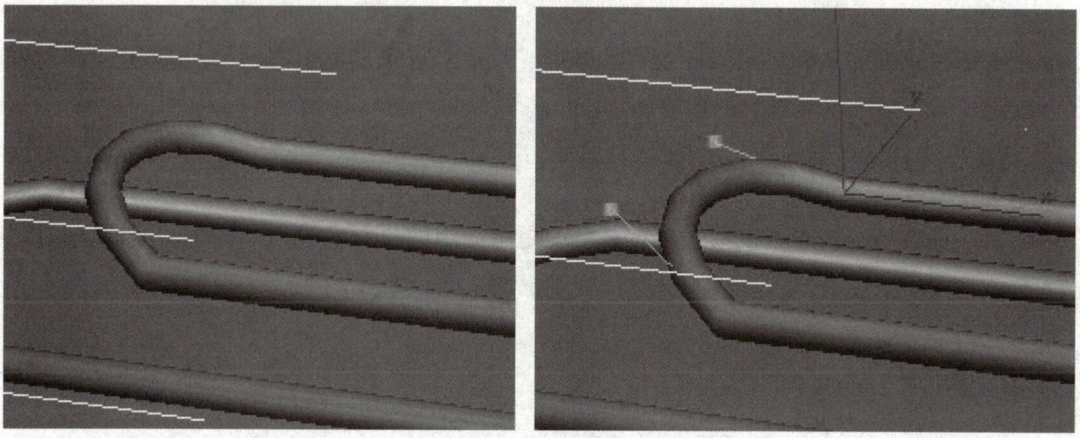

图 3-40 不自然的地方

微调之后如图3-41所示。

在右边的工具栏找到插值工具（在渲染工具栏的下面），输入参数值，如图3-42所示。

图 3-41 微调

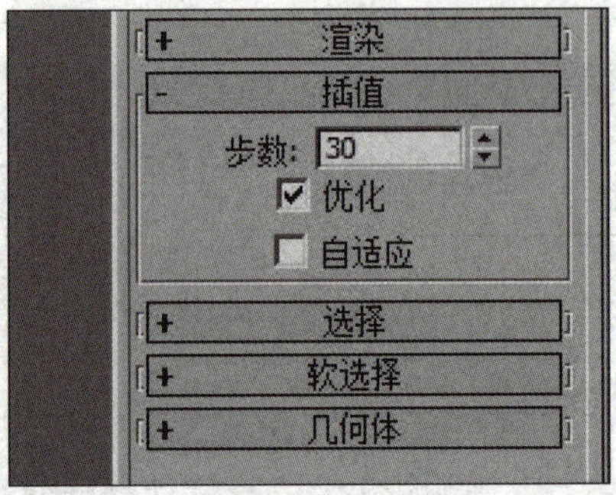


图 3-42 输入参数值

这一步主要是进行效果优化，让模型更加真实。调好之后可将边面效果关闭。按<F9>键渲染效果图，如图3-43所示。

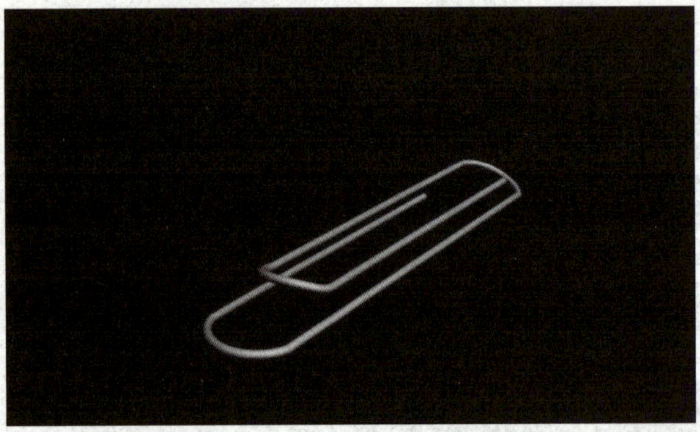

图 3-43 效果图

## 3.2.2 物理建模技术

物理建模指的是虚拟对象的质量、惯性、表面纹理（光滑或粗糙）、硬度、变形模式（弹性或可塑性）等特征的建模。物理建模是虚拟现实系统中比较高层次的建模，它需要物理学与计算机图形学配合，涉及力的反馈问题，主要是质量建模、表面变形和软硬度等物理属性的体现。

### 1. 分形技术

分形技术是指可以描述具有自相似特征的数据集。该技术首先被用于河流和山体的地理特征建模，在虚拟现实系统中一般仅用于静态远景的建模。

### 2. 粒子系统

粒子系统是一种典型的物理建模系统，粒子系统是用简单的体素完成复杂的运动建模。在虚拟现实系统中，粒子系统常用于描述火焰、水流、雨雪、旋风、喷泉等现象及动态运动的物体建模。

## 案例演示

### 案例1 足球的制作

其效果如图3-44所示。

步骤如下：

1）打开建模工具。

2）在“创建”面板中选择几何体下的“扩展基本体”选项，然后单击“异面体”按钮，如图3-45所示。

图 3-44 足球效果图

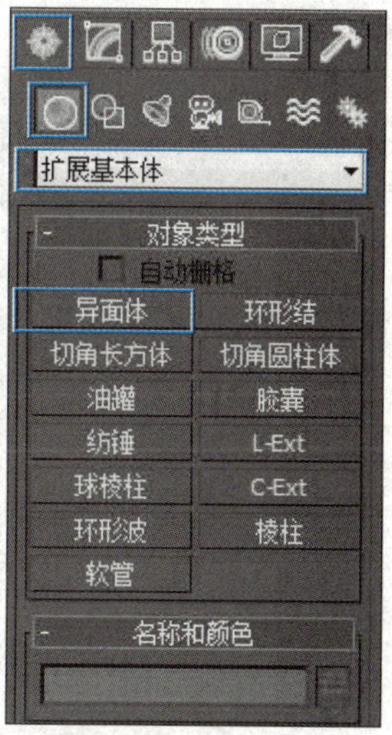


图 3-45 “创建”面板

3）在视图中创建一个异面体，如图3-46所示。

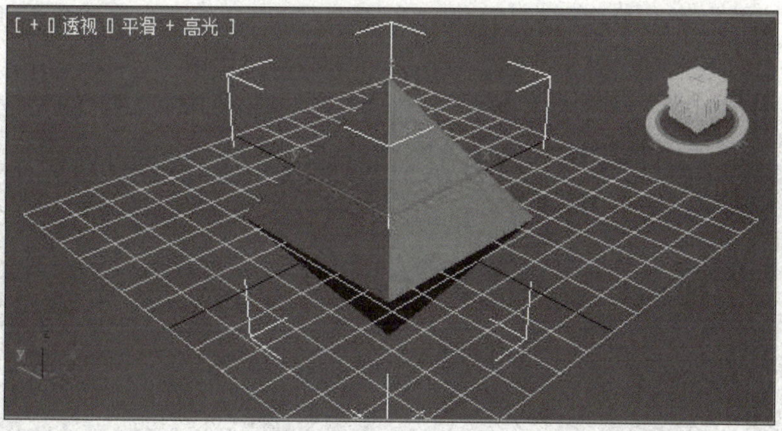


图 3-46 创建异面体

4）进入“修改”面板中的“参数”卷展栏，在“系列”中选择“十二面体/二十面体”单选按钮，将P值改为0.37，如图3-47和图3-48所示。

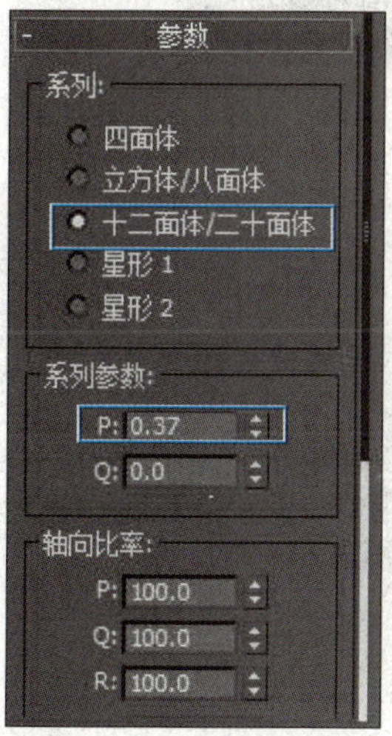


图 3-47 修改“参数”卷展栏

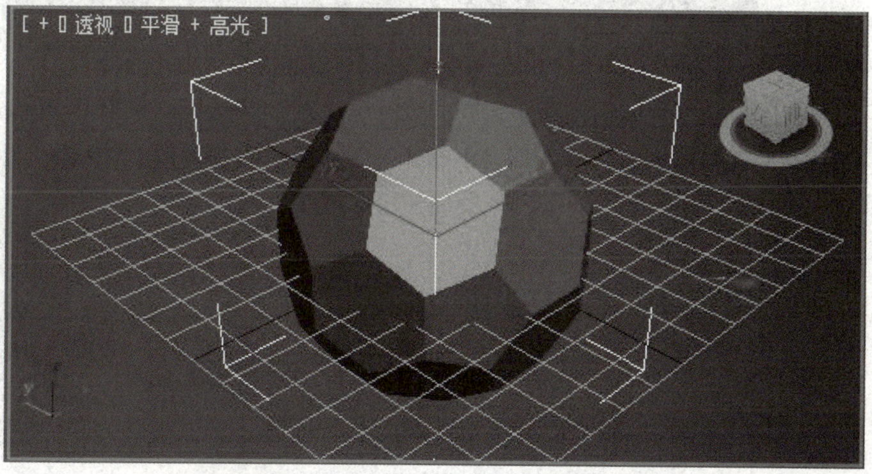


图 3-48 效果图

5）在“修改器列表”下拉列表中选择“编辑网格”修改器，如图3-49所示。

6）选择“多边形”子层级，在视图中单击刚才所做的球体，按<Ctrl+A>组合键，全选球体的所有多边形，如图3-50和图3-51所示。

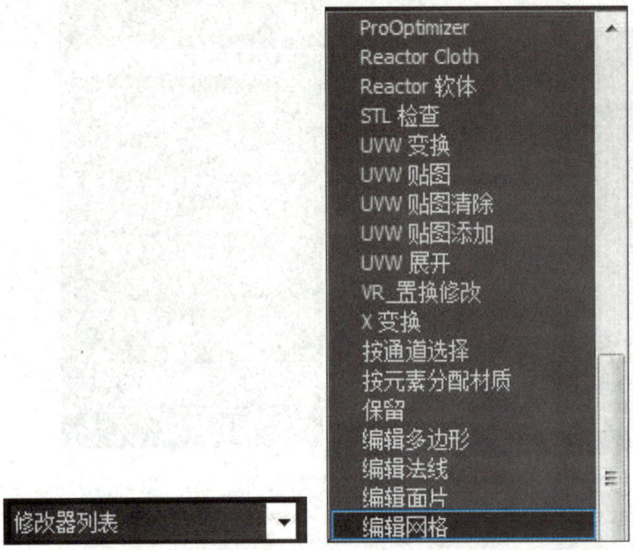


图 3-49 “修改器列表”

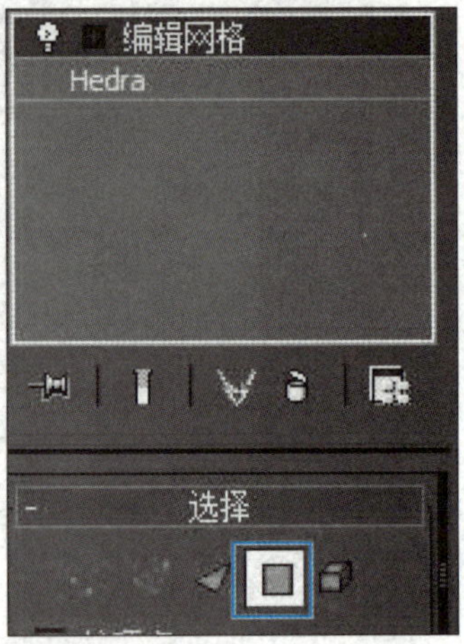


图 3-50 “编辑网格”

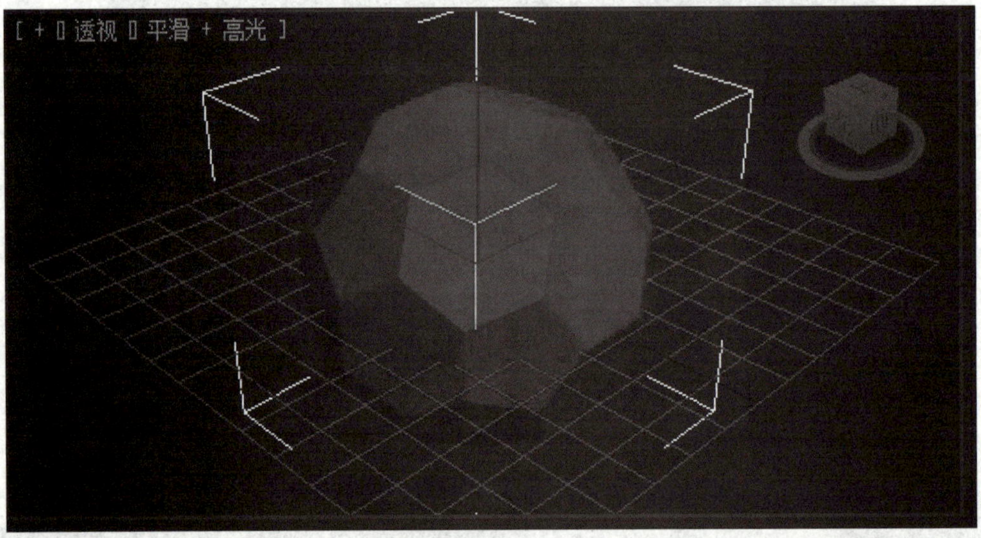


图 3-51 效果图

7）在“编辑几何体”面板中选择“炸开”选项，并选择“元素”单选按钮，如图3-52所示。

8）在“修改器列表”下拉列表中选择“网格平滑”修改器，如图3-53和图3-54所示。

图 3-52 “编辑几何体”面板

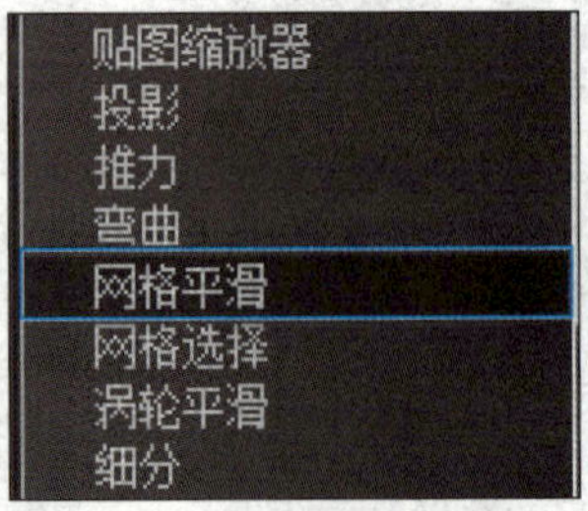


图 3-53 “网格平滑”修改器

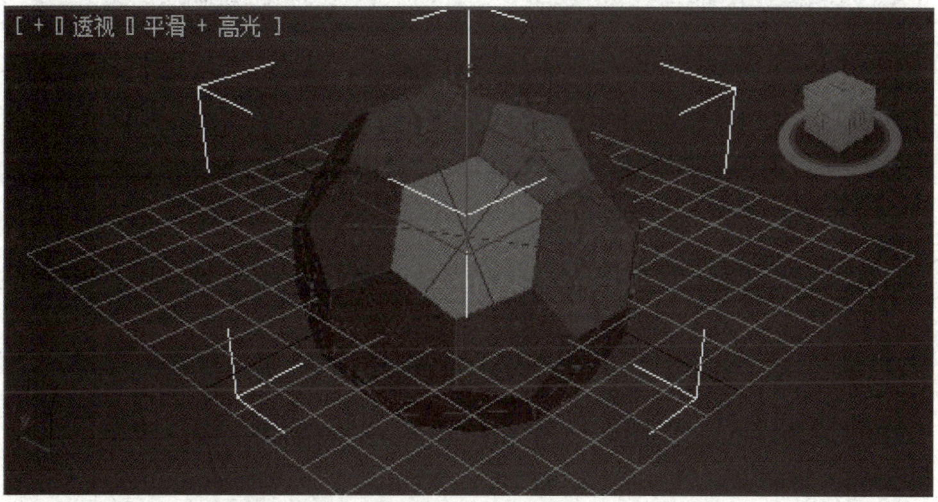


图 3-54 效果图

9）选择“修改器”→“自由形式变形器”→“球形化”命令，如图3-55和图3-56所示。

图 3-55 “球形化”命令

10）再在“修改器列表”下拉列表中选择“体积选择”修改器，并在参数选项中选择“面”单选按钮，如图3-57和图3-58所示。

11）为球体增加“面挤出”修改器，并将“数量”参数设置为1，如图3-59和图3-60所示。

12）为球体增加“网格平滑”修改器，并把细分方法设置为“四边形输出”，如图3-61和图3-62所示。

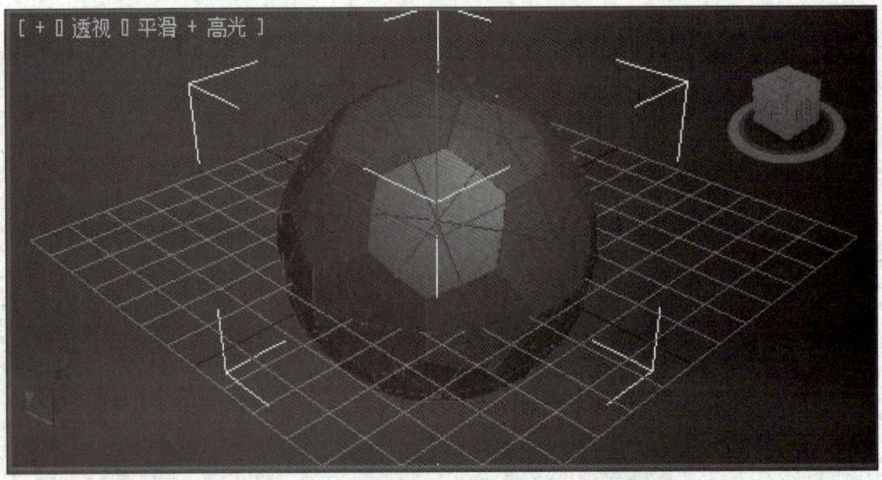


图 3-56 效果图

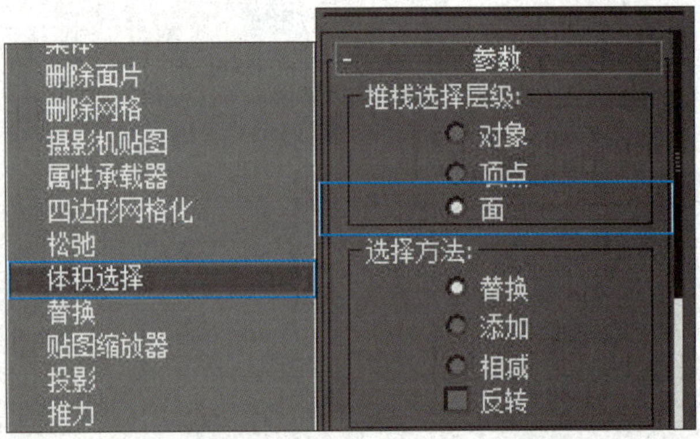


图 3-57 “体积选择”修改器

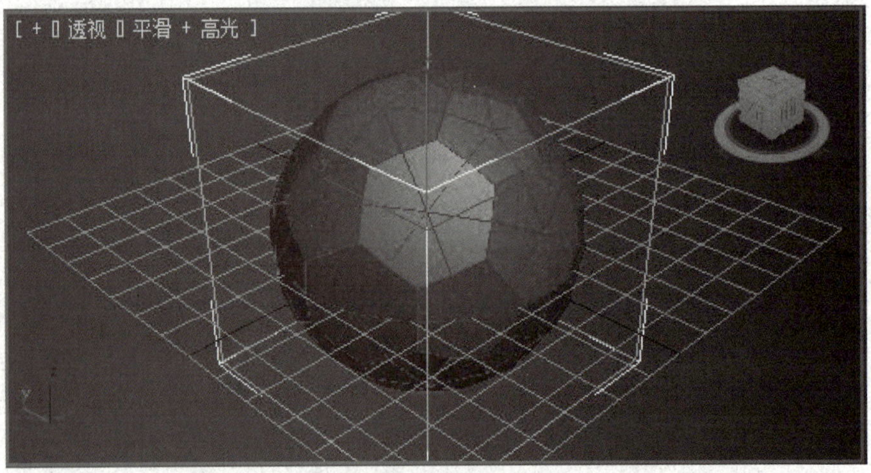


图 3-58 效果图

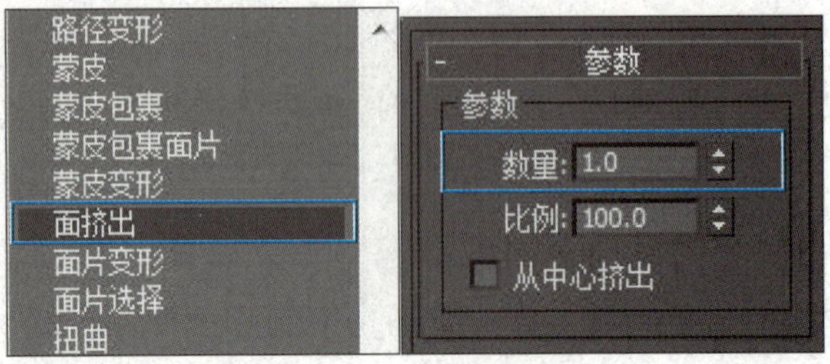


图 3-59 “面挤出”修改器

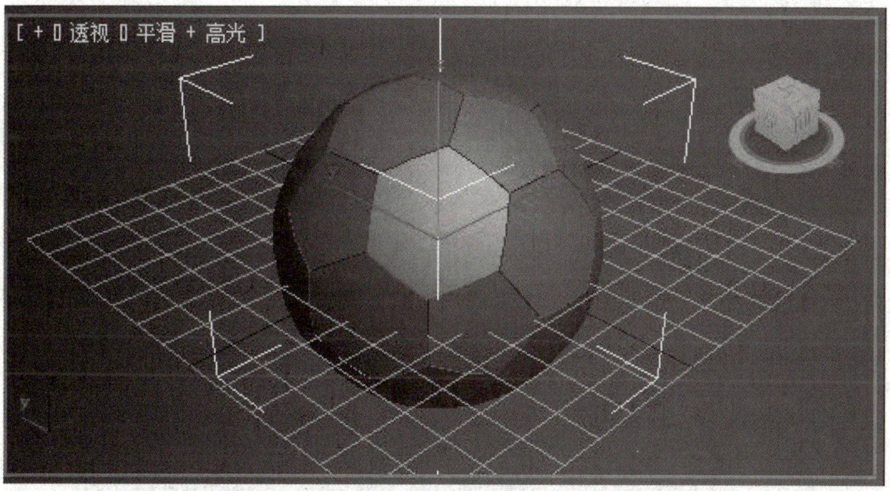


图 3-60 效果图

图 3-61 增加“网格平滑”修改器

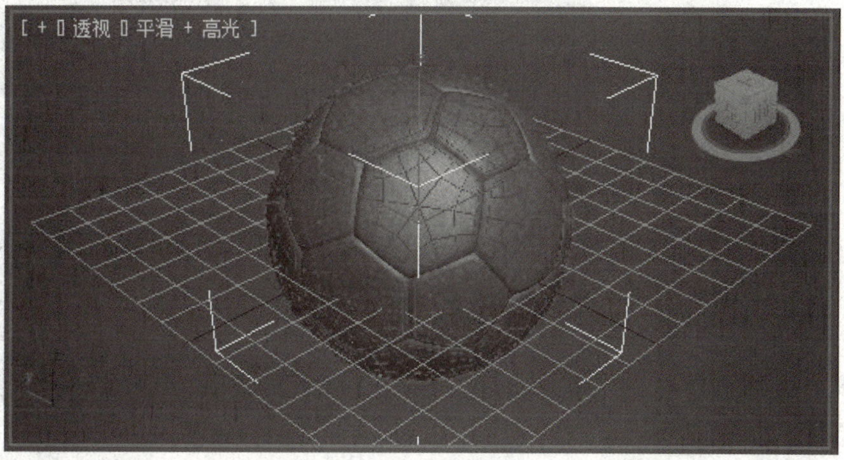


图 3-62 效果图

13）打开“材质编辑器”，选择一个空材质球，将材质指定给球体，如图3-63所示。

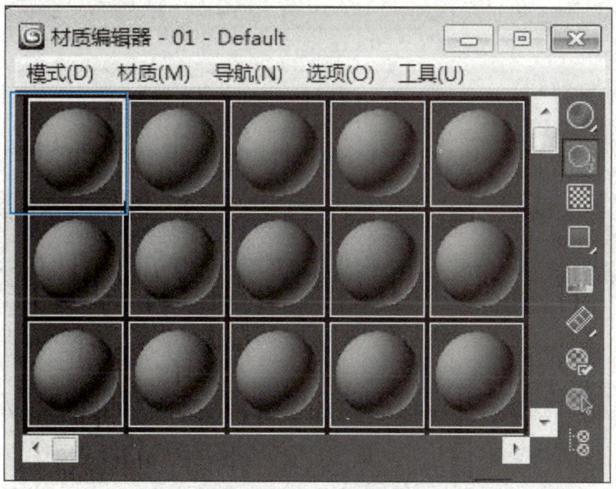


图 3-63 “材质编辑器”

14）单击“材质编辑器”中的“Standard”按钮，在弹出的对话框中选择“多维/子对象”材质，如图3-64所示。

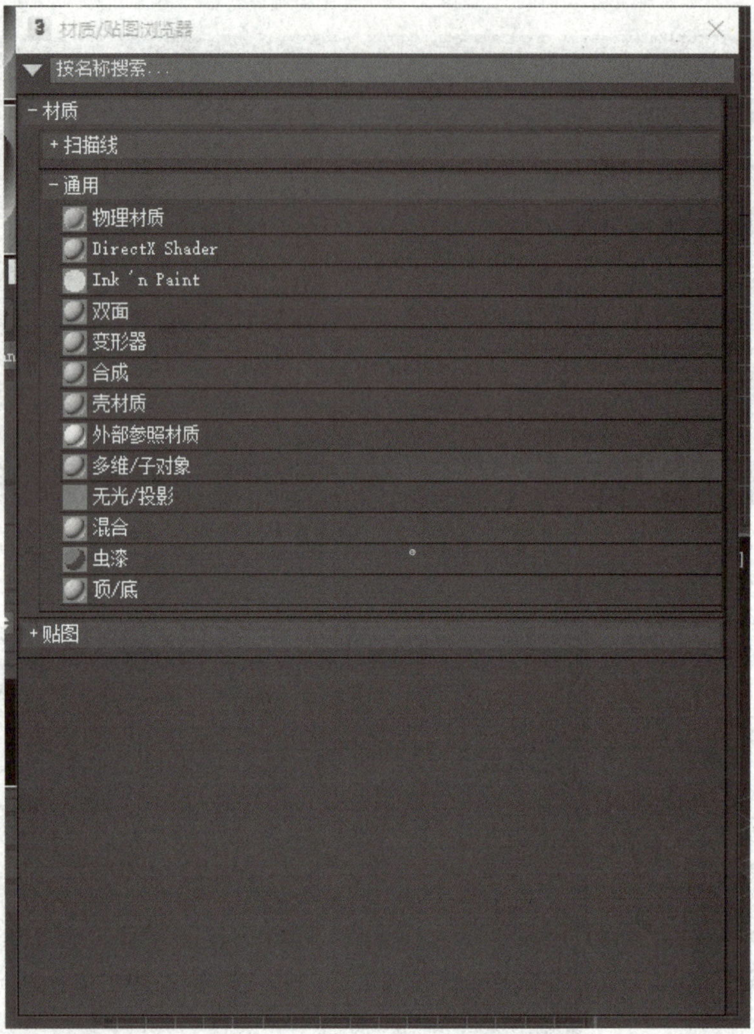


图 3-64 选择“多维 / 子对象”材质

15）在弹出的“替换材质”对话框中选择“丢弃旧材质”单选按钮，然后单击“确定”按钮，如图3-65所示。

16）单击“设置数量”按钮，在弹出的“设置材质数量”对话框中设置“材质数量”为2，然后单击“确定”按钮，如图3-66所示。

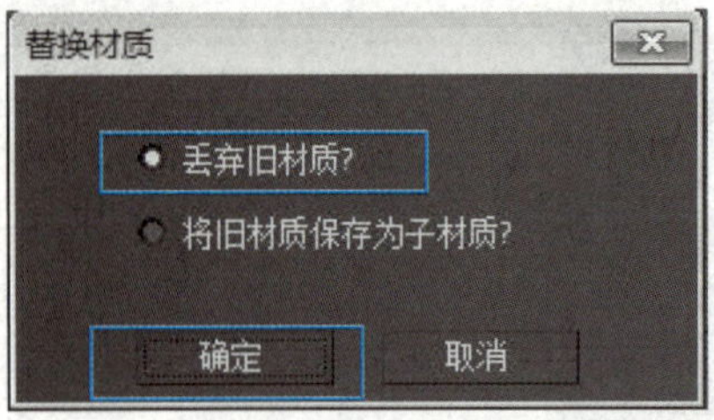


图 3-65 “替换材质”对话框

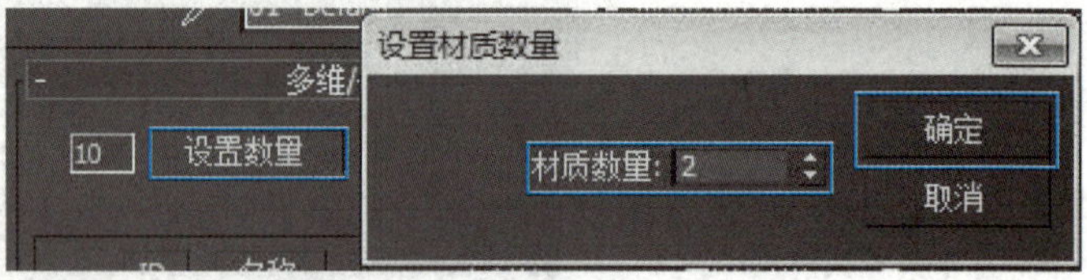


图 3-66 “设置材质数量”对话框

17）将材质ID1设置为黑色，材质ID2设置为白色，如图3-67和图3-68所示。

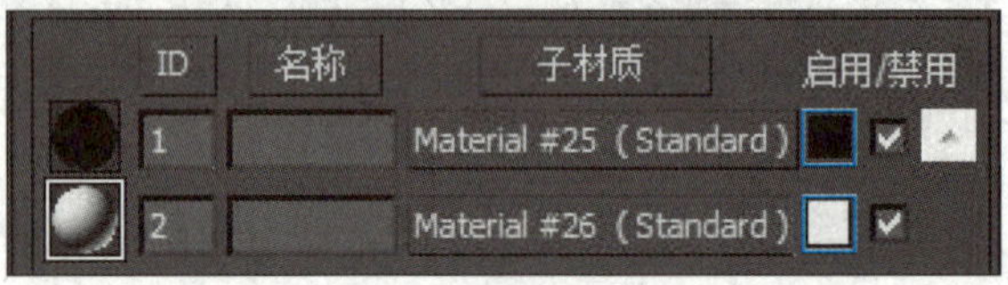


图 3-67 设置材质 ID1 和材质 ID2

图 3-68　效果图

18）在顶视图中创建一个平面物体，并调整该平面到球体的下方，如图3-69所示。

图 3-69　建立平面物体

19）再次打开“材质编辑器”，选择一个空材质球指定给平面，将漫反射颜色设置为绿色，如图3-70和图3-71所示。

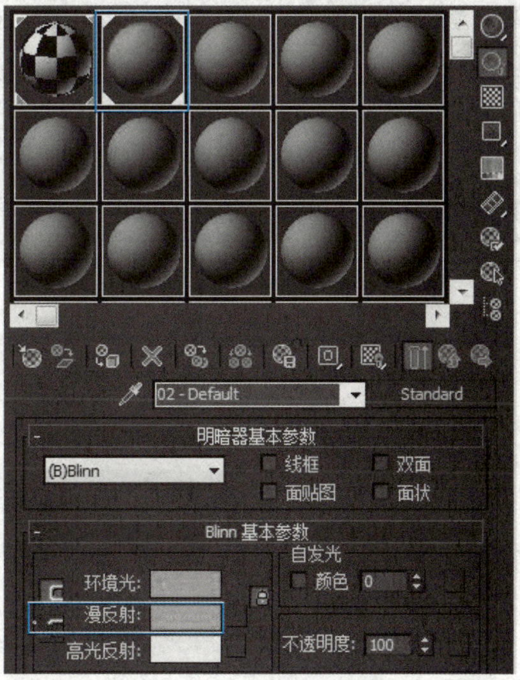


图 3-70　“材质编辑器”

图 3-71 效果图

20）添加目标聚光灯，打开“阴影”选项。再添加一架摄像机，将透视图转变为摄像机视图，调整摄像机视图角度。

21）渲染模型，足球制作完成，如图3-72所示。

图 3-72 制作完成

## 案例2 火焰的制作

### 1. 建模

单击“Super Spray”按钮，在“顶视图”（Top）中按住鼠标左键并拖动，这时一个“Super Spray”粒子发射器已初步建立好了，拖拉时间滑块，可以看到粒子以直线状从“Super Spray”图标处向上射出。

进入“Modify”（修改）命令面板，在“Basic Parameter”（基本参数）栏中找到“Particle Formation”（粒子分布）区域，将两个“Spread”（扩散）参数分别改为20和80。现在粒子看上去是以一种随机的方式散播。

在“Particle Type”（粒子类型）卷展栏中，找到“Standard Particle”（标准粒子）区域，将粒子类型改为“Facing”（面）。

展开“Particle Generation”（粒子生成）卷展栏，设置参数如下：“Particle Motion”（粒子运动）区域“Speed”为3，“Variation”为5；“Particle Timing”（粒子时间）区域“Emit Start”为0，“Emit Stop”为100，“Display Until”为100，“Life”为30，“Variation”为5；“Particle Size”（粒子大小）区域“Size”为8，“Variation”为20，“Grow for”为10，“Fade for”为10，如图3-73～图3-75所示。

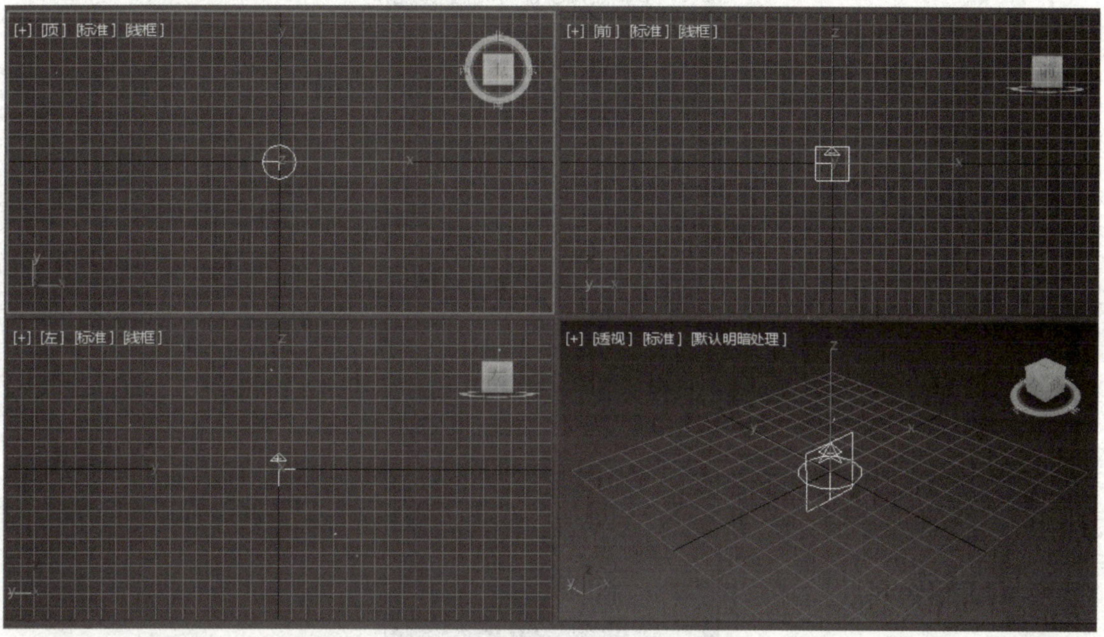


图 3-73　建立超级喷射粒子 AX

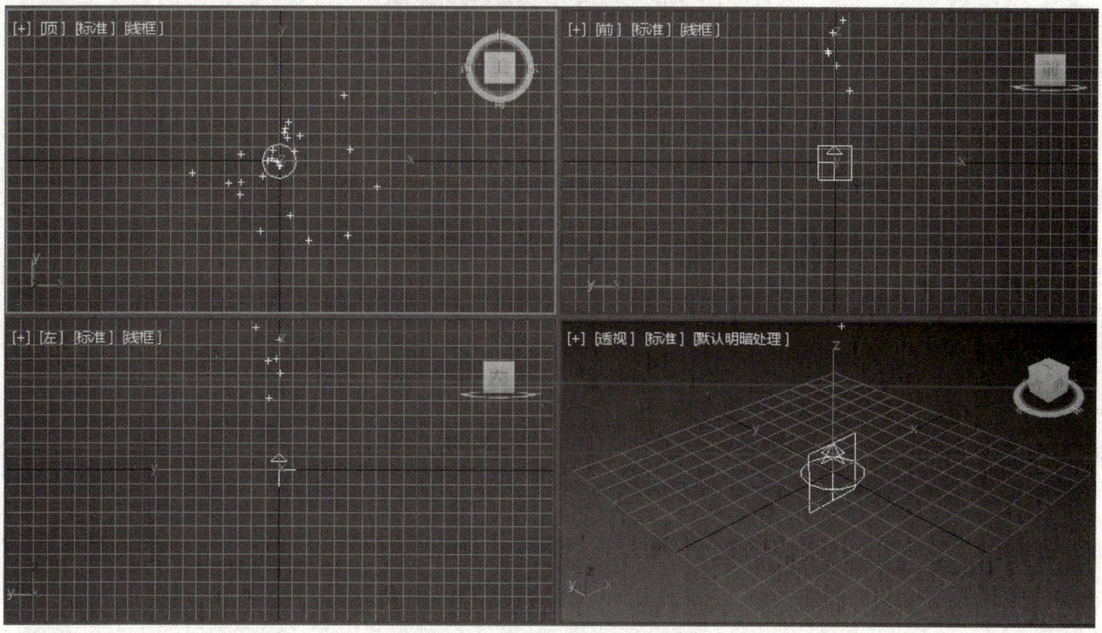


图 3-74　随机散开的粒子

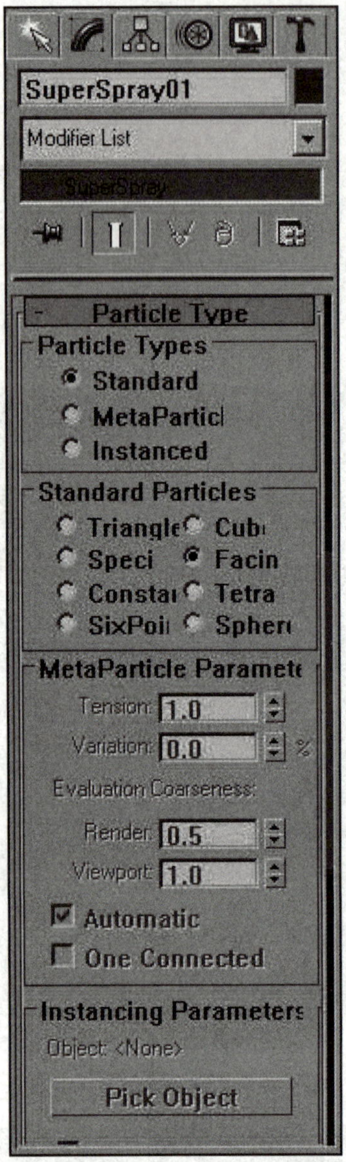


图 3-75　设置粒子运动参数

## 2. 为粒子设置材质

选择“Radering”→“Material Editor”命令或按<M>键，打开“材质编辑器”，激活一个材质球，将它赋予场景中的超级喷射粒子。

单击展开“Maps”（贴图）卷展栏，单击“Opacity”（不透明度）右边的“None”按钮，在弹出的“Material/Map Browser”（材质/贴图浏览器）面板中双击选择“Gradient”。

贴图可以使粒子中间部分看上去更像实体，向边缘逐渐变得透明。回到“Material Editor”面板，在“Gradient Parameters”（梯度参数）卷展栏中将“Gradient Type”（渐变类型）改为“Radial”（放射状），如图3-76所示。

单击“Default”（回到父级）按钮选项，在“Shader Basic Parameters”（明暗器基本参数）卷展栏中，选中“Face Map”（面贴图），这样可以使梯度贴图应用到每一片粒子。

在“Blinn Basic Parameters”卷展栏中将“Self Illumination”（自发光）值改为100。将

“Diffuse”（漫反射）颜色改为R、G、B值都为180的浅灰色，如图3-77所示。

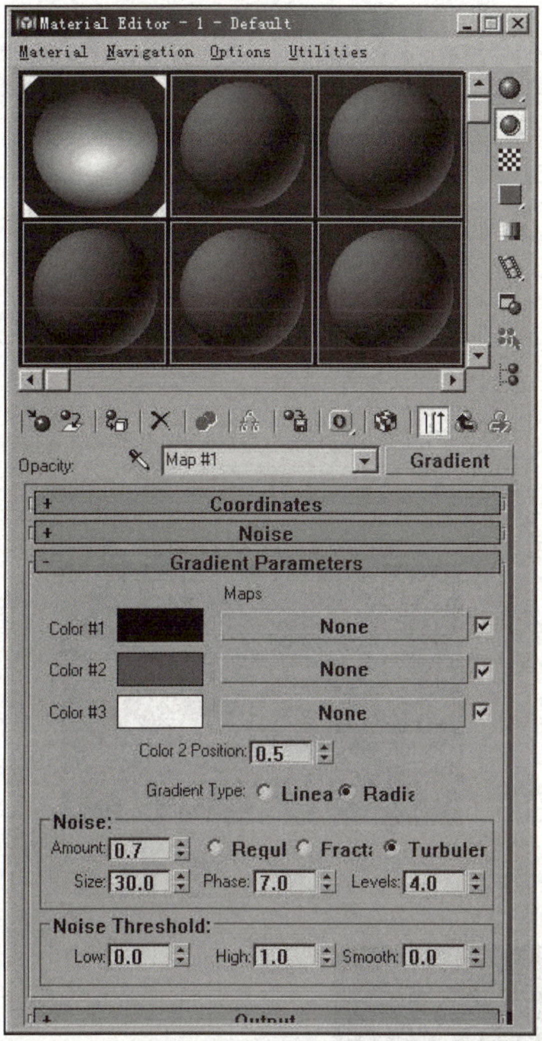

图3-76　梯度参数设置

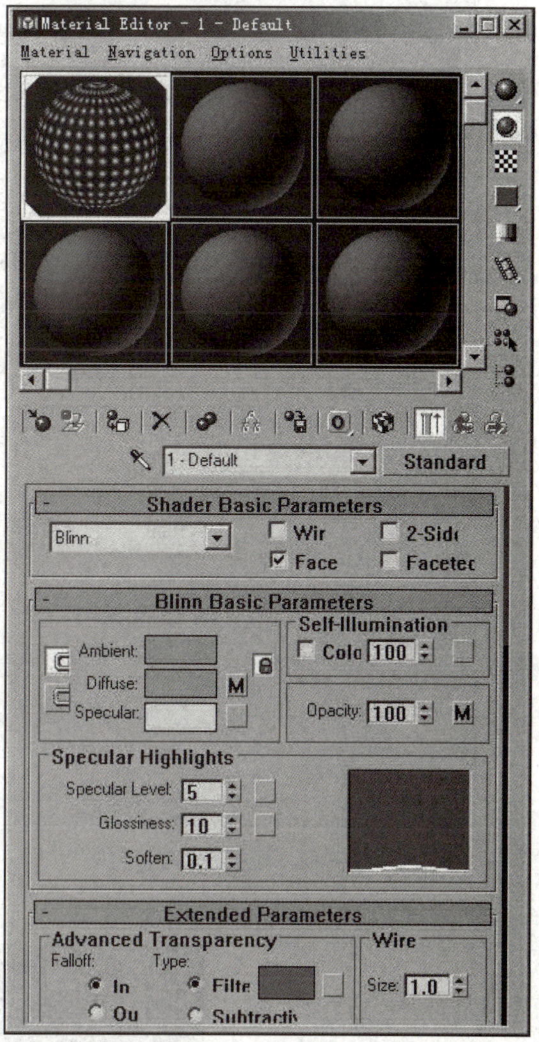

图3-77　自发光参数设置

在“Maps”卷展栏中，单击“Diffuse”（漫反射）右边的“None”按钮，在弹出的“Material/Map Browser”（材质/贴图浏览器）面板中双击选择“Particle Age”（粒子年龄）贴图。“Particle Age”贴图可以依照每个粒子的年龄来改变它们的颜色。一个粒子刚“出生”时的年龄为0，当它刚要消失时年龄为100。

回到“Material Editor”面板，在“Particle Age Parameters”卷展栏中将Color #1、Color #3颜色调整为火红色，Color #2颜色调整为亮黄色，如图3-78所示。

为了得到更逼真的效果，添加运动模糊特性，选择“超级喷嘴”，单击鼠标右键，在弹出的快捷菜单中选择“对象属性”命令，在“运动模糊”选中“图像”单选按钮，“倍增”为3，如图3-79所示。

### 3. 渲染

激活透视图，选择“Rendering”→“Render”命令或按<F10>键，在弹出的“Render Scene”面板中的“Time Output”框中，选择“Range”（范围）0～100帧。在“Render Output”框中，单击“File”按钮，在弹出的对话框中设定好动画格式和存放路径，渲染动画效果如图3-80所示。

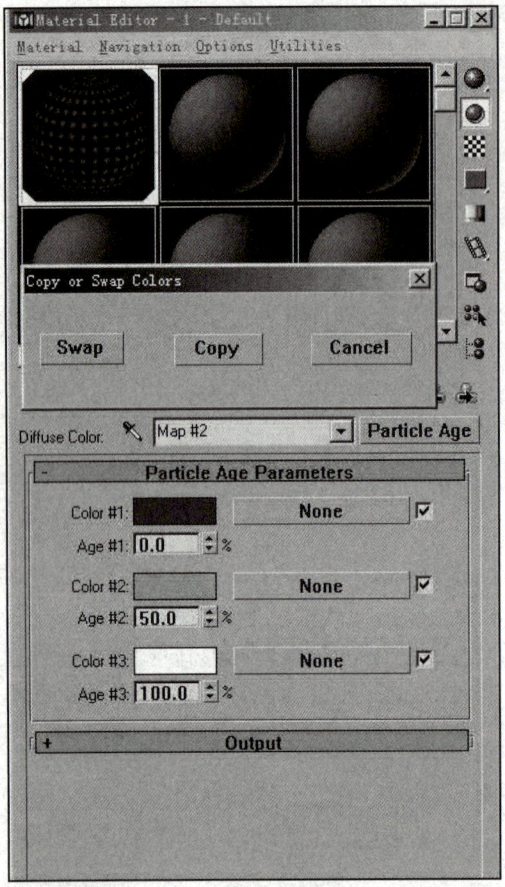


图 3-78 粒子材质设置完毕

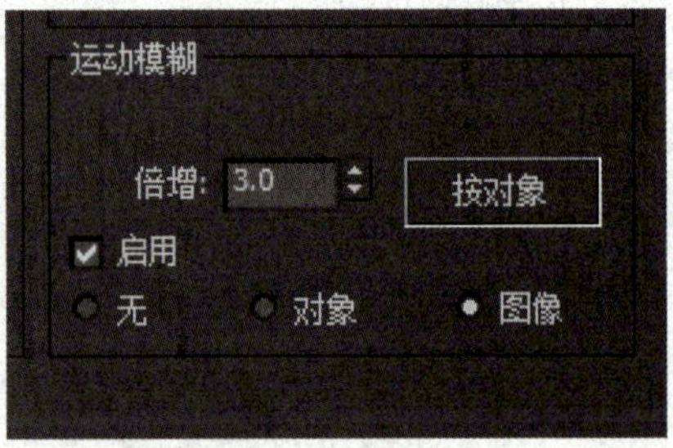


图 3-79 “运动模糊”设置

图 3-80 渲染完毕

### 3.2.3 行为建模技术

虚拟现实的本质就是客观世界的仿真或折射，虚拟现实的模型则是客观世界中物体或对象的代表。而客观世界中的物体或对象除了具有表观特征如外形、质感以外，还具有一定的行为能力，并且服从一定的客观规律。

在虚拟环境行为建模中，建模方法主要有基于数值插值的运动学方法与基于物理的动力学仿真方法。

## 案例演示

### 案例1 蝴蝶动画的制作

1）找到一张蝴蝶素材，如图3-81所示。

图 3-81 蝴蝶素材

2）启动3ds Max，按<Alt+B>组合键打开“视口背景”对话框，选择蝴蝶素材作为顶视图视口背景，如图3-82所示。勾选下面的选项。

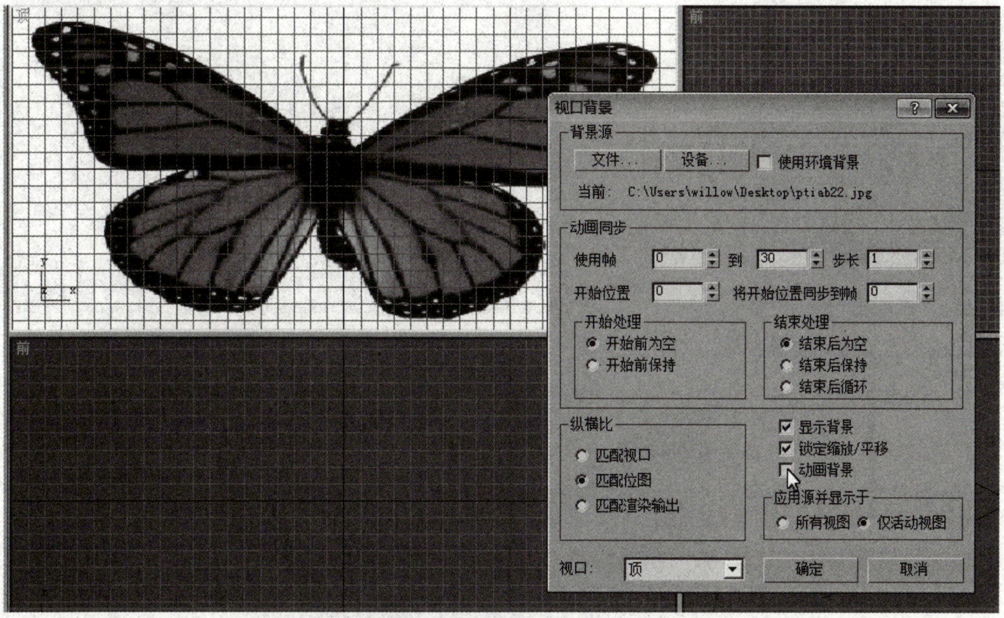


图 3-82 “视口背景”对话框

3）按快捷键<G>取消栅格显示。

4）用二维线绘制蝴蝶右侧的翅膀，如图3-83所示。

5）添加“挤出”修改器，挤出翅膀厚度，参数如图3-84所示。

6）用相同的方法将另一侧的翅膀创建出来，效果如图3-85所示。

7）接下来绘制蝴蝶身体部分。创建一个大小跟素材类似的长方体，长度分段为5，如图3-86所示。

图 3-83　绘制右侧的翅膀

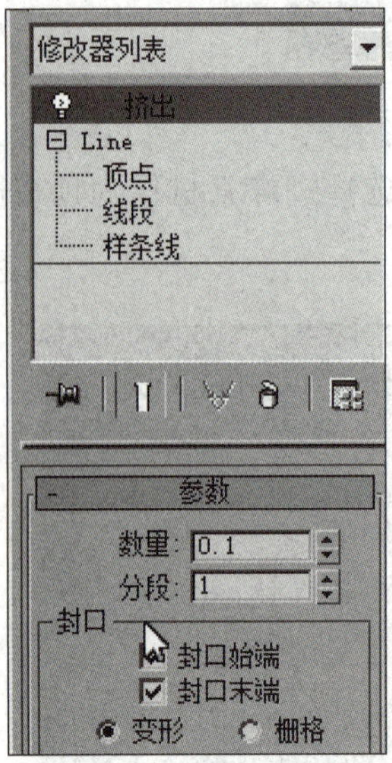


图 3-84　“挤出”修改器

图 3-85　绘制另一侧翅膀

图 3-86　长度分段

8）给长方体增加“编辑多边形”，在顶点级别下用缩放工具改变长方体的形状，如图3-87所示。

图 3-87　改变长方体的形状

9）增加“网格平滑”，“迭代次数”为2，完成身体的制作，如图3-88所示。

图 3-88　完成身体制作

10）用二维线绘出触角部分，如图3-89所示。

11）在“修改”面板下勾选相关选项，并设置“厚度”为0.1，将触角的二维线转成三维对象，如图3-90所示。

12）完成蝴蝶整体建模，如图3-91所示。

13）选中所有对象，编组，如图3-92所示。

14）按快捷键<M>，打开“材质编辑器”，如图3-93所示。

15）单击漫反射贴图方块，选择位图贴图方式，贴上蝴蝶素材，如图3-94所示。

16）将材质指定给选定对象，给模型增加材质，这时效果如图3-95所示。

图 3-89 绘制触角

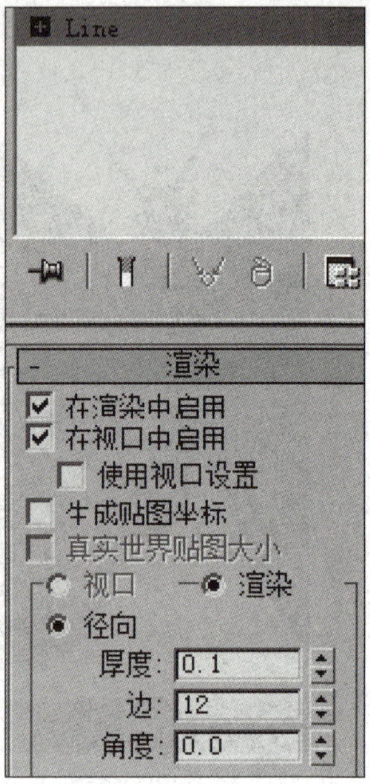


图 3-90 设置“厚度”

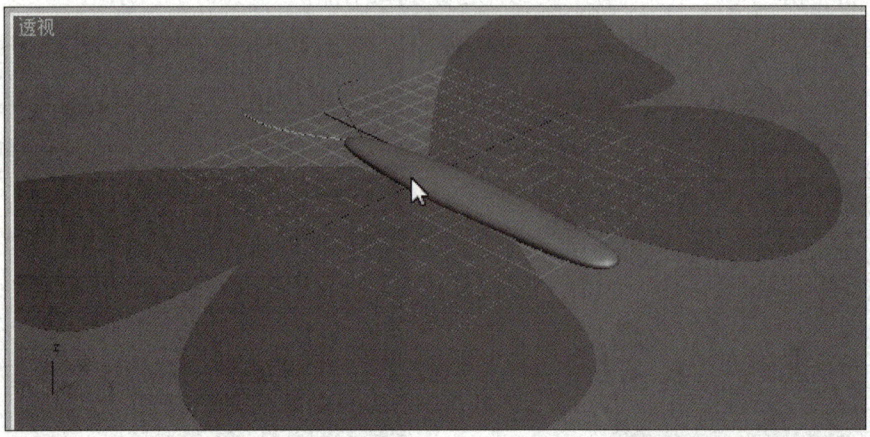


图 3-91 完成整体建模

图 3-92 编组

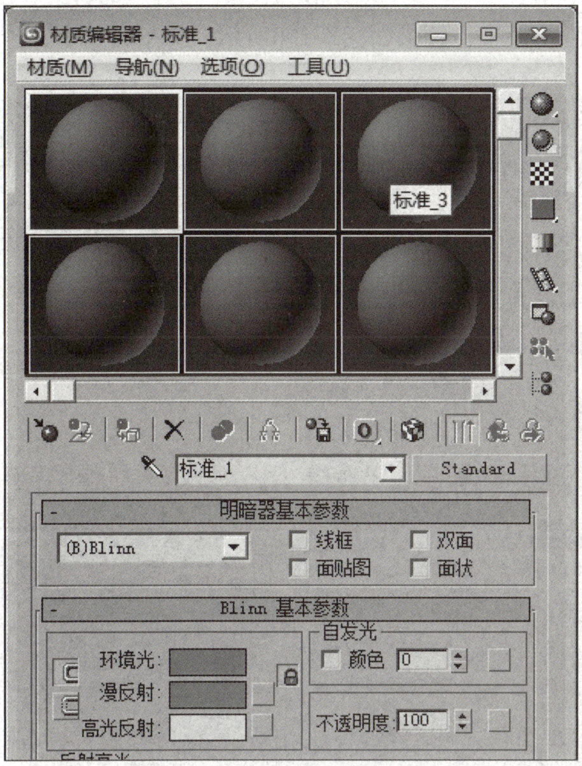


图 3-93 “材质编辑器”

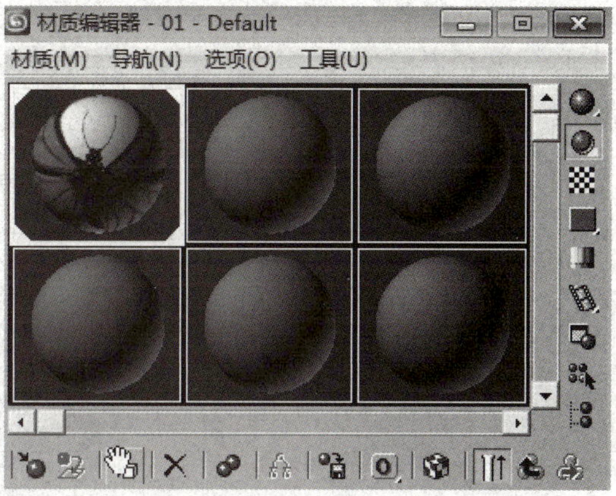


图 3-94 贴图

图 3-95 增加材质

17）添加UVW贴图，并更改长度、宽度值，使贴图跟模型刚好匹配，如图3-96所示。

接下来制作动画。

18）解组，分别选中一侧翅膀，单击“层次”面板，单击“仅影响轴”按钮，将中心轴移动到如图3-97所示位置。

19）关闭“仅影响轴”。

20）单击“自动关键点”按钮，如图3-98所示。

21）将翅膀调成图3-99所示的状态，并在0帧设置关键点，如图3-99所示。

22）将时间轴移到第3帧，用旋转工具分别旋转两侧的翅膀，效果如图3-100所示。

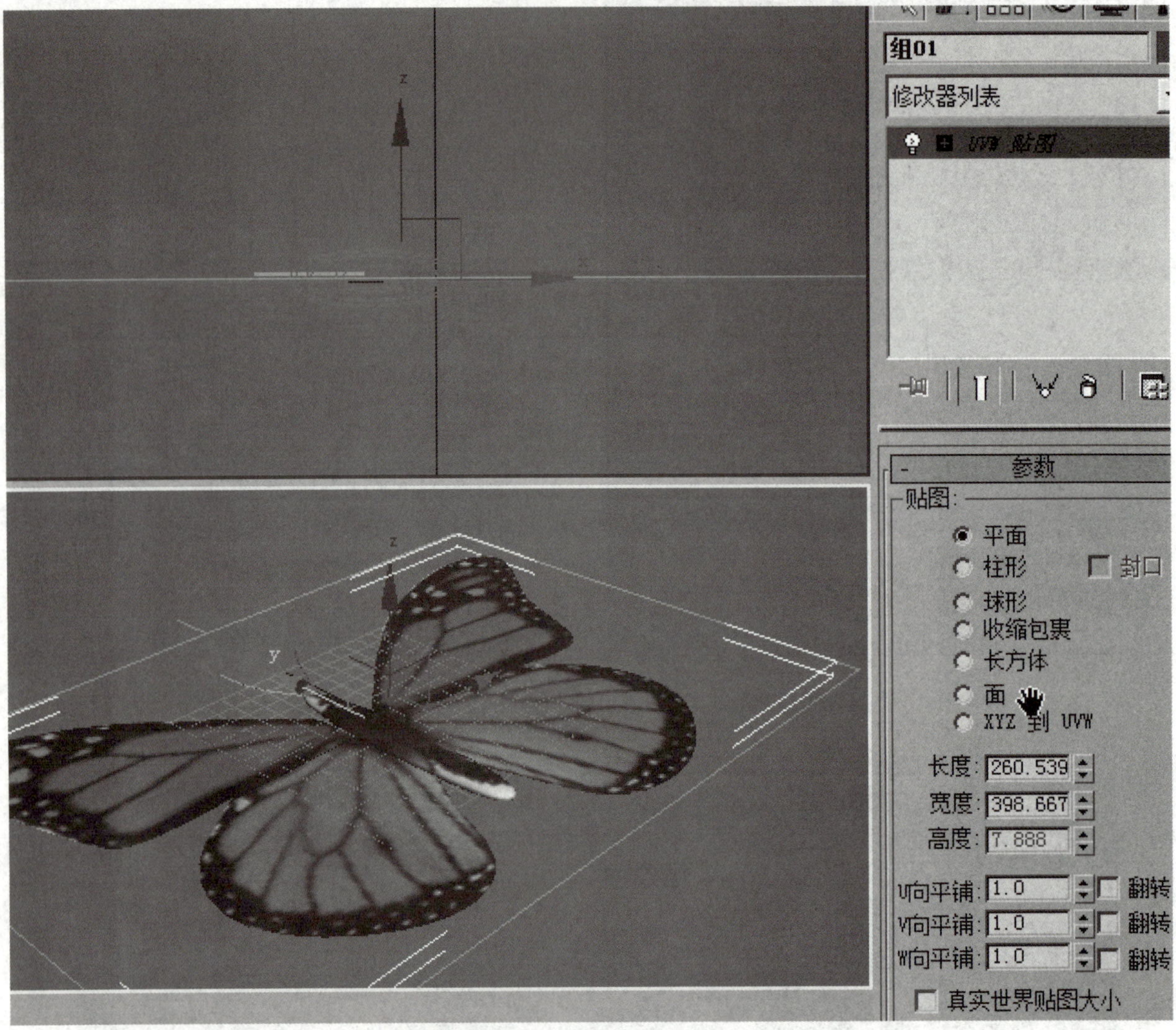


图 3-96　添加 UVW 贴图

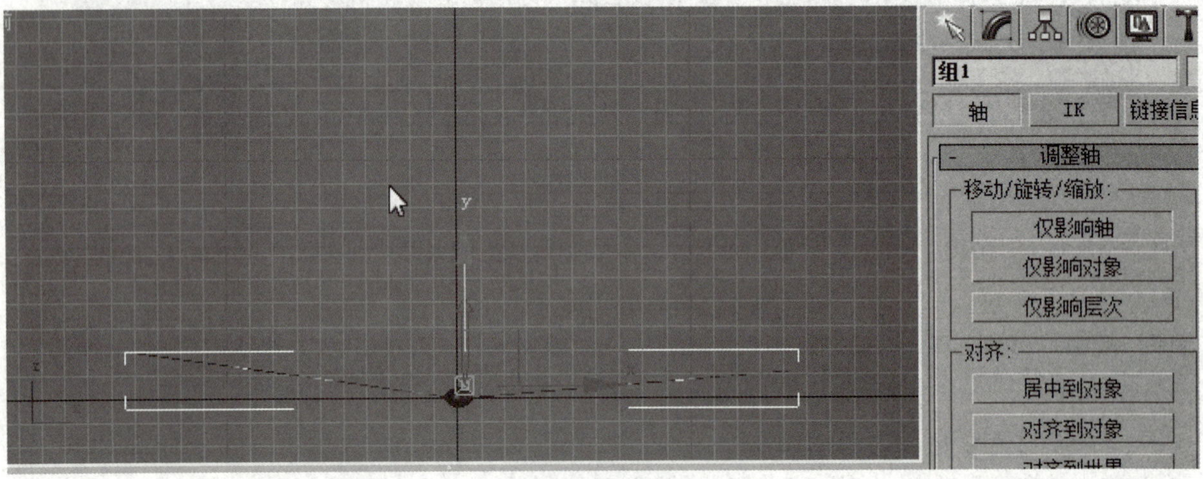


图 3-97　解组

图 3-98　“自动关键点”

图 3-99　设置关键点

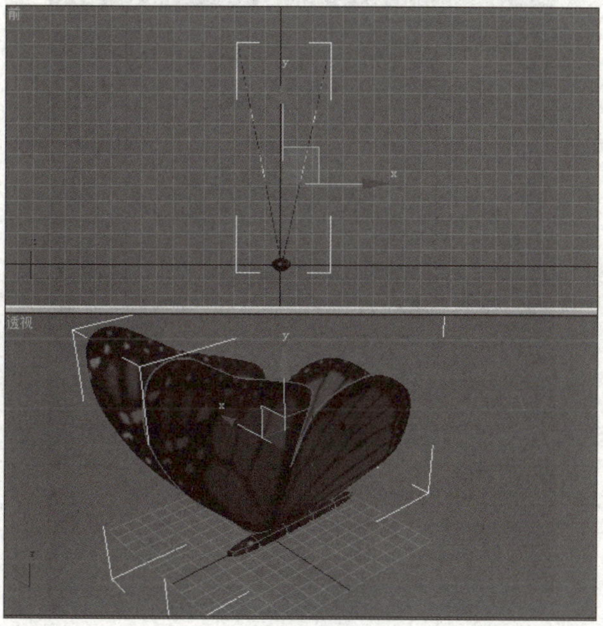

图 3-100　旋转 1

23）将时间轴移到第6帧，用旋转工具分别旋转两侧的翅膀，效果如图3-101所示。

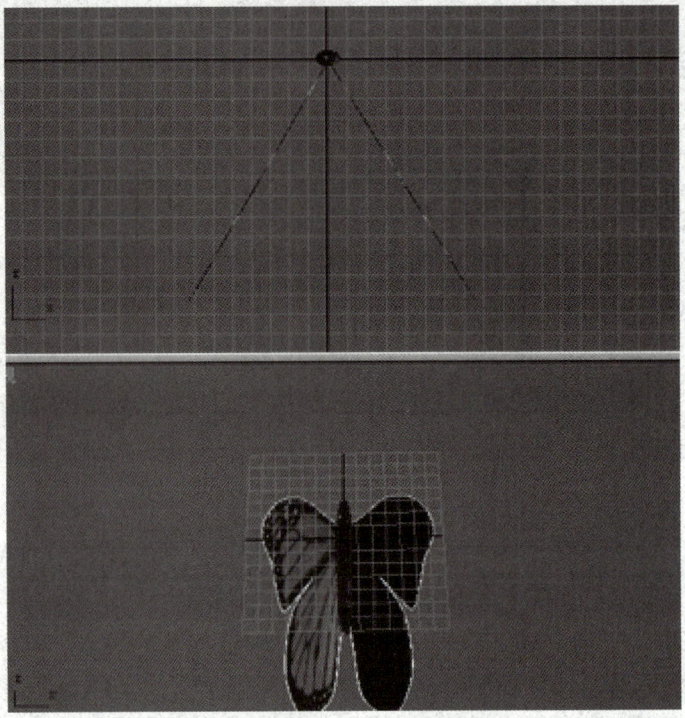

图 3-101　旋转 2

24）用同样的方式完成蝴蝶舞动翅膀的动作。

25）按快捷键<F8>，打开“环境和效果”对话框，如图3-102所示。

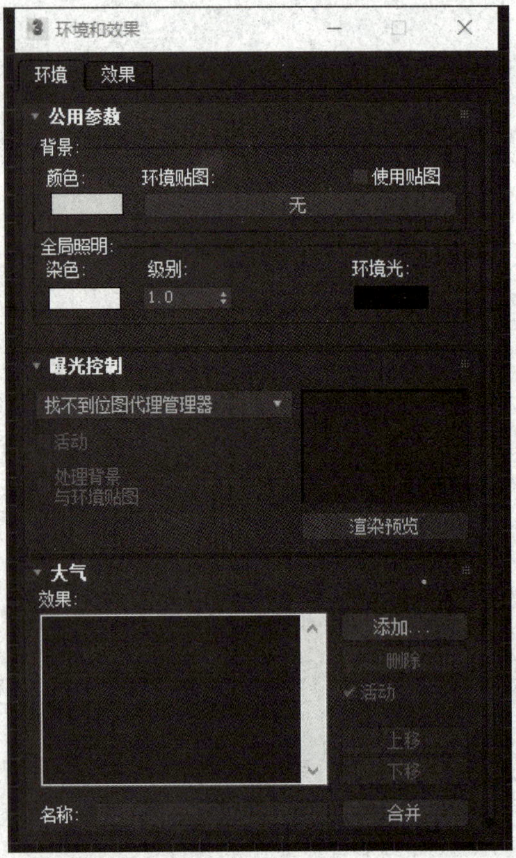


图 3-102　打开“环境和效果”对话框

26）单击环境贴图，贴上一张花朵素材，效果如图3-103所示。

图 3-103 贴图

27）按快捷键<F10>，打开渲染设置面板，设置时间输出及视频输出文件格式，如图3-104和图3-105所示。

图 3-104 渲染设置 1

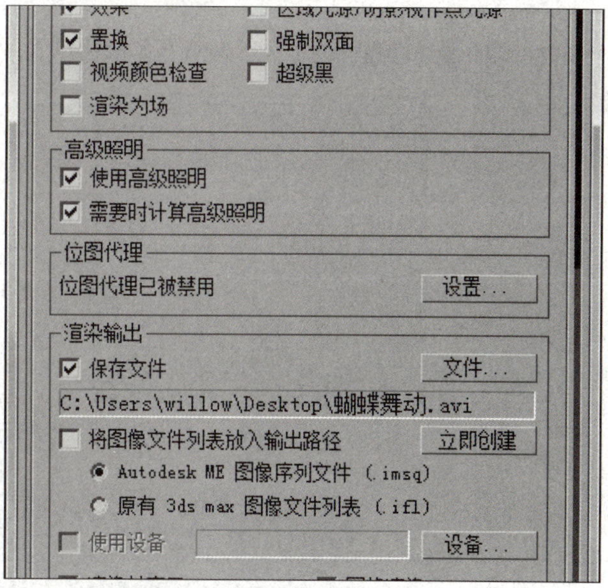


图 3-105 渲染设置 2

28）单击“渲染”按钮，完成制作。

## 案例2 喷泉动画的制作

首先观察实际喷泉效果，如图3-106所示。

图 3-106 实际喷泉效果

1）建立圆柱体制作喷泉的池子，高度可以采用5段，边数可以设置多一些，如图3-107所示。

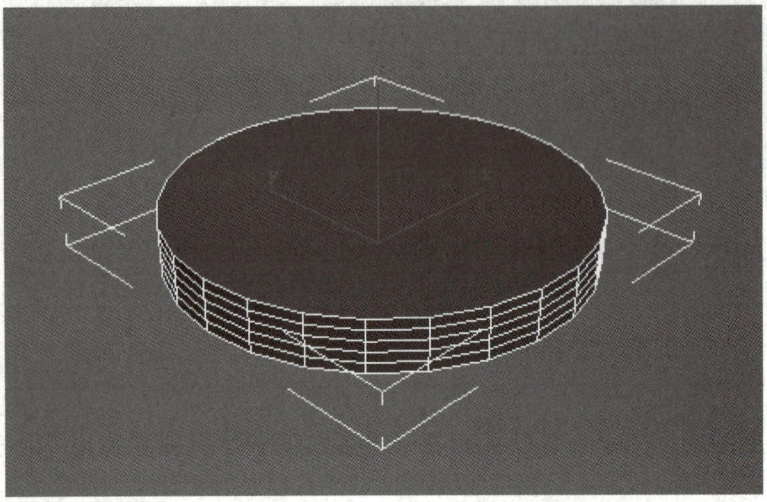

图 3-107　建立圆柱体

2）转化为可编辑多边形，选择上环形边，单击“窗口/交叉”按钮，如图3-108～图3-110所示。

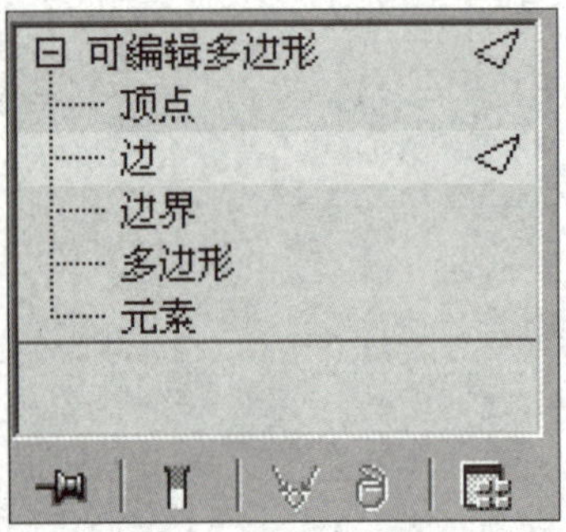


图 3-108　“可编辑多边形”

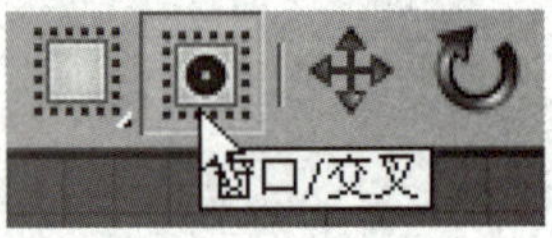


图 3-109　“窗口 / 交叉”按钮

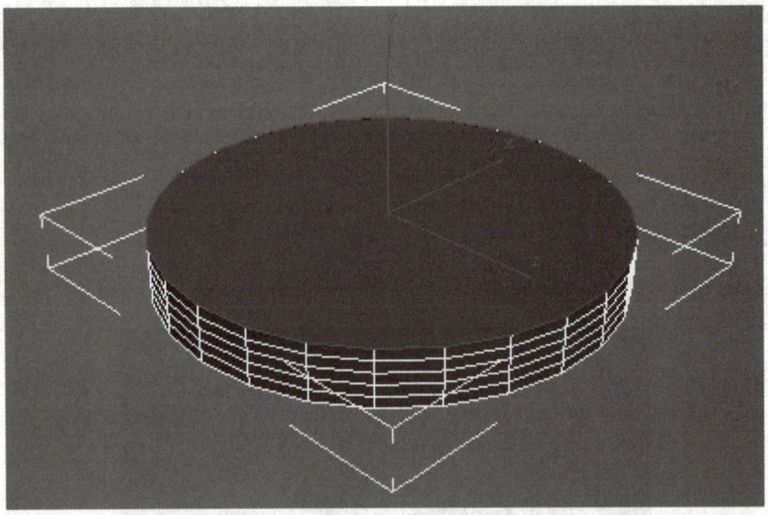

图 3-110　效果图 1

3）使用切角切出双线，然后用挤压挤压出水槽，如图3-111～图3-113所示。

4）创建管状体作为喷泉喷射的导管，调节内外半径，使其大小合适，如图3-114所示。

5）根据情况，创建平面作为地面，如图3-115所示。

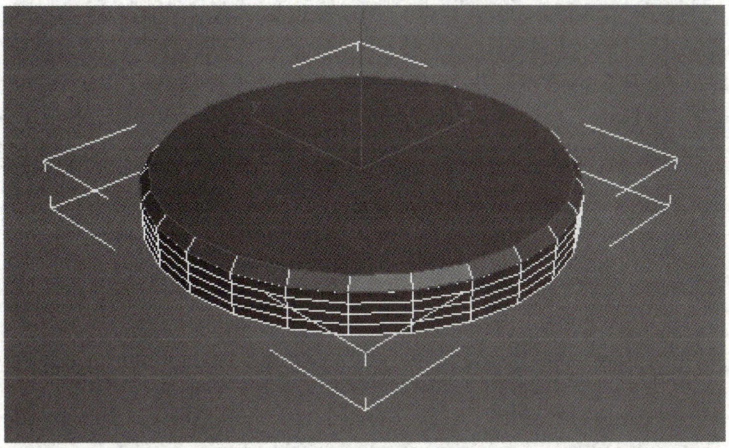

图 3-111　切角

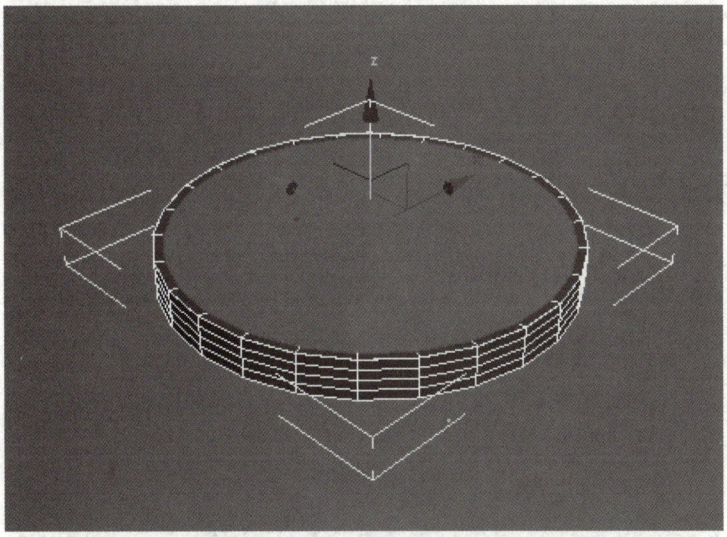

图 3-112　效果图 2

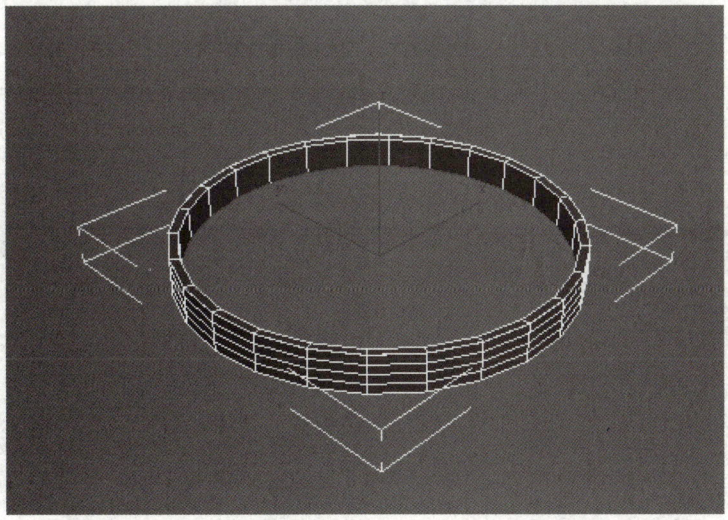

图 3-113　效果图 3

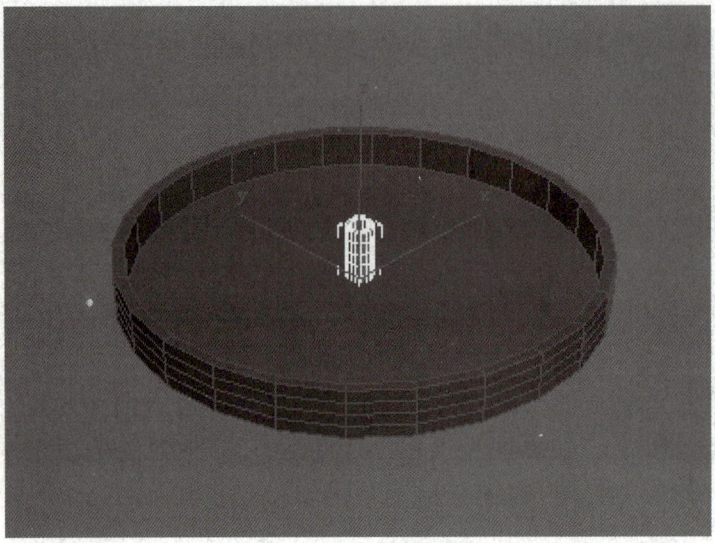

图 3-114 创建导管

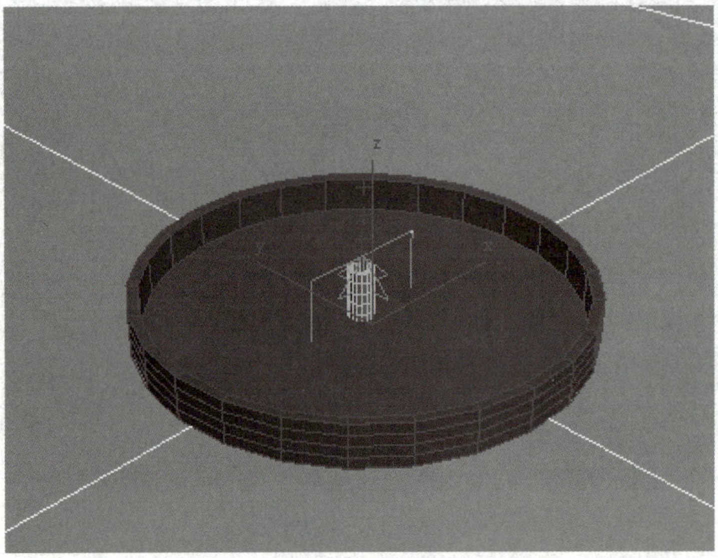

图 3-115 创建平面

6）创建“粒子系统”→“超级喷射”，如图3-116和图3-117所示。

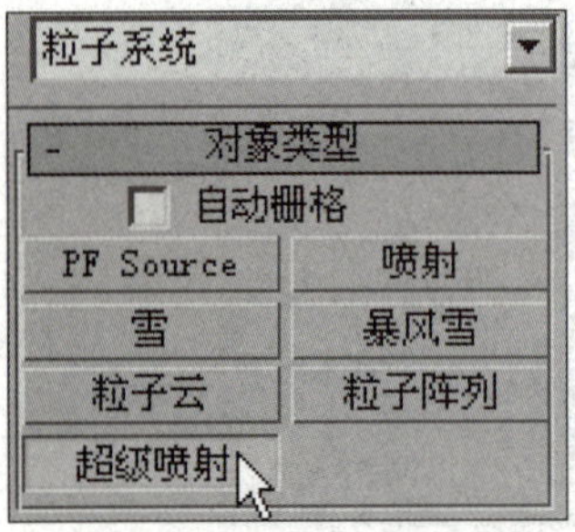


图 3-116 “超级喷射”

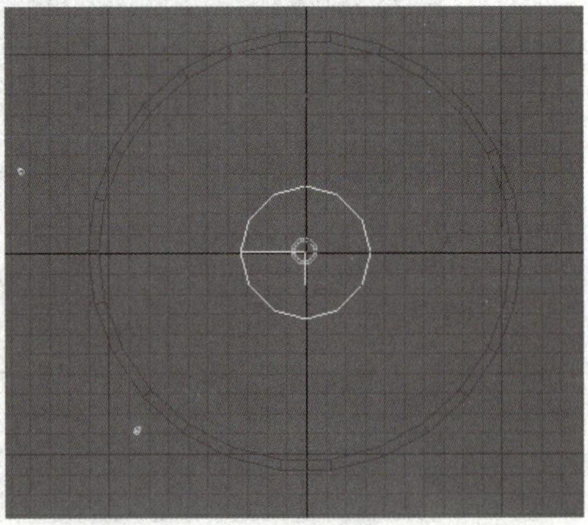

图 3-117 效果图 4

7）此时滑动时间滑块会有喷射效果产生，如图3-118所示。

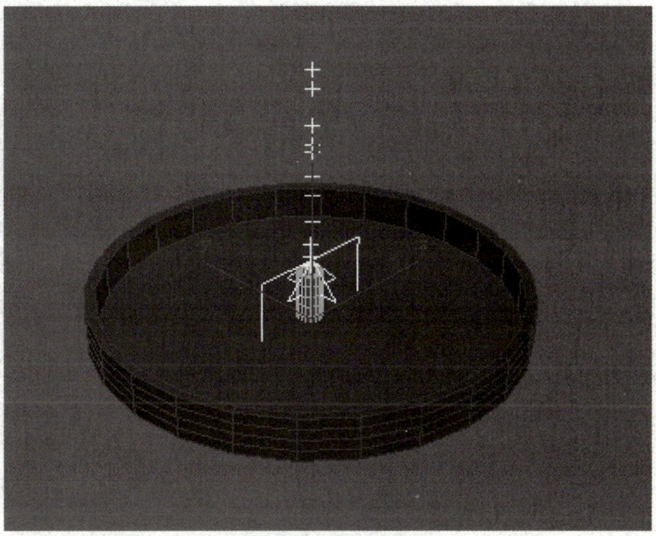

图 3-118　喷射效果

8）开始设置“超级喷射”参数。

“轴偏离”下方的“扩散”是指喷泉的粗细。

“轴偏离”→“扩散”选择10.0，如图3-119所示。

选中“视口显示”→“网格”，如图3-120所示。

“粒子数量”设置如图3-121所示。

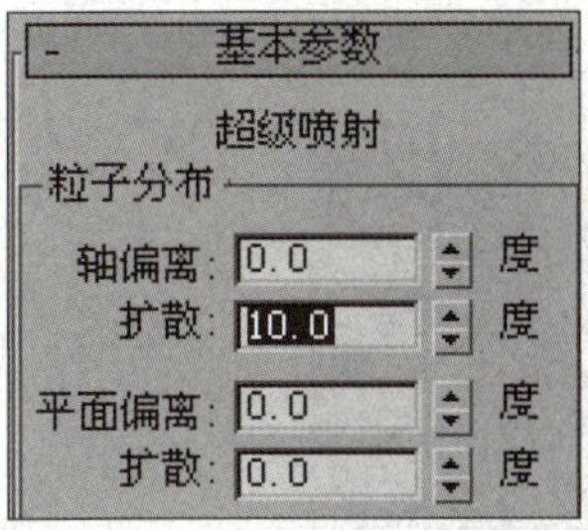


图 3-119　扩散

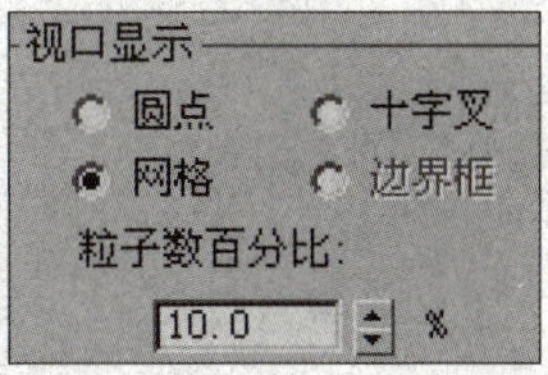


图 3-120　网格

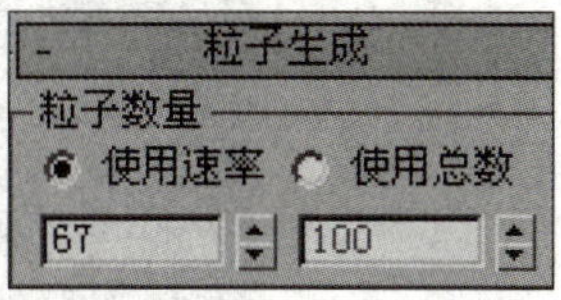


图 3-121　粒子数量

“粒子运动”中的“速度”决定喷泉高度，设置如图3-122所示。

将“发射开始”设为-20，将“发射停止”设为120，将“显示时限”设为120，如图3-123所示。

粒子类型选择面。

9）选择“创建面板”→“辅助对象”→“重力”命令，如图3-124和图3-125所示。

图 3-122　粒子运动

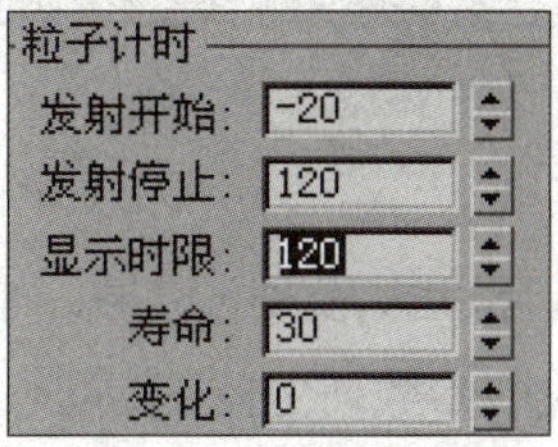


图 3-123　设置时间

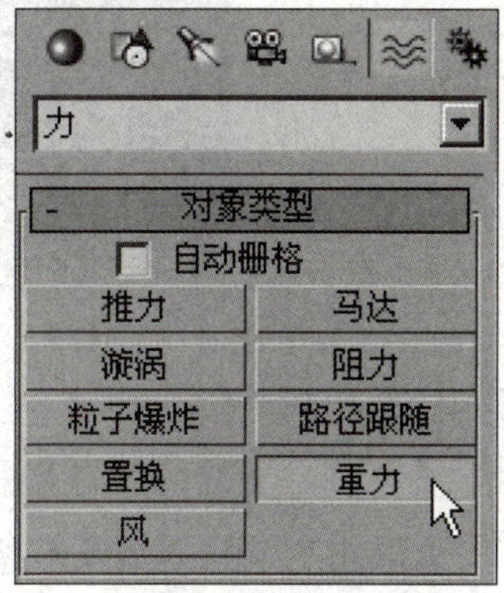


图 3-124　重力

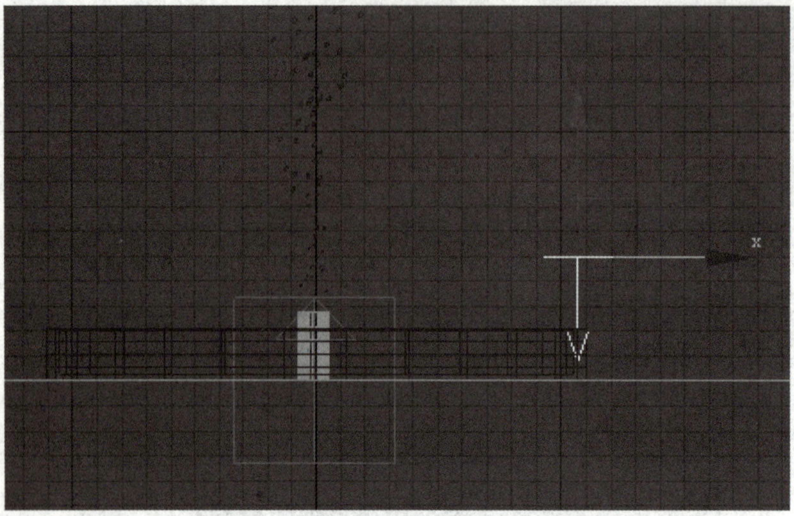

图 3-125　效果图 5

10）单击“绑定到空间扭曲”按钮，如图3-126所示。

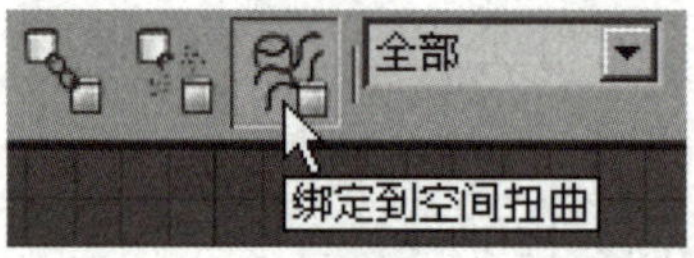


图 3-126　“绑定到空间扭曲”

将喷泉和重力绑定，绑定前，如图3-127所示。

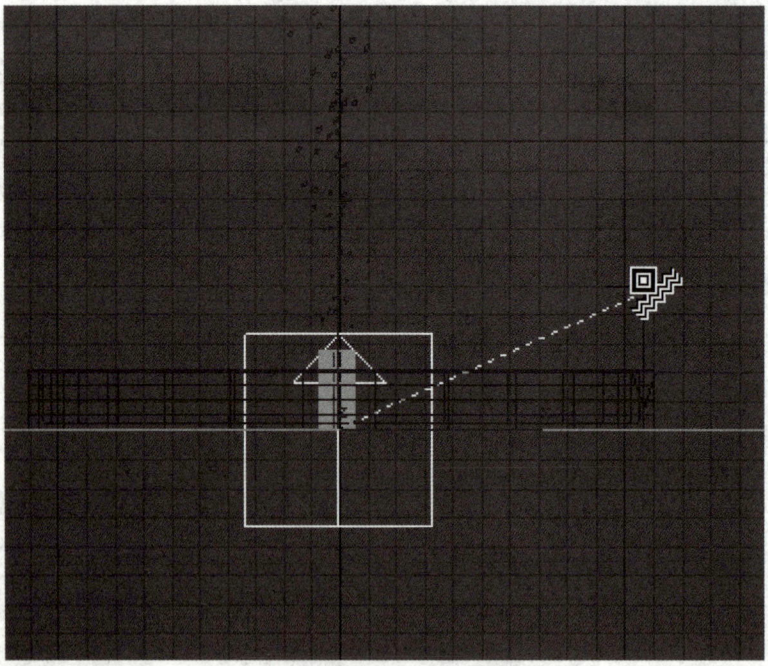

图 3-127　绑定前

绑定后，如图3-128所示。

11）调整重力参数，强度大小，使其有喷上去落来的效果，如图3-129所示。

12）此时再次调整超级喷射和重力对应的参数使之匹配。

13）打开“材质编辑器”，如图3-130所示。

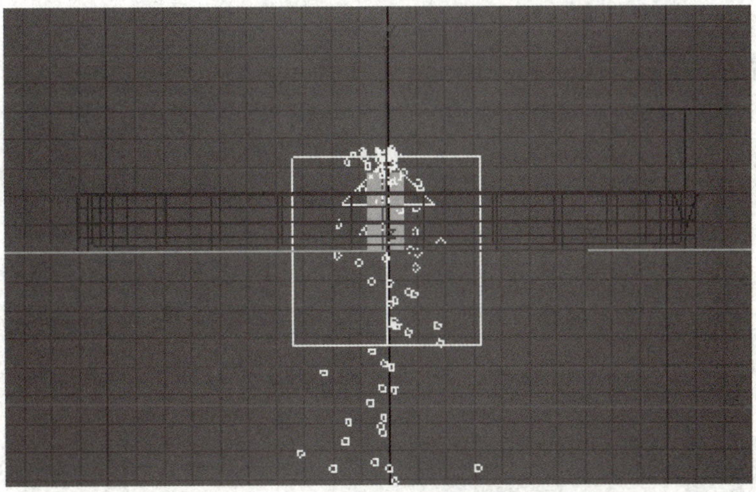

图 3-128　绑定后

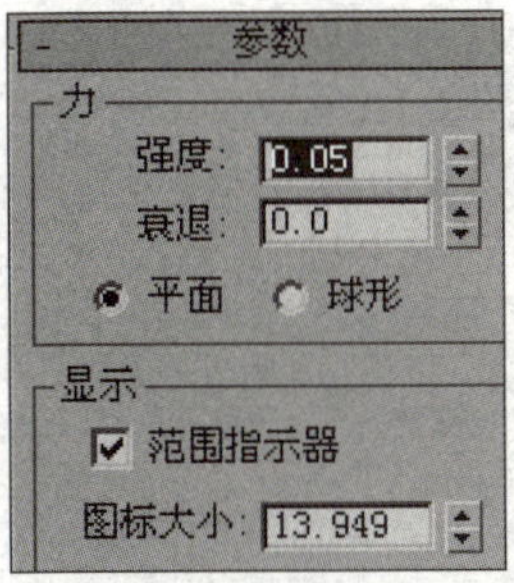


图 3-129　调整重力参数

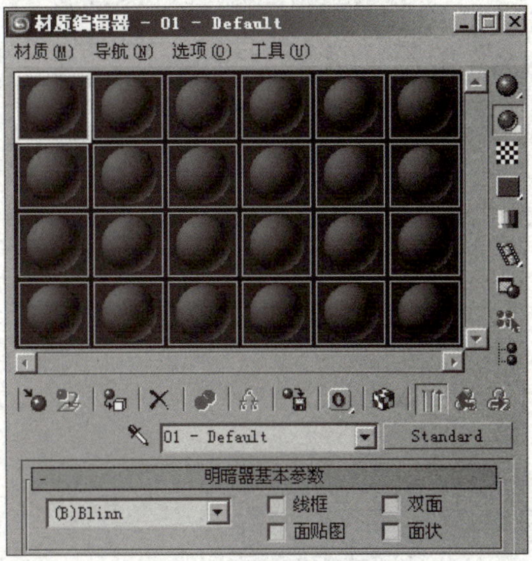


图 3-130　打开“材质编辑器”

14）将漫反射贴图设置为“遮罩”，如图3-131所示。

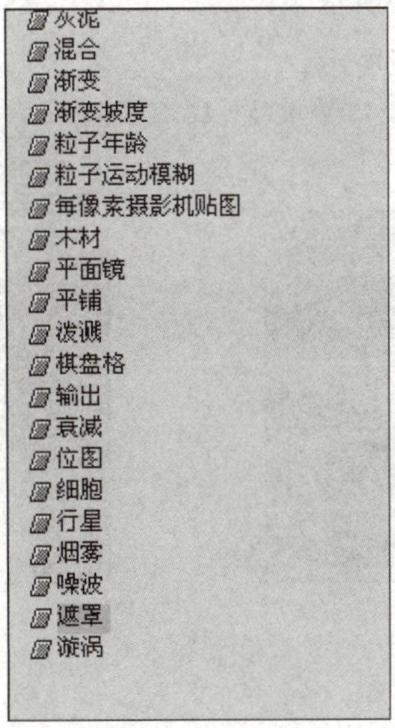


图 3-131　选择“遮罩”

15）在“遮罩”参数里选择“渐变”。

“渐变类型”设置为“径向”，如图3-132～图3-135所示。

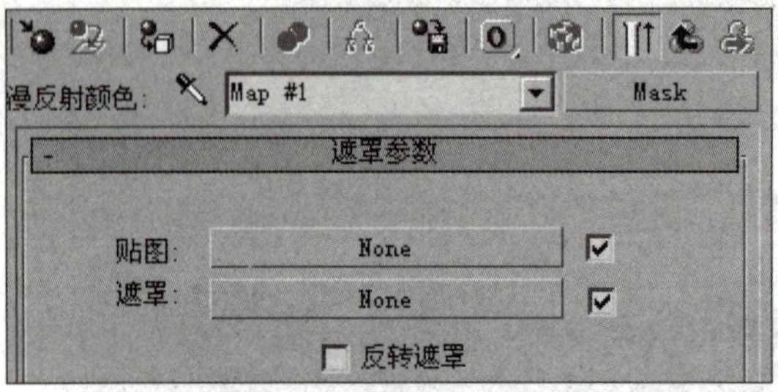


图 3-132 “遮罩”参数设置

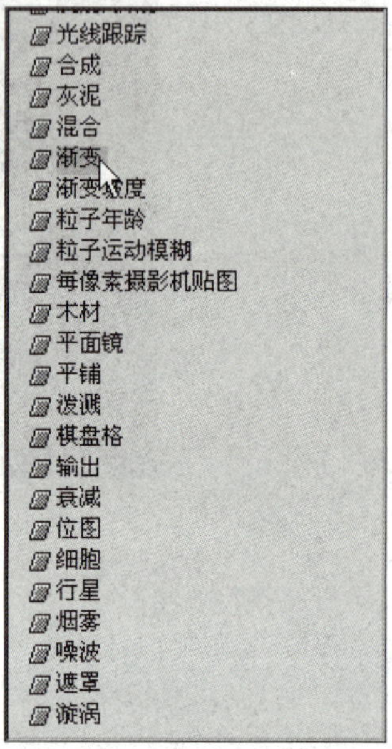


图 3-133 选择“渐变”

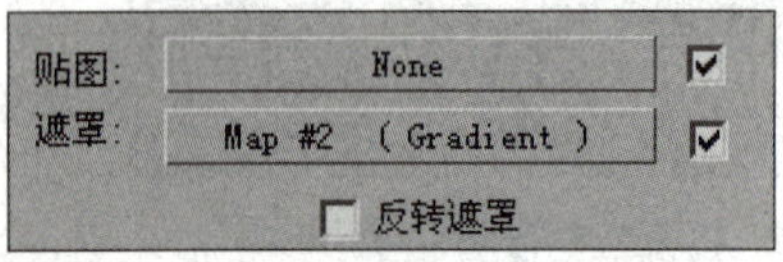


图 3-134 设置

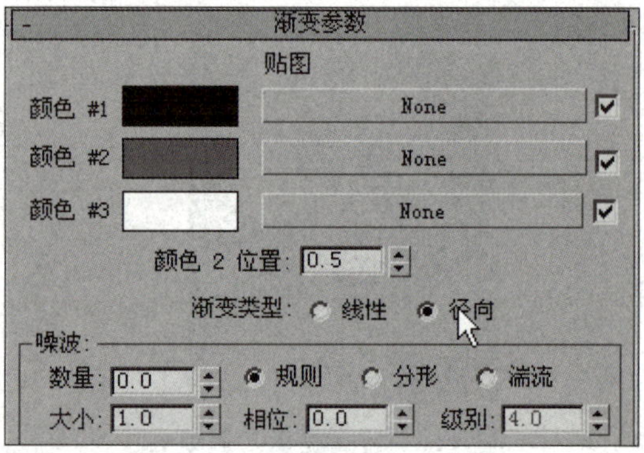


图 3-135 渐变参数设置

16）复制到不透明贴图，如图3-136所示。

17）复制到自发光贴图，如图3-137所示。

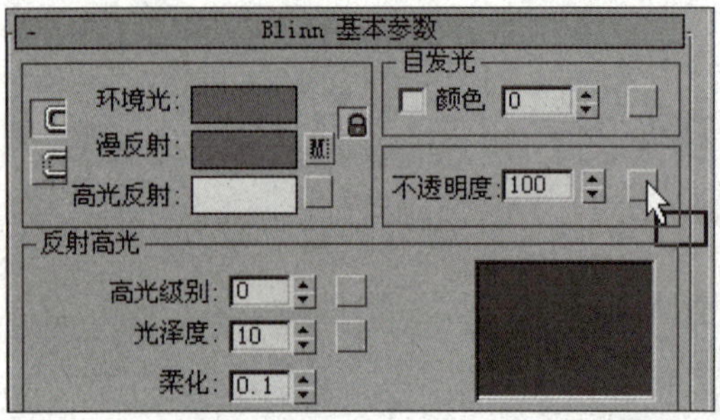


图 3-136 复制到不透明贴图

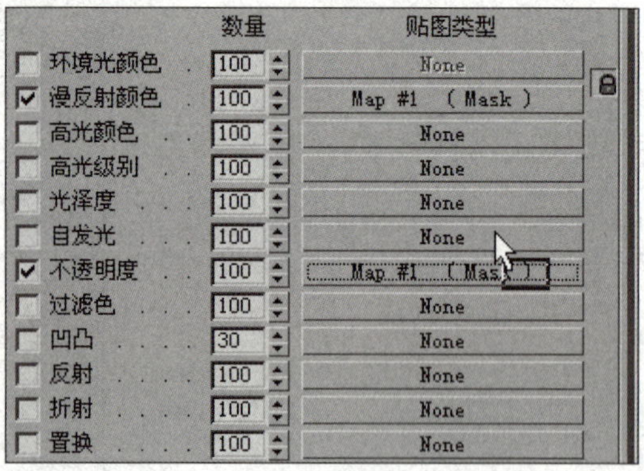


图 3-137 复制到自发光贴图

18）打开双面和面状，如图3-138所示。

19）将材质赋予超级喷射，如图3-139所示。

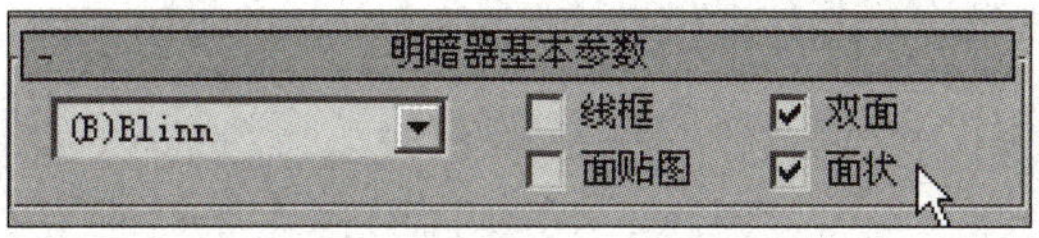


图 3-138　打开双面和面状

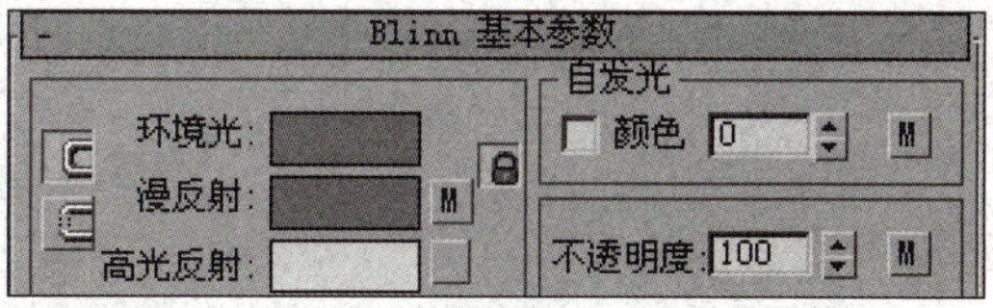


图 3-139　赋予材质

20）打开“曲线编辑器”。

在“喷泉”→“速度”里添加“指定控制器”，如图3-140和图3-141所示。

21）在“指定控制器”中选择“噪波浮点”，如图3-142所示。

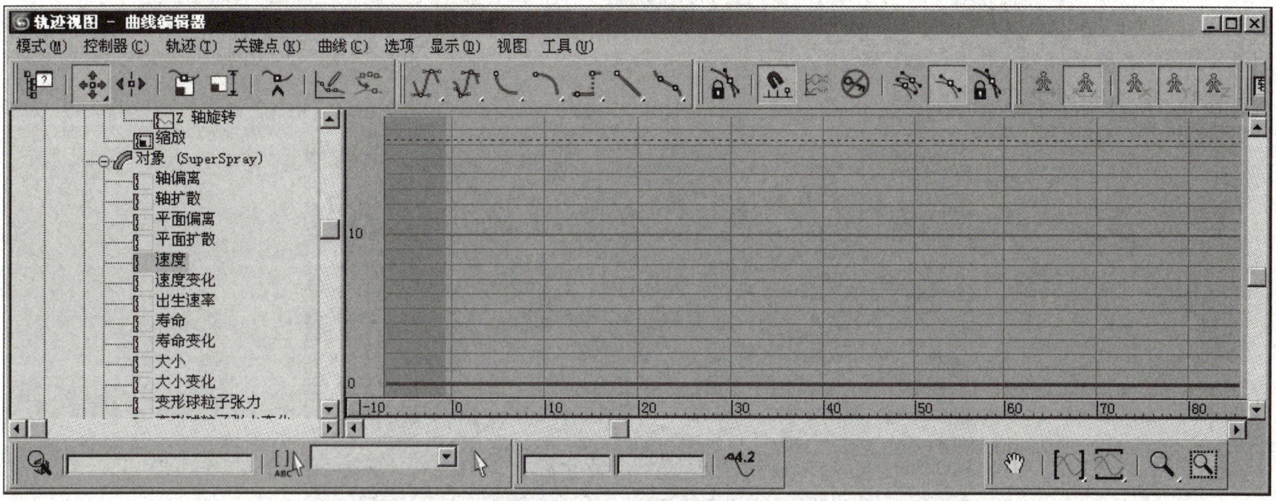


图 3-140　“曲线编辑器”

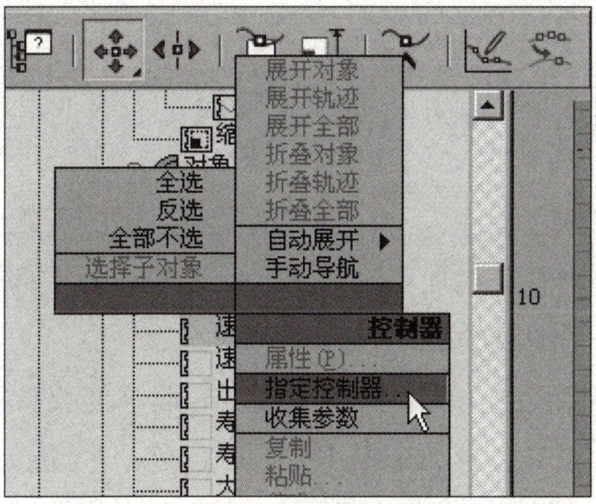


图 3-141　“指定控制器”

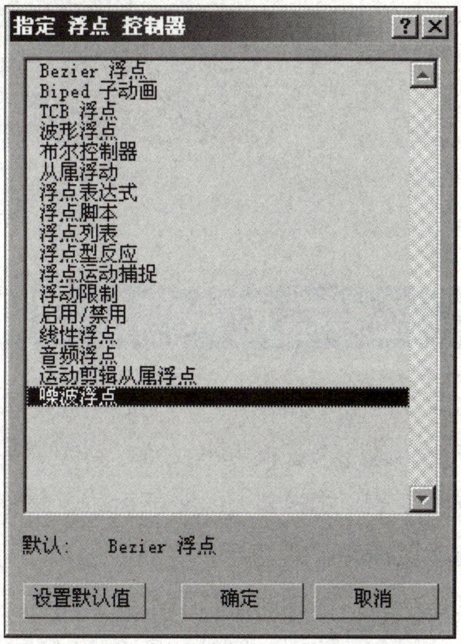


图 3-142　“噪波浮点”控制

噪波的参数一定要选择“>0”，并且调整“强度”，如图3-143所示。

这样会产生一阵一阵的喷泉。

22）增加“运动模糊”，完成设置，如图3-144所示。

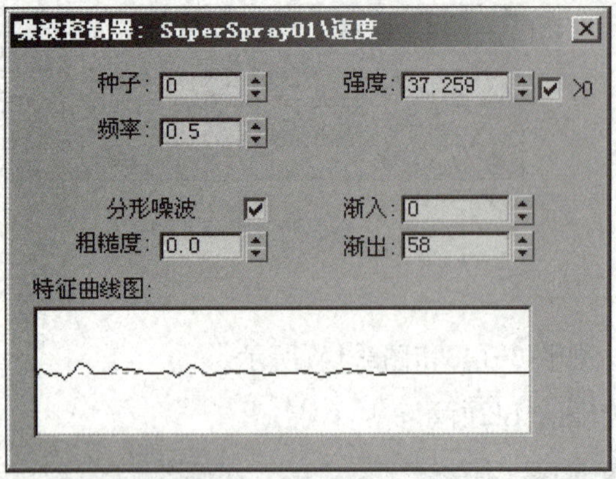


图 3-143　噪波控制器设置

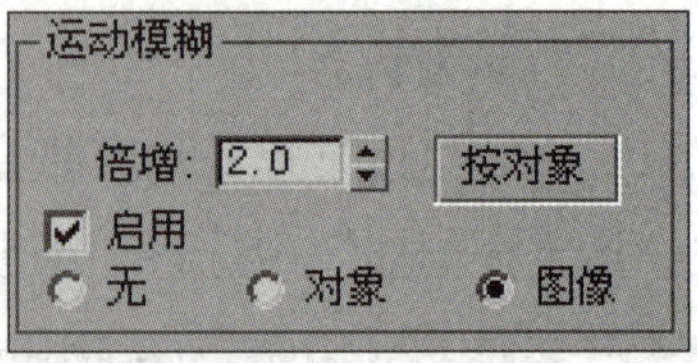


图 3-144　“运动模糊”

23）单帧完成效果，如图3-145所示。

图 3-145　完成效果

## 3.3　三维虚拟声音的实现技术

三维虚拟声音不是立体声的概念，而是由计算机生成的、能由人工在空间中设定声源的三维位置的一种合成声音。这种声音技术不仅考虑到人的头部、躯干对声音反射所产生的影响，还对人的头部进行实时跟踪，使虚拟声音能随着人的头部运动相应变化，从而得到逼真的三维听觉效果。

三维虚拟声音处理包括声音合成、3D声音定位和语音识别。在虚拟环境中，一般不能仅依靠一种感觉，错综复杂的临场感通常需要用到立体声。为此需要设置静态及动态噪声源，并创建一个动态的声学环境。在VR应用中，这个问题甚至比实时处理数据更重要，因为当进入信息流影响数据库状态时，用声音来提醒用户至关重要。

虚拟环境产生器中的声音定位系统利用声音的发生源和头部位置及声音相位差传递函数来实时计算出声音源与头部相对位置发生变动时的参数。声音定域系统可采集自然或者合成声音信号并使用特殊处理技术在360°的球体中空间化这些信号。例如，可以产生诸如“滴答”的声音并将其放置在虚拟环境中的准确位置，参与者即使头部运动时也能感觉到这种声音保持在原处不变。为了达到这种效果，声音定域系统必须考虑参与者两个“耳廓”的高频滤波特性。参与者头部的方向对于正确地判定空间化声音信号起到重要的作用。因此，虚拟环境产生器主要为声音定域装置提供头部的位置和方向信号。

## 3.3.1 三维虚拟声音的特征

VR系统中的三维虚拟声音使听者能感觉到声音是来自围绕听者双耳的一个球形空间中的任何地方，即声音可能来自于头的上方、后方或者前方。如战场模拟训练系统中，当用户听到了对手射击的枪声时，他就能像在现实世界中一样准确而且迅速地判断对手的位置，如果对手在他身后，则听到的枪声就是从后面发出的。三维虚拟声音的特征主要有三个：全向三维定位特性、三维实时跟踪特性以及沉浸感与交互性。

全向三维定位特性（3D Streering）指在三维虚拟环境中把实际声音信号定位到特定虚拟声源的能力。在三种虚拟空间中，用户能准确地判断声源的精确位置，符合人们在真实环境中的听觉方式，如同在现实世界中人们一般先听到声响，然后再去看这个地方。三维虚拟声音系统不仅允许人们根据注视的方向，而且可根据所有可能的位置来监视和识别各信息源。可见，三维虚拟声音系统能提供粗调的机制，用以引导较为细调的视觉注意。在受干扰的可视显示中，用听觉引导肉眼对目标的搜索要优于无辅助手段的肉眼搜索，即使是对处于视野中心的物体也是如此，这就是声学信号的全向三维定位特性。

三维实时跟踪特性（3D Real-Time Localization ）指在三维虚拟环境中实时跟踪虚拟声源位置变化或虚拟影像变化的能力。当用户转动头部时，这个虚拟声源的位置也应随之变化，使用户感到真实声源的位置并未发生变化。而当虚拟发声物体移动位置时，其声源位置也应有所改变。只有保持声音效果与实时变化的视觉一致，才能产生视觉与听觉的叠加和同步效应。如果三维虚拟声音系统不具备这样的实时变化能力，看到的景象与听到的声音会相互矛盾，听觉就会削弱视觉的沉浸感。

三维虚拟声音的沉浸感就是指加入三维虚拟声音后，能使用户产生身临其境的感觉，这可以更进一步使人沉浸在虚拟环境中，有助于增强临场效果。而三维声音的交互特性是指随着用户变化发生的临场反应和实时响应的能力。

## 3.3.2 语音识别技术

VR的语音识别系统让计算机具备人类的听觉功能，使人—机以语言这种人类最自然的方式进行信息交换。必须根据人类的发声机理和听觉机制，给计算机配上“发声器官”和“听觉神经”。当参与者对微音器说话时计算机将所说的话转换为命令流，就像从键盘输入命令一样。在VR系统中，最有利的也是最难的是语音识别。

VR系统中的语音识别装置，主要用于合并其他参与者的感觉道（听觉道、视觉道）。语音识别系统在大量数据输入时，可以进行处理和调节，像人类在工作负担很重的时候将暂时关闭听觉道一样。不过在这种情况下，将影响语音识别技术的正常使用。

语音识别与合成是计算机语音技术的两个重要方面。语音识别就是让计算机识别用户的语音命令甚至会话内容。它主要包括采样、确定输入信号的起始端或终止端、由数字滤波器计算语音谱、音调、分解输入信号、单词识别和对输入信号做出响应7个基本过程。目前主流的语音识别技术是基于统计模式的识别。一个完整的语音识别系统可大致分为3部分：语音特征提取、声学模型与模式匹配、语言模型与语言处理。

### 3.3.3 语音合成技术

语音合成（Speech Synthesis）是指由人工通过一定的机器设备产生出语音。语音合成是一门跨学科的技术，它涉及声学、语言学、心理学、数字信号处理、人工智能、计算机科学等多个学科技术，是信息处理领域的一项前沿技术，它的研究将推动相关学科的进步和发展。目前语音合成技术已是世界强国竞相研究的热点之一，国内外很多科研机构致力于此项技术的研究。近年来，语音合成技术取得了显著进步，开始从实验室走向市场。语音合成技术将进入工业、家电、通信、汽车电子、医疗、家庭服务、消费电子产品等各个领域。特别是随着计算机技术、多媒体技术以及人工智能技术的不断发展，语音合成技术作为一种新的信息传递技术逐渐被计算机产品或其他电子产品所使用，应用在人机交互介质中。具体方法是利用计算机将任意组合的文本转化为声音文件，并通过声卡、电话语音卡等多媒体设备将声音输出的技术，简单地说就是让机器把文字资料“读”出来。

## 3.4 人机自然交互技术

该项技术主要实现虚拟现实的沉浸特性，在交互的过程中满足人体的感官需求。目前，基于该类技术研发的体感设备种类繁多，如有智能眼镜、语音识别、数据手套、触觉反馈装置、运动捕捉系统、数据衣等。这些设备虽能够让沉浸感增强，但在实际使用中的效果还无法达到最自然的视觉、听觉、触觉和自然语言的效果，需要进一步进行技术研发。

### 3.4.1 手势识别技术

手势识别属于计算机科学与语言学，是将人的手势通过数学算法针对人们所要表达的意思进行分析、判断并整合的交互技术。一般来说，手势识别技术并非针对单纯的手势，还可以对其他肢体动作进行识别，如头部、胳臂等。但是这其中手势占大多数。在交互设计方面，手势与依赖鼠标、键盘等进行操控的区别是显而易见的，那就是手势是人们更乐意接受的、舒适而受交互设备限制小的方式，而且手势可供挖掘的信息远比依赖键盘鼠标的交互模式多。

从定义上讲，手势识别是一种利用数学算法，包括计算机图形学，辅以摄像头、数据手套等输入工具，针对收集到的信息，如手掌、手指各关节的方位、角度等进行判断、分析并做出正确响应的技术。许多测试品已开始使用三维手势识别来提升准确率及反应速度。但是，分析手势的特点，回顾手势识别的发展历史，可以更好地把握其发展脉络，从而对未来手势识别的潜力与可能发展方向做出基本判断。

手势识别技术的应用如下。

（1）用于虚拟环境的交互

手势识别可以用于虚拟制造、虚拟装配、产品设计等。虚拟装配通过手的运动直接进行零件的装配，同时通过手势与语音的合成来灵活地定义零件之间的装配关系。还可以将手势识别用于复杂设计信息的输入。

（2）用于手语识别

手语是聋哑人使用的语言，是由手形动作辅以表情姿势由符号构成的比较稳定的表达系统，是一种靠动作和视觉交际的语言。手语识别的研究目标是让机器“看懂”聋哑人的语言。手语识别和手语合成相结合，构成一个“人—机手语翻译系统”，便于聋哑人与周围环境的交流。手语识别同样分为基于数据手套的和基于视觉的手语识别两种。基于DGMM的中国手语识别系统选取Cyberglove型号数据手套作为手语输入设备，采用了动态高斯混合模型（Dynamic Gaussian Mixture Model，DGMM）作为系统的识别技术，可识别中国手语字典中的274个词条，识别率为98.2%。

（3）用于多通道、多媒体用户界面

正如鼠标不能取代键盘，手势输入也不能取代键盘、鼠标等传统交互设备，这一方面是由于手势识别的设备和技术问题，另一方面也是由于手势固有的多义性、多样性、差异性、不精确性等特点。手势识别要想取得比较高的识别率，仍有很长的路要走。手势输入在人机交互中应用的精髓不在于独立地用作空间指点，而是为语言、视线、唇语等交互手段通道提供空间的或其他约束信息，以消除在单通道输入时存在的歧义。这种做法是试图以充分性取代精确性。

（4）用于机器人机械手的抓取

机器人机械手的自然抓取一直是机器人研究领域的难点。手势识别，尤其是基于数据手套的手势识别的研究对克服这个问题有重要的意义，是手势识别的重要应用领域之一。

## 3.4.2　面部表情识别

面部表情识别是智能化人机交互技术中的一个重要组成部分，现在越来越受到重视。面部表情是人们之间非语言交流时的最丰富的资源和最容易表达人们感情的一种有效方式，在人们的交流中起着非常重要的作用。表情含有丰富的人体行为信息，是情感的主载体，通过面部表情能够表达人的微妙的情绪反应以及人类对应的心理状态，由此可见表情信息在人与人之间交流中的重要性。

面部表情识别就是利用计算机进行人脸表情图像获取、表情图像预处理、表情特征提取和表情分类的过程，它通过计算机分析人的表情信息，从而推断人的心理状态，最后实现人机之间的智能交互。表情识别技术是情感计算机研究的内容之一，是心理学、生理学、计算机视觉、生物特征识别、情感计算、人工心理理论等多学科交叉的一个极富挑战性的课题，它对于人机交互、远程教育、安全驾驶等领域都有重要的作用和意义。

## 3.4.3　眼动跟踪

眼动的三种基本方式：注视、眼跳、追随运动。由于用户的注视点能极大地改善人机接口，所以可以把眼动活动当作用户注意力状态的标志。将眼动活动整合成人机接口的障碍就是没有一种可用的、可靠的、低成本的、开源的眼动跟踪系统。

眼动跟踪技术中主要使用两种图像处理方法，可见光谱成像和红外光谱成像。可见光谱成像是一种被动的方式，通过捕捉眼睛的反射光。在这些图像中，通常情况下跟踪可见光谱图像最好的特征就是虹膜和巩膜之间的轮廓也叫角膜缘。眼球的三种最相关的特征是瞳孔——让光进入眼球的光圈、虹膜——控制瞳孔直径的有色肌肉群、眼白——保护覆盖在眼球其他部分的纤维。可见光谱成像是很复杂的，因为环境中的光源是无法控制的，它包含许多镜面反射和漫反射成分。红外光谱成像通过使用一个用户无法感知的红外光控制系统来主动消除镜面反射。红外光谱成像的好处就是，瞳孔是图像中最强的特征轮廓。巩膜和虹膜都能够反射红外光，而只有巩膜能反射可见光。跟踪瞳孔轮廓更具优势，因为瞳孔轮廓比角膜缘更小更尖锐。另外，瞳孔更不容易被眼皮遮住。红外光谱成像也有缺点，那就是在白天不能用在户外，因为外界环境能清除红外线。在这里，算法主要使用红外光谱成像技术，同时也拓展到可见光谱成像技术。

红外眼球跟踪通常使用亮瞳或暗瞳技术。亮瞳技术通过在离摄像头光轴非常近的地方使用一个光源来照射眼球。由于眼球后部的反光特性而形成了一个瞳孔分明的明亮区域。暗瞳技术通过在远离光轴的地方使用一个光源，这样瞳孔在图像中就是黑暗的区域，同时巩膜、虹膜和眼皮反射比较多的光。两种方法都是使用对照明光源的表面反射而使角膜（眼球最具光学特性的结构）可见。使用瞳孔中心到角膜反射点的向量比单独使用瞳孔中心的方法要可靠得多。

### 3.4.4　触觉反馈传感技术

触觉是指人与物体接触所得到的感觉，是触摸觉、压觉、振动觉和刺痛觉等皮肤感受的统称。狭义的触觉是指微弱的机械刺激兴奋了皮肤浅层的触觉感受器引起的肤觉，广义的触觉还包括由较强的机械刺激导致深部组织变形时引起的压觉。触压觉的绝对感受性在身体表面的不同位置有很大的差别。一般来说，越活动的部分触压觉的感受性越高。

通过触觉界面，用户不仅能看到屏幕上的物体，还能触摸和操控它们，产生更真实的沉浸感。触觉在交互过程中有着不可替代的作用。触觉交互已成为人机交互领域的最新技术，对人们的信息交流和沟通方式将产生深远的影响。触觉交互可以增进人机交互的自然性，使普通用户能按其熟悉的感觉技能进行人机通信，对计算机的发展起到不可估量的作用。

触觉反馈传感技术通过定制独特的触觉反馈效果提升用户体验，增强游戏、视频和音乐的效果，直观无误地重建“机械”触感，解决驾驶或手术中注意力分散的问题以提高安全性，在实施机械医疗程序和培训模拟时提供逼真的触觉反馈，弥补在特定场景下音频与视觉反馈低效的缺点。触觉反馈技术是由触摸产生的压力、对压力的识别、识别后的回馈指令三个大的部分组成，其中很重要的是触觉传感器“Force Touch Sensors”，它是按压触摸的重要部件。

触觉反馈技术为世界级公司的手机、汽车、游戏、医疗和消费电子等产品提供了出色的触觉反馈功能。

### 3.4.5　虚拟嗅觉交互技术

虚拟嗅觉交互技术作为虚拟现实技术的重要组成部分，为虚拟环境提供了嗅觉感知，越来越被人们所关注。作为气味生成、传输、扩散以及交互的硬件设备——虚拟嗅觉气味生成装置逐渐成为研究的热点。虚拟嗅觉是指用户在与虚拟环境的人机交互过程中，虚拟环境可以让用户闻到真实的气味。虚拟嗅觉可以极大增强虚拟现实系统的感知性、沉浸性、交互性和构想性，可广泛应用于工业、医学、教育、娱乐和军事等许多领域。在军事方面，虚拟嗅觉技术可仿真战争气味。2006年，美国研发出一种可模拟战争气味环境的虚拟生成器，经过这种模拟器训练的新兵能更快地适应实战环境。在医学领域，虚拟嗅觉可用于预防、检测、控制和治疗老年痴呆症，甚至能够帮助患者恢复记忆。在工业领域，虚拟嗅觉可融入工业仿真系统中，在提高开发率、降低开发成本和开发风险等方面发挥着重要的作用。此外，虚拟嗅觉在数字博物馆、科学馆、沉浸式互动游戏、影院以及体验式教学等方面也发挥着重要的作用。

# 3.5 实时碰撞检测技术

碰撞检测经常用来检测对象甲是否与对象乙相互作用。为了保证虚拟世界的真实性，就需要虚拟现实系统能够及时检测出这些碰撞，产生相应的碰撞反应，并及时更新场景输出，否则就会发生穿透现象。正是有了碰撞检测，才可以避免诸如人穿墙而过等不真实情况的发生，影响虚拟世界的真实感。

在虚拟仿真系统中，如果物体间发生碰撞，系统必须实时而准确地检测到这些碰撞并做出相应的碰撞响应，否则物体间就会产生穿透现象，影响虚拟场景的真实性。碰撞检测主要的作用是检测游戏中各种物体的物理边缘是否产生了碰撞。游戏的效果必须在一定程度上符合客观世界的物理规律，如地心引力、加速度、摩擦力、惯性和碰撞测试等。只要场景中的物体在移动，就必须判断是否与其他物体相接触，碰撞检测作为虚拟现实系统中的一个关键组成部分，主要的任务是判断输入的物体模型之间和模型与场景之间是否发生了碰撞，并给出碰撞位置等信息，接着做出碰撞反应。

在三维空间中，从空间域的角度来划分，碰撞检测算法大体可分为两大类：一类是基于图像空间的碰撞检测算法；另一类是基于物体空间的碰撞检测算法。这两类算法的区别在于，前者是利用物体二维投影的图像加上深度信息来进行相交分析，后者是利用物体三维几何特性进行求交计算。

## 3.5.1 碰撞检测的要求

为了保证虚拟世界的真实性，碰撞检测要有较高的实时性和精确性。所谓实时性，基于视觉显示的要求，碰撞检测的速度一般至少要达到24Hz，而基于触觉要求，速度至少要达到300Hz才能维持触觉交互系统的稳定性，只有达到1000Hz才能获得平滑的效果。精确性的要求取决于虚拟现实系统在实际应用中的要求。

## 3.5.2 碰撞检测的实现方法

最简单的碰撞检测方法是对两个几何模型中的所有几何元素进行两两相交测试。这种方法可以得到正确的结果，但当模型的复杂度增大时，计算量过大，碰撞检测将十分缓慢。现有的碰撞检测算法主要可划分为两大类：层次包围盒法和空间分解法。

# 课后习题

### 一、选择题

1．制作水面的雨滴动画所使用的修改器是（　　）。

A．扭曲　　B．波浪　　C．噪波　　D．涟漪

2．（　　）是虚拟现实系统的一种极为重要的支撑技术，可实现立体的显示，现已有多种方法与手段进行实现。

A．行为建模技术　　B．语音交互技术

C．立体显示技术　　D．物理建模技术

3．在基于几何图形的实时绘制技术实现过程中，目前有下面几种方法用来降低场景的复杂度，以提高三维场景的动态显示速度的方法：预测计算法、脱机计算法、3D剪切法、可见消隐法、细节层次模型

法。其中（　　）应用较普遍。

A．脱机计算法　　B．预测计算法

C．细节层次模型法　　D．可见消隐法

4．使物体表面形成风化腐蚀效果的贴图类型是（　　）。

A．凹痕　　B．渐变　　C．泼溅　　D．衰减

5．螺旋楼梯所特有的部件是（　　）。

A．支撑梁　　B．侧弦　　C．梯级　　D．中柱

6．“多边形”按钮最多可以创建的边数是（　　）。

A．10条　　B．20条　　C．60条　　D．100条

7．可以创建出封闭“C”字图形的工具是（　　）。

A．W矩形　　B．通道　　C．角度　　D．三通

8．将选择的二维图形转化为三维模型的操作是（　　）。

A．镜像　　B．平滑　　C．挤出　　D．拉伸

## 二、简答题

1．简述“隐藏”与“冻结”命令的作用。

2．简述放样变形工具的种类。

3．简述“材质编辑器”的作用。

# 单元4

# 虚拟现实应用

单元介绍

随着计算机技术的快速发展，虚拟现实技术应用领域不断被拓宽。通过单元的学习，能够熟悉虚拟现实技术在教育、医疗健康、旅游、房地产、娱乐、制造、文物保护及市政规划、能源仿真以及军事安全等领域应用发展的情况。

扫码观看视频

## 知识目标

- 掌握虚拟现实技术在不同领域的应用。
- 掌握虚拟现实技术在教育领域的应用方式和案例。
- 熟悉虚拟现实技术在各个领域中的主要应用方向，包括虚拟训练、可视化设计、虚拟会议等。

## 能力目标

- 能够分析虚拟现实技术在不同领域的优势和适用性。
- 能够设计和实施虚拟现实技术在教育领域中的应用方案。
- 能够评估虚拟现实技术在特定领域中的市场需求和商业前景。

## 素质目标

- 培养学以致用、用以促学、学用相长的意识和能力，将所学知识应用于实际问题解决中。
- 培养创新的时代精神，鼓励与时俱进、锐意进取、勤于探索、勇于实践的行动。
- 把握新时代的发展方向，培养辩证思维、系统思维和创新思维，提高问题分析和解决的能力。

导读

## 科技与艺术的完美融合，用虚拟带来真实感受

新年伊始，旧年落定，2022年12月31日晚8点中央广播电视台总台跨年晚会——启航2023，获得当晚各大跨年晚会全国网收视率第一，全国网平均收视份额5.75%，同比上涨22%。这场跨年晚会采用了VR、AR、XR等技术，将节目创意“看见人间烟火气息，传递温暖、爱与力量”展现得淋漓尽致，突出了人们在四季的拼搏奋斗以及祖国的发展变化，更运用虚拟拍摄将传统文化搬上舞台，让观众直呼“震撼”“感动”“治愈”，令央视跨年晚会频频登上全网热搜，并多次登顶榜首。

“以梦为帆，全新启航”，是对2023最美好的祝愿，以“船”为造型的主舞台，更是科技、梦想与艺术的集合体，而此次央视跨年晚会不仅在舞台设计上极富创意和科技感，在节目的编排设计上更是将虚拟与现实结合，过去与未来连接，带领观众进入一场奇绝魅丽的梦幻之旅。

航天原创歌曲《问天》通过AR技术，打造了一个广阔无垠、星河灿烂的舞台背景，使表演者和观众通过视觉听觉进入“上天揽月”的梦想之中，享受了一场跨次元融合的梦幻之旅。

《遇见・文脉》中采用了XR虚拟技术扩展舞台，并带领观众以小见大，在小小的一间屋子里移步换景，从北京的钟鼓楼到平遥古城，带领观众领略古建筑的人文情怀，走过历史的风霜雨雪。

《幸福草》通过虚拟拍摄，现场再现了非洲卢旺达的水土流失区，让观众直接观看了中国菌草技术给当地带来的巨大改变。

技术为艺术而生。虚拟拍摄的兴起，为艺术的发展创新注入了新的活力。在此次央视跨年晚会中，除了最基础的视觉震撼、成本降低等优势，虚拟拍摄在文化传播推广方面也发挥了不可忽视的作用。例如，在《台绣》中，虚拟技术使舞者置身台绣世界，用妙曼的身姿将绣品的精巧展现得淋漓尽致，为观众带来一场梦幻浪漫的视觉体验，更进一步将非遗文化——台绣的美向大众生动地呈现出来，推动了非遗的文化传承。

同时，此次央视跨年晚会还运用了虚拟偶像来传播传统文化，让民乐艺术节与虚拟偶像在台州美景中同台演出，并以大量的“山”“海”为舞台元素，融合了科技与自然，虚拟与现实。更具优势的是，虚拟偶像可以融合多种文化优势，打造一个完美的文化传播途径。例如，《山海万里》中就请来了民乐笛子艺术家作为其动捕原型，在舞蹈阶段更是由专业街舞表演家为其捕捉舞蹈数据，结合了多种文化艺术于一身，将不同领域的专业艺术进行完美的跨界融合，打造独属于数字世界的新模式。这样的拍摄方式和呈现效果无疑寻找到了传统与现代文化的平衡点，让传统文化“潮”起来，在吸引观众的同时推动了传统文化的推广、传承。

XR技术的大量运用，虚拟拍摄的落地为艺术创造提供了新的思路，当时空不再成为拍摄限制，当创意突破现实掣肘，将发生什么？

2023年央视跨年晚会运用虚拟技术，聚焦普通生活，关注人文，为观众带来视觉享受的同时，也为观众带来深层思考。这不仅推动了文化艺术的创新发展，也为虚拟技术的发展提出新的要求。

思考

1. 案例当中提到了哪些技术的运用？
2. 你还知道生活当中虚拟现实技术的应用吗？

早在 20 世纪 70 年代，人们便开始将虚拟现实用于培训宇航员。这是一种省钱、安全、有效的培训方法，现在已被推广到各行各业的培训中。

20 世纪 80 年代中后期，虚拟现实技术已经开始走出实验室，进入实际的应用阶段，并在军事、航天航空、医疗健康等领域发挥了重要的作用。目前，虚拟现实已被推广到不同领域中，得到了广泛应用。

# 4.1 虚拟现实在医疗健康领域的应用

虚拟现实在医疗健康领域的应用大致有两类。一种是虚拟人体，也就是数字化人体，医生更容易利用虚拟人体了解人体的构造和功能。另一种是虚拟手术系统，可用于指导手术的进行。

## 4.1.1 医疗教育与培训

虚拟现实技术在医疗上的应用非常广泛，主要有：①虚拟人体解剖图。以往的人体解剖图大多是以 3D 形式描绘的插图或是一些实际解剖的图片，而虚拟人体解剖图是数字化 3D 解剖图，能让使用者在没有任何外界干扰的情况下自由观察、移动和生成解剖结构，更快捷地学习和了解解剖信息。②虚拟人体功能，如图 4-1 所示。人体某一个器官或系统的功能一般是不可见或难以表现的，如果建立起真正的虚拟人体功能，对于医学教育、医学研究和治疗都有不可估量的应用价值。③虚拟手术模拟。在模拟器上反复训练可以使医生手术安全性更高，手术模拟器可以模拟人体内的重要区域的手术，手术的模拟实验还可以改善预期的手术设计。④虚拟医学教育。医学教育是 VR 的一个主要应用领域，可以用于医学教学、新生培训、技能测试、技术学习、手术计划等多方面。⑤虚拟现实技术在康复医学上的应用也相当广泛，不仅可以用来监测残疾程度，还可以检查康复状况。⑥虚拟内窥镜。将虚拟现实技术应用到内窥镜手术上，一是可以减少病人手术死亡率，二是可以减少病人的住院时间和医疗成本。

图 4-1　虚拟人体

目前，虚拟现实在我国医疗教育和培训中的应用有：

1）虚拟现实技术重构传统教学模式，完善我国医疗体制改革、进行住院医师规范化培训，需要培养高质量、高技能的医学人才。

2）在临床教学中，规范化培训医师通过虚拟现实最直观、最形象、最真切的感知获得各类常规和罕见医疗病例场景和感知对象，从视、听、触等多角度考虑，让规范化培训医师与虚拟现实情境中的形象相融合，从而获得最逼近现实的体验。

3）在培训考核体系中引入虚拟现实技术，模拟出针对考核内容的具有最真实效果的临床一线医疗场景，根据应试者的反应，在双向互动的基础上，不断地根据创设情景提问，考察应试者在逼真医疗情境中的行为举措。在考核过程中为了反馈和指导应试者的临床反应，还可以连续记录应试者操作过程的三维运动和力学数据，必要时回放观摩和分析。

### 4.1.2 医疗保健

医疗保健一直都是虚拟现实技术的主要应用领域之一。一些机构利用计算机生成的图像来诊断病情。虚拟现实模拟软件公司Surgical Theater and Conquer Mobile，使用CAT扫描或者超声波产生的诊断图像生成患者解剖结构的3D模型。虚拟模型帮助新的和有经验的外科医生来决定最安全有效的方法定位肿瘤，决定手术切口或者提前练习复杂的手术。

来自波士顿的Osso VR是一家致力于运用VR技术提供医生培训的公司。Osso VR公司成立于2016年2月，并于2019年6月获了200万美元启动资金。基于Oculus Rift/Touch和HTC Vive等虚拟现实技术平台，Osso VR公司开发了一系列可以创建虚拟手术室的软件。在虚拟手术室，医生可以放心地进行更多更复杂的手术操作。

芝加哥的Level EX研发了一款名为Airway EX的手机应用，它由视频游戏开发商和医生协助开发完成，是一款外科手术模拟游戏。该游戏旨在为麻醉医师、耳鼻喉科医师、重症监护专家、急诊室医生和肺科医师设计。游戏应用可以为医生提供在真实病患案例身上进行18种不同的虚拟气道手术的机会。

除了虚拟手术，虚拟现实技术可以用作康复工具。在欧洲，中风和脑损伤的病人可以使用MindMaze创造的沉浸式虚拟现实疗法恢复运动和认知能力。MindMaze的虚拟练习和实时反馈让恢复过程好像是玩游戏。

相信随着虚拟现实技术的发展，未来在医学界的应用将更普遍，对人类疾病的治疗起更加重要的作用。

## 4.2 虚拟现实在旅游行业的应用

旅游方面，虚拟现实技术最大的优势就是把一个不在身边存在的场景空间展示在观众面前，让观众不用去现场就能体验到现场的氛围与环境，观众可以根据自己的意愿进行互动式的观看浏览，如图4-2所示。虚拟现实技术在旅游业中的应用也相当广泛，如虚拟旅游——360° 三维实景漫游。

1）全景虚拟现实是基于全景图像的真实虚拟场景技术，该技术弥补了三维动画中对于场景浏览路线和浏览速度的限制以及只能被动观察的缺点，给用户充分的自由，具有更强的交互性和表现力。虚拟旅游不仅可以扩大旅游景点的影响力，达到吸引游客的目的，而且还能够为没有条件到达旅游景点的游客提供一个空间。

2）再现不复存在或将要消失的旅游景观。参观古建筑遗迹时，通常很难想象古建筑原来的形状，通过虚拟现实技术，可以将古迹遗址再现出来，只要佩戴相应的装置，人们就可以徜徉在古建筑遗迹之间，感受古代文明的辉煌，具有展示及保护文化遗产的意义。借助虚拟现实技术，对中国丰富灿烂的古代文化遗产进行数字化展示和有效保护具有重要的现实意义。

3）合理规划旅游景点。虚拟现实技术还可以对旅游景点进行合理规划，先利用虚拟现实技术对要创建的景点进行系统建模，生成相应的虚拟现实系统，然后通过人机交互界面进入场景，通过规划人员的亲身经历和体验来判断规划方案的优劣，检验规划方案的实施效果，并可以反复修改和辅助最终方案的制定实行。

图 4-2 虚拟现实在旅游行业的应用

## 4.3 虚拟现实在房地产领域的应用

虚拟现实在建筑、房地产方面，可以运用到装配式建筑、BIM 建筑和智能建筑等。装配式建筑主要将 VR 运用到装配式建筑实际操作过程当中，运用建筑装配过程建模设置还原现实装配场景，运用 VR 设备在系统中虚拟操作建筑装配全部过程，在一个虚拟的环境中对装配式建筑进行还原装配，这样既有利于节约空间，也极大地减少了装配成本。BIM 建筑设计主要研究内容是将 BIM 软件模型用 VR 技术呈现出来，让人置身于一个真实的建筑模型之中，对建筑进行设计研究，使得所设计的建筑更加符合现实。智能化建筑研究主要运用 VR 技术对已建成的建筑设计简单便捷的系统，使得生活更加便利和智能。

现今，虚拟现实技术在建筑、土木行业的建筑设计、结构设计、建筑施工和灾害防治等方面逐渐推广开来，还利用有关软件广泛应用于房地产开发中。虚拟现实技术不仅能使房地产企业进行合理性的检测，规划好施工方案的，更好地避免损失，还是展销宣传的有效手段之一。

在国内的房地产行业中，虚拟现实技术应用在设计、申报、审批、宣传及销售阶段，尤其是在房地产销售环节，其使用更加广泛。

### 4.3.1 房地产开发

随着房地产业竞争的加剧，平面图、表现图、沙盘、样板房等传统展示手段已经远远无法满足消费者的需要。房地产开发公司针对现有户型进行分析，按照施工图 1∶1 进行虚拟建模，运用 CAD、3D、VR 软件做出虚拟的空间，可从层高、结构、布局、光照、后期装修方案等，让客户获得身临其境般的真实体验。在虚拟看房方面，做到了 PC 端、移动端、VR 眼镜三方面同步，并可配合销售传单、沙盘、销售讲解。客户只需扫描满意户型的二维码，使用 VR 眼镜，就可以体验样板间了。

从表 4-1 传统样板间和虚拟样板间对比中可以看出，虚拟样板间从造价上远远低于传统样板间，数量和风格也有灵活性，也可异地看房。

表 4-1 传统样板间和虚拟样板间对比

| 项　目 | 传统样板房 | 虚拟样板房 |
| --- | --- | --- |
| 时　间 | 工程完工，通水电暖 | 拿到施工图 |
| 造　价 | 3000 ~ 5000 元 /$m^2$ | 50 ~ 200 元 /$m^2$ |
| 数　量 | 2 ~ 5 个户型 | 所有户型 |
| 风　格 | 每个样板间一个风格 | 可更换不同风格 |
| 地　点 | 小区样板间内 | 任何地点 |
| 特　点 | 真实存在、可参观 | 虚拟现实、可体验 |

从客户体验上看，传统的看房模式中，较抽象的施工图、平面图仅能展示设计方案的一面，而虚拟现实技术下的方案效果图是一张 360° 的全方位立体图，它突破了传统二维效果图不能改变视角的缺陷。VR 作为一种体验，是房屋销售的一个营销手法，可以吸引客户到店体验，加快房屋销售。

从精装修方面来看，客户对自己的喜欢风格、功能布局等不明确的时候，很难准确表达喜欢的装修风格。因此，把常见的装修风格做成 VR 体验，客户带上 VR 眼镜在体验不同装修风格后便可对自己的家装风格准确把握，如图 4-3 所示。在设计的时候，设计人员将平面图布置完成并与客户沟通后，可根据实际尺寸做出全景效果。客户便可在装修前体验家装的效果，不满意的地方随时更改，直至满意。

图 4-3 虚拟看房

当然，VR 在房地产领域的应用不仅是销售和精装修业务。在开发前期，比如，选择地块方面，也可以利用该技术对地块、周边环境进行分析、综合汇报，还可由规划设计院对楼盘的整体效果及周边环境进行虚拟建模，对外立面、墙体颜色、窗户材质、室外景观绿化等整个楼盘效果进行把控，在图样上进行更改，避免对后期效果不理想更改返工。在施工中，可利用全景照相机进行现场监控，在办公室带上 VR 眼镜即可观看现场情况，区别于一般监控设备，还可对现场进行全景拍摄，对现场安全文明施工、质量等进行影像保存，丰富资料内容。

## 4.3.2　室内设计

采用 3D 全景技术进行酒店套房室内展示，如图 4-4 所示。这是一种高效而简单的设计方法，这种设计方法是基于全景照片或图片的拼接技术，采用 PanoramaMaker 软件进行制作。在实际的室内设计中，3D 设计技术经常被用到，无论是家居中室内的装潢设计还是一些基本设施的摆设、墙体装饰、光线的采集等。不但能把室内的场景非常完美地表达出来，而且可以在三维环境中不断更改自己的可视距离和 X、Y、Z 的空间位置。在室内的装潢设计中，经常会用到一些特殊的室内效果，如声音和管线设计，但无论是声音设计还是管线设计，都是可以通过虚拟的室内设计来完成的。采用全新的虚拟技术，成功实现室内的整体及细微的效果表达。目前常用的虚拟现实技术不但能在室内随意操作，而且利用虚拟现实技术做室内预装修系统，还可以成功实现家具、配饰、灯光效果、木地板颜色、卫生洁具、瓷砖等变更，更能移动家庭用具的安装摆放位置，从而解决了对室内进行设计之初就会遇到的各种问题。

图 4-4　虚拟现实在室内设计的应用

### 1. 充分帮助设计师讲解设计理念

在室内设计专业出现之前，室内装修是以业主根据自己的欣赏水平和想象来施工的，采用这种方式只能亲自在现场指导工人施工，通常没有施工图和设计方案，装修功能只局限于人类的居住需求。

随着社会发展分工出设计师行业，也就有了方案和平面图、效果图等，设计师和客户的交流也越来越多。但是客户和设计师对方案都有各自的理解，虚拟现实的应用使设计师更好地修改方案，和施工人员对接施工，解决设计问题，满足设计师和客户之间的交流，也更加丰富了室内设计的表现手法。

### 2. 合理展示平面布局

室内设计的数据一般是通过计算机数据处理得来的，像室内平面图的尺寸、标注等都可以用计算机处理得来。传统方式则需要设计师花费大量的人力物力来计算，而且没有计算机那样精准。现在计算机的处理大大节省了时间和人力成本。

### 3. 灵感创作的来源

计算机更能反映空间的真实性，虚拟现实在空间的创作中能把各种模型组合，有利于激发设计师的创作潜能和再创作的灵感。在计算机创造中，各种模型有趣地组合，能使设计师找到源自大自然的设计，一切设计来自大自然万物，使设计师在面对计算机时消除疲劳，避免单调的工作，使设计师有更多时间来寻找创作作品的灵感。

#### 4. 在室内设计中的优势

近年来，虚拟设计在室内设计中作为一个独立体系正在快速发展，三维立体在虚拟现实中相比于传统手绘中的优势在于实际设计空间的真实尺寸体现。这种设计更加直观地表达出设计的效果，更加人性化和专业化，在设计过程中更加快捷、直观、逼真。

VR 室内设计系统广泛应用于家装、家具建材、地产等行业。

## 4.4 虚拟现实在游戏、影视媒体、购物上的应用

### 4.4.1 游戏

虚拟现实在游戏领域的应用是虚拟现实最广阔的用途之一。英国出售的一种滑雪模拟器，使用者身穿滑雪服、脚踩滑雪板、手拄滑雪棍、头上载着头盔显示器，手脚上都装着传感器。虽然在斗室里，只要做着各种各样的滑雪动作，便可通过头盔式显示器看到堆满皑皑白雪的高山、峡谷、悬崖陡壁一一从身边掠过，其情景就和在滑雪场里进行真的滑雪所感觉的一样。

对于游戏的开发，目前虚拟现实技术比较适合开发角色扮演类、动作类、冒险解谜类、竞速赛车类的游戏，其先进的图像引擎丝毫不亚于目前主流游戏引擎的图像表现效果，而且整合配套的动力学和 AI 系统更给游戏的开发提供了便利。

虚拟现实技术重要的应用方向之一便是三维游戏，而三维游戏也为虚拟现实技术的发展做出了巨大贡献。计算机游戏自产生以来，一直都在朝着虚拟现实的方向发展。从最初的文字 MUD 游戏，到二维游戏、三维游戏，再到网络三维游戏，游戏在保持其实时性和交互性的同时，逼真度和沉浸感正在一步步地提高和加强。游戏开发者们在不断地探索，如图 4-5 所示。

图 4-5 切水果游戏

## 4.4.2 影视媒体

早期，虚拟现实在影视媒体领域主要以硬件产业为主体，如魔法报纸、虚拟现实全景直播等。现在，随着用户的需求越来越旺盛，VR 直播、VR 购物、VR 新闻、VR 电视、VR 广告等以更加多样化的方式和渠道为用户提供服务。

虚拟现实技术运用最广的莫过于在娱乐业。日常生活中许多人都在体验这一“福利”，3D 影院随处可见，人们在看电影的过程中获得身临其境的体验，如图 4-6 所示。其次，VR 眼镜也走入人们的生活，随时随地可以有私人影院般的体验。话剧、音乐剧、舞会、晚会等也逐渐应用虚拟现实技术，带来感官上的震撼。

图 4-6　虚拟现实在电影行业的应用

在国内，影视媒体对虚拟现实的利用领先于其他各领域。例如，两会期间的报道中，新华网、人民网以及一大批新闻网站、视频网站，包括《新京报》这样的纸媒都通过虚拟现实技术对两会现场进行报道；我国首部 VR 科普图书《大开眼界：恐龙世界大冒险》丛书在 2016 年年初的北京订货会上与广大读者见面，让人们能够产生视觉、听觉的穿越，将他们带到“眼见为实”的境地；国内各大视频网站都在全世界寻找最好的 VR 内容，和一些优秀的 VR 制造团队合作。虚拟现实技术不仅创造出虚拟场景，而且还创造出虚拟人。美国迪士尼公司准备推出虚拟演员。这将使“演员”艺术青春常在、活力永存。虚拟演员成为电影主角后，电影将成为软件产业的一个分支。各软件公司将开发数不胜数的虚拟演员软件供人选购。

## 4.4.3 购物

VR 购物是使用 VR 技术，利用计算机图形系统和辅助传感器生成可交互的三维购物环境的全新购物方式。通过 VR 技术建立无边界、高精度视觉质量的虚拟商场，可使消费者在一个更立体、更动态的虚拟现实环境中身临其境地浏览商品，更利于消费者对商品产生感情上的联系，达到商品销售与品牌好感的目的。对百货商场加入虚拟现实或增强现实，营造独特的主题与氛围，体验者可在百货商场中漫步浏览，如同置身于一个不可思议的世界中，如图 4-7 所示。

图 4-7　VR 购物

电子商务和虚拟现实相结合将给用户提供更加真实、逼真的选择手段，从而可为网上销售提供更为广阔的前景，如家电、汽车交易、房屋展示系统。在电子商务网站中虚拟现实技术可以给出商品的三维形态和音质以及各种操作示范，对于交互式要求比较多的商品，用户还可以直接在网上通过对三维虚拟产品进行操作，从而获得逼真的视觉和听觉效果，增加商品对用户的吸引力，使用户对需要购买的产品的外观、性能、使用的方便性有更加直观的认识。

Buy+ 是阿里巴巴 VR 实验室 GMLab（Gnome Magic Lab）的一个项目，集中平台优势，搭建 VR 商业生态，让更多的消费者可以在家体验 VR 购物的乐趣。体验者可以在商场里逛街，挑选喜欢的商品，查看详情时，眼前立刻出现超模 T 台秀展示穿戴搭配，还能直接选择商品样式、颜色等。最值得期待的是，还可以直接将商品放入购物车购买并支付。

在第二届 Prime 会员日活动期间，亚马逊在印度各地的购物中心开设了 11 家 VR 快闪商店，以使网购用户可以在下单之前通过 VR 头显来浏览商品。在购买之前，客户将首次利用 VR 技术体验新产品。例如，客户可以看到衣服的 3D 视图，也可以打开放在厨房台面上的微波炉，并浏览更多内容。这种 VR 体验向所有客户开放，Prime 会员可以在孟买等城市的特定商场优先进行体验。

食品供应商 BigBasket 宣布，将为用户开放 VR 商店，以弥补在线和实体店购物体验之间的差距。新的 VR 商店将允许用户环顾四周并浏览产品，就像在实体店中一样，并支持在线购买。

沃尔玛推出全新的“3D 虚拟购物之旅”，这个应用可以让用户浏览 VR 版本的小型生活空间，如宿舍或公寓。用户可以在沃尔玛设计的房间内走动，单击感兴趣的产品以获取更多信息，然后直接购买这些产品。沃尔玛还宣布将“购买房间”功能集成到 VR 购物之旅中，这将允许用户将虚拟房间中的所有可用物品添加到他们的购物车中，以便立即购买所有的商品。这种体验将有助于沃尔玛在尚未采用该技术的竞争对手中占据优势。

## 4.5 虚拟现实在教育领域的应用

虚拟现实技术与教育相结合，使教学内容外在形式的生动化与内在结构的科学化更紧密地结合起来，这种环境将极大促进教学观念的变化，如图 4-8 所示。虚拟现实技术主要应用在教育领域的：①科研方面，当前，有些科学研究受到人力、物力等客观条件的限制，不能很好地开展下去，使用虚拟现实技术可以帮助科研人员顺利地进行科学研究。我国高校在许多领域都利用虚拟现实技术进行相关课题研究，如北京航空航天大学在分布式飞行模拟方面的应用等。②虚拟学习环境，虚拟现实系统可以虚拟历史人物、教师、学生等各种人物形象，创设交互式学习环境。比如在虚拟的课堂学习气氛中，学会与虚拟的教师、学生一起交流、讨论，进行协作化学习。③虚拟实验室，是指由虚拟技术生成的一类适合于进行虚拟试验的实验系统，包括相应的实验环境、有关实验仪器设备、实验对象以及实验信息资源等。在虚拟实验系统中，实验者有逼真的感觉，就像是在真实的实验室中进行操作。将虚拟现实技术引入教学中，不仅可以提高操作的安全性，也增加了教学的乐趣，使学生更容易掌握操作要领和技能，还能大大降低实践教学的成本。

图 4-8　虚拟现实在教育中的应用

在虚拟教学方面，可以应用教学模拟进行演示、探索、游戏教学。利用虚拟现实技术表现某些系统（自然的、物理的、社会的）的结构和动态，为学生提供一种可供他们体验和观测的环境。建立教学模拟的关键工作是创建被模拟对象（真实世界）的模型，然后用计算机描述此模型，通过运算产生输出。这些输出能够在一定程度上反映真实世界的行为。教学模拟是一种十分有价值的 CAI 模式，在教学中有广泛的应用。例如，中国地质大学开发的地质晶体学学习系统，利用虚拟现实技术演示它们的结构特征，直观明了。

## 4.5.1　数字校园与虚拟校园建设

大多数虚拟校园仅实现校园场景的浏览功能，但虚拟现实技术提供灵活的浏览方式，全新的媒体表现形式具有非常鲜明的特点。天津大学早在 1996 年，在 SGI 硬件平台上，基于 VR　ML 国际标准，最早开发了虚拟校园，使没有去过天津大学的人可以领略近代史上久负盛名的大学。随着网络时代的来临，网络教育迅猛发展，尤其是在宽带技术大规模应用的今天，一些高校已经开始逐步推广、使用虚拟校园。

虚拟校园也是虚拟现实技术在教育培训中最早的具体应用，它由浅至深有三个应用层面，分别适应学校不同程度的需求：简单的虚拟校园环境供游客浏览；基于教学、教务、校园生活，功能相对完整的三维可视化虚拟校园；以学员为中心，加入一系列人性化的功能，以虚拟现实技术作为远程教育基础平台进行虚拟远程教育，可为高校扩大招生后设置的分校和远程教育教学点提供可移动的电子教学场所，通过交互式远程教学的课程目录和网站，由局域网工具作校园网站的链接，可对各个终端提供开放性的、远距离的持续教育，还可为社会提供新技术和高等职业培训的机会，创造更大的经济效益与社会效益。

### 4.5.2 教学实验

虚拟现实技术的特点在虚拟培训方面表现得比较突出。虚拟现实技术的沉浸性和交互性，使学生能够在虚拟学习环境中扮演一个角色，全身心地投入学习，这非常有利于学生的技能训练。利用沉浸型虚拟现实系统，可以做各种各样的技能训练，对高职技能性教学有着无比强大的推动作用。西南交通大学开发的TDS—JD机车驾驶模拟装置可摸拟列车起动、运行、调速及停车全过程，可向司机反馈列车运行过程中的重要信息。如每节车辆的车钩力或加速度、列车管压力波传递过程等，进行特殊运行情况下的事故处理，有完善的训练结果评价及合理的评分标准。它在国内首先采用计算机成像及Windows界面，是国内市场占有率最高的模拟装置，可任意进行列车编组，可选择任意线路断面，可在有场景或无场景条件下模拟操纵。

虚拟现实与系统仿真研究室可以将科研成果迅速转化为实用技术，如浙江大学在建筑方面进行虚拟规划、虚拟设计的应用；清华大学对临场感的研究等。虚拟学习环境能够为学生提供生动、逼真的学习环境，如建造人体模型、虚拟太空旅行、化合物分子结构显示等，在广泛的领域提供无限的虚拟体验，从而加速学生学习知识的过程。虚拟实验利用虚拟现实技术可以建立各种虚拟实验室，拥有传统实验室难以比拟的优势。比如，节约由于设备、场地、硬件带来的成本；规避实验带来的风险；打破空间时间的限制。

利用虚拟现实技术建立起来的虚拟实训基地，其“设备”与“部件”多是虚拟的，可以根据需要随时生成新的设备。教学内容可以不断更新，使实践训练及时跟上技术的发展。虚拟现实技术还可以用于军事作战技能、外科手术技能、教学技能、体育技能、汽车驾驶技能、果树栽培技能、电器维修技能等各种职业技能的训练。由于虚拟的训练系统危险性低，学生可以反复练习，直至掌握操作技能为止。

## 4.6 虚拟现实在制造领域的应用

### 4.6.1 汽车制造

虚拟现实技术已经被世界上一些大型企业广泛地应用到汽车的设计开发、装配、试验以及制造过程当中。采用虚拟设计技术，可以在计算机中实现整车和零部件的概念设计、造型设计、总布置设计以及结构设计等，同时对其性能如刚度、硬度和疲劳使用寿命等进行模拟分析，以便在设计阶段就发现并尽可能解决问题，从而提高一次成功率；采用虚拟装配技术，在产品开发阶段就进行装配评价，从而在设计阶段就可以从整个产品的装配角度考虑产品的可制造性，避免设计上的失误，为以后的生产定型提供方便并节省时间；虚拟试验技术可以在建立汽车整车或分系统的CAD模型之后，在计算机上模拟真实的实验环境、实验条件和实验负荷。虚拟试验还可以进行虚拟人机工程学评价、虚拟碰撞实验等；虚拟制造技术包括加工工艺模拟、切削、冲压过程仿真及生产过程仿真，除了能为设计人员自身提供有关信息之外，还能为决策者提供影响产品性能、制造成本、生产周期的相关信息，以便正确处理性能、成本、进度和生产周期之间的平衡关系。虚拟现实技术为汽车制造业的发展提供了一种制造策略，为汽车开发人员创造了更自由的平台。

### 4.6.2 船舶制造

虚拟装配是虚拟制造的核心技术之一，其利用计算机技术对产品进行零部件的实体造型，在产品设计阶段进行预装配，验证装配工艺的准确性。就目前产品设计开发的现状来看，产品装配结构及其装配工艺的设计工具和设计水平仍然十分落后，装配结构和装配工艺的设计任务主要还是依靠经验丰富的设计师、工艺师来完成。设计周期长、受设计者的知识局限性和主观意识性影响较大，尤其是对于船舶等复杂产品的装配设计，设计者往往无法将各方面、各层次的问题都考虑进来，只能凭借经验来寻求较合理的装配工艺路线，而这样得到的不一定是最佳的装配工艺路线。

通过虚拟现实技术对船舶的船体、管系、电气等各系统进行分段装配、分段预舾装、分段总组、总段合拢等过程进行模拟，从而实现在设计阶段预测、分析、评估产品的质量、性能指标和工艺的可行性，并在考虑人机的因素下优化产品设计及工艺、维护过程，及时发现和纠正设计中的缺陷和问题，缩短产品的开发流程，提高船舶产品的建造质量，更好地指导实际建造生产。

在产品结构和工装结构环境中，按照工艺流程进行装配工人可视性、可达性、可操作性、舒适性以及安全性的仿真。将标准人体的三维模型放入虚拟装配环境中，针对零件的装配对工人进行相应工作特性的分析。

## 4.6.3 飞机制造

### 1. 机场环境模拟

基于 Converse Earth 虚拟地球构建机场三维场景，在其上叠加卫星影像、高程数据、矢量数据，使用 Converse Earth Editor 创建机场三维模型，真实再现停机坪、候机厅、油库、航加站等场所，如图 4-9 所示。

图 4-9 虚拟现实在飞机制造上的应用

### 2. 机场运维

实现信息化管理，实现物品三维化管理，系统功能界面和三维界面无缝对接，单击三维模型可查询信息，单击二维条目可定位三维模型；飞机调度三维可视化展现，将调度模块嵌入三维系统内，实时了解当前飞机的飞停状态，并进行三维实时展现。GPS 跟踪系统通过读取来自定位系统的实时位置信息来驱动加油车、操作员动态变化，具有很强的立体表现效果，是二维 GPS 管理系统所不具备的。

### 3．卸油站、油库、航加站一体化信息管理及安全应急演练

应急模拟演练：提供虚拟的演练场景，在虚拟环境中，根据预案对灾害现场和灾害过程进行模拟仿真，提供多人在线的演练手段，为参训者在计算机上提供生动逼真演练各项应急救援任务的虚拟环境，并考核演练结果，达到良好的培训效果。

工艺培训方面：通过对工艺流程的界面仿真、操作仿真、数据仿真，为参训者在计算机上提供供油工艺流程动态演示培训环境。

# 4.7 虚拟现实在能源仿真领域的应用

## 4.7.1 石油工业仿真

石油行业三维数字化系统是近几年来随着信息技术的飞速发展、石油需求的急剧增加和经济信息全球化的逐步加深而出现的一项新技术。它在能源行业的信息交流和管理决策中发挥着越来越重要的作用。三维海上油田利用虚拟现实技术构建能源安全作业虚拟仿真训练系统，提供多人在线交互式训练功能。推行封闭式演示、指南式向导操作和开放式自由操作的培训模式，开发能源安全作业虚拟仿真训练系统，能有效地解决能源安全作业培训的成本高、安全性差和效果差问题。

构建一个全面的三维仿真信息化系统，在此系统内进行设备管理、管线管理、安全应急演练等，构建作业区三维环境，附加作业区周围方圆百公里的 GIS 数据，包括卫星影像图及 DEM 高程数据等。在此基础上创建设备及管线数据，实现设备及管线的信息查询、测量分析、飞行控制等操作。

## 4.7.2 水利工程仿真

虚拟现实技术在水利行业具有广阔的应用空间。例如，在水利工程的规划、施工、运行、水灾害仿真、水利风景区建设与宣传等诸多方面都有广泛的应用。

针对水利工程项目规划设计建立三维的、动态的、可视的虚拟仿真环境，如图 4-10 所示，将复杂抽象的工程设计方案以生动直观的形式表达出来，人们能够比较容易理解设计方案并就其合理性进行探讨，从而提高决策的前瞻性与科学性。

图 4-10 虚拟现实在水利工程仿真上的应用

水利工程规划建设时，通过虚拟现实技术对建成之后各工程建筑物及周围环境模拟，可以清晰全面直观地了解工程建设后的真实场景，分析工程建设后对人、物、景和生态等方面的影响，对工程规划内容进行现实推演。

对工程施工过程进行仿真，使得工程建设管理科学高效、严控质量、指导建设、严防事故等。

## 4.7.3 电力系统仿真

三维电力输电网络信息系统采用 3DGIS 融合 VR 的思路，利用数字地形模型、三维电力协同作业、

高分辨率遥感影像构建的基础三维场景能够真实再现地形、地貌，采用创建三维模型再现输电网络、变电站、输电线路周边环境、地物的空间模型。电力设备可通过传感器将现场状态进行虚拟现实再现，同时实现三维查询功能，二维网页和三维场景进行无缝连接，实现二、三维一体化管理，为领导及工作人员提供全方位、多维、立体化的辅助决策支持，从而减少处理事故所需的时间，减少经济损失。

系统实现了各种分析功能，如停电范围分析、最佳路径分析。当停电事故发生时，系统能快速计算出影响范围，标绘出事故地点及抢修最优路线。当火灾发生时绘制火灾波及范围及对重要设备的影响程度，推荐最佳救援方式。

## 4.8 虚拟现实在文物保护、城市规划领域的应用

### 4.8.1 文物保护

虚拟现实技术在文物保护方面也是应用相当广泛的，埃及的金字塔就做过网络的体验中心，运用了全景虚拟技术和三维虚拟技术，而且 IBM 运用虚拟现实技术对北京故宫进行数字虚拟。

利用虚拟现实技术，结合网络技术，将文物实体通过影像数据采集手段建立起实物三维或模型数据库，保存文物原有的各项数据和空间关系等重要资源，实现濒危文物资源的科学、高精度和永久保存。其次，利用这些技术可以更好地找到不同文物古迹的保护手段。还可以通过计算机网络来整合文物资源，实现资源共享，人们足不出户便可感受文物古迹，如图 4-11 所示。

图 4-11　虚拟现实在文物保护领域的应用

### 4.8.2 城市规划

在城市规划中经常会用到虚拟现实技术。用虚拟现实技术能十分直观地表现虚拟的城市环境，能运用三维地理信息系统来表现直观的三维地形地貌，为城市建设提供可靠的参考数据，还能很好地模拟各种天气情况下的城市，能了解排水系统、供电系统、道路交通、沟渠湖泊等，而且能模拟自然灾害的突发情况，在政府的城市规划工作中起到了举足轻重的作用。

虚拟现实技术引入到城市规划中，可以代替传统的 GIS（Geographic Information System，地理信息系统）数据处理技术，实现对城市的立体仿真模拟。在城市规划过程中，可以将三维虚拟图形建模、传感技术进行结合，呈现给用户一个接近真实的城市规划体验。虚拟现实技术与仿真系统的结合，能够完成对道路桥梁、轨道交通、城市照明、房地产和工商业的三维模拟，构建出可视化与数字化的城市规

划方案图，城市规划设计部门可以在三维仿真软件中模拟出多套城市规划方案，进行不同方案之间的评估与比较。

## 4.9 虚拟现实在军事、安全防护领域的应用

### 4.9.1 军事

利用虚拟现实技术模拟战争过程已成为较先进和多快好省地研究战争、培训指挥员的方法。战争实验室在检验预定方案用于实战方面能起巨大作用。1991 年海湾战争开始前，美军便把海湾地区各种自然环境和伊拉克军队的各种数据输入计算机内，进行各种作战方案模拟后才定下初步作战方案。后来实际作战的发展和模拟实验结果相当一致。

虚拟现实模拟器可以训练士兵，非商业性的虚拟现实游戏可用于部队作战，有利于模拟团队使用战术装备，在虚拟现实环境中练习来达到目的。这种方式能抓住学员的注意力，且更安全，如图 4-12 所示。

图 4-12　虚拟现实在军事领域的应用

### 4.9.2 安全防护

虚拟现实技术在安全防护领域的应用主要分为以下 4 个方面。

#### 1. 对出现的危险情况进行模拟

在实际生产系统中，引发事故的原因多种多样，人、机械、环境三要素中任何一个发生的随机事件都可能引发严重的事故，有很强的不可预见性。利用虚拟现实技术可以事先模拟事件的发生过程及可能造成的严重后果。

#### 2. 针对模拟的情况进行必要的改进

可以对现场有更多的了解，采取措施进行改进，如隔离，设置安全通道，设置警示牌，改进设计或改进现场布置等。

### 3. 重现事故现场，分析事故原因

应用计算机绘图和虚拟现实技术可以快速、有效地以一系列三维图像在计算机屏幕上再现事故发生的过程，事故调查者可以从各种角度去观测、分析事故发生的过程，找出事故发生的原因，防止其他与此相关的潜在事故的出现。

同时通过交互式地改变事故现场 VR 模型中环境的参数或状态，从而找到如何避免类似事故发生的途径和注意事项。对已经发生的事故，根据现场的情况进行模拟，再现事故现场，以便清楚了解事故发生的全部原因，杜绝同类事故再次发生。

### 4. 进行安全教育，用虚拟现实技术进行现场模拟

让工作人员在虚拟环境中了解熟悉工作现场、工作程序及安全注意事项，直观生动，效果好。

虚拟现实技术应用在反恐、突发紧急事件中，具有明显的社会价值和经济价值，主要表现在：

① 降低了演练成本；

② 数字化技术提供了丰富、多变的内容；

③ 提供了长期、便利的训练方法；

④ 可以反复分析、评估；

⑤ 强化了关键技能；

⑥ 培养了公众在危难时刻救护和自保的能力。

## 课后习题

### 一、填空题

1. 虚拟现实技术主要应用于教育领域的__________、__________、__________三个方向。

2. __________时期，虚拟现实技术开始走出实验室，进入实际应用阶段。

3. 在建筑、房地产方面，虚拟现实技术主要应用于__________、__________、__________三个方面。

### 二、简答题

1. 简述虚拟现实技术的主要应用领域。

2. 简述虚拟现实技术在室内设计应用中的社会价值与经济价值。

# 单元5

## 增强现实认知

**单元介绍**

增强现实（Augmented Reality，AR）是一种实时地计算摄影机影像的位置及角度并加上相应图像的技术，这种技术的目标是在屏幕上把虚拟世界叠加在现实世界中并进行互动。本单元主要对增强现实技术的发展历史、关键技术以及应用领域进行详细介绍，使读者掌握增强现实的基本知识。

扫码观看视频

**知识目标**

- 掌握增强现实的定义，了解其与虚拟现实的区别和联系。
- 掌握增强现实的关键技术，包括传感器技术、跟踪与定位技术、虚拟场景合成技术等。
- 掌握增强现实的工作原理，理解增强现实通过将虚拟信息与真实环境相叠加来实现用户体验的方式。
- 熟悉增强现实的应用方向，包括教育、游戏、建筑、医疗等领域。

**能力目标**

- 能够评估增强现实技术在特定领域中的可行性和应用效果。
- 能够设计和实施基于增强现实的交互界面和用户体验。
- 能够解释和演示增强现实的工作原理实现方式。

**素质目标**

- 培养科技创新精神，增强民族自豪感和文化自信。
- 培养把握新时代发展方向的能力，养成辩证思维、系统思维和创新思维。
- 培养与时俱进、锐意进取、勤于探索、勇于实践的时代精神。
- 培养求真务实的态度，通过实干抓住机遇，迎接挑战。

导读

## AR典型应用案例

### 1. 钢铁行业：华菱湘钢“5G+AR跨国远程装配”

在华为联合三大运营商、亮风台、宝武、河钢、华菱湘钢、柳钢、首钢等发布的《5G智慧制造白皮书》中，明确“5G AR远程装配”为5G智慧钢铁十大应用场景之一。

“5G+AR远程装配”通过AR+工业的解决方案，减少日常作业问题。员工可以第一时间发现“设备异常”“人员行为异常”“错误流程”“质量不稳定”等信息；系统第一时间同步信息，AI智能指导作业过程、工单列表保证正规的流程、清晰的实践指导；现场工程师将现场第一视角画面实时推送给远程厂家的技术人员，厂家依托AR空间标注技术，远程配合钢厂工程师进行巡检、装配等工作。

2020年，在华菱湘钢提质改造项目——精品中小棒特钢生产线关键的安装调试阶段，德国和奥地利技术专家无法前往湘潭现场进行技术服务，配合华菱湘潭生产线中进口设备的关键安装调试。湘钢携手湖南移动、华为、亮风台，运用5G+AR技术，打造“5G+AR跨国远程装配系统”，实现中国、德国、奥地利三地跨国远程装配，这也是我国钢铁业首次通过5G+AR进行跨国远程装配，如图5-1所示。这有效降低了异地协同作业的难度，提升了工作效率，节约了现场差旅等诸多不可控成本。2020年6月18日，该项目按期投产，创国内同类工程建设周期最短记录。

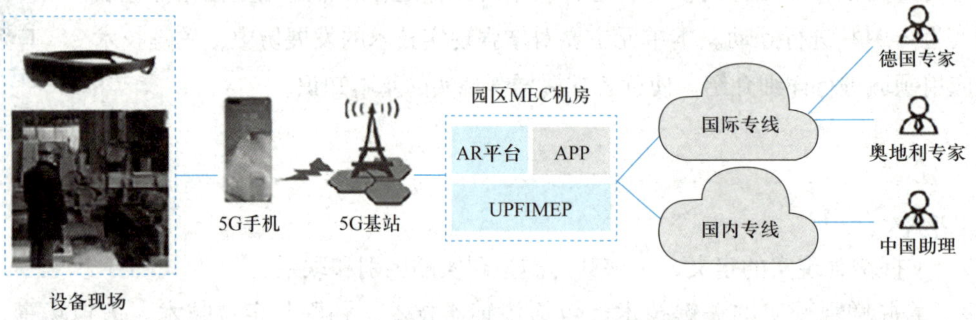


图 5-1 5G+AR 跨国远程装配

### 2. 航空航天：上海航天八院800所“AR无损检测”，产品检测新思路

航空航天是技术密集、高度综合的产业，也是AR典型应用领域。波音公司曾在复杂的飞机制造流程中引入AR培训。该公司在一项研究中，用AR指导学员组装机翼部分的30个零部件，总共50道工序，与使用2D图纸文件相比，学员花费时间缩短了35%。而对于新学员来说，效率提升更明显。数据显示，借助AR，学员初次完成装配任务正确率提升了90%。

轻合金新材料产业基地是上海航天八院800所聚焦核心专业优势的建设项目。在项目至关重要的产品检测环节，以往探伤人员一旦遇到无损检测问题，都需要专家指导，但电话、视频沟通效率低，甚至需要专家亲临现场。

上海航天八院800所利用亮风台AR远程通信与协作系统，让检测人员戴上AR智能眼镜，配合嵌入式三维模型，并借助HiLeia AR空间标注等可视化手段，实现产品检测环节侧记。远程专家通过文字、图片、实时标注等多种形式实时指导，双方通过第一视角画面实时交互、多方多地协同，仅通过云端交互、远程诊断就能快速定位问题并实时传输解决方案，提高检测效率。

**3. 汽车工业：保隆汽车“5G工业互联网AR远程协作”，削弱距离束缚**

汽车工业产业链复杂，链路长，上海保隆汽车产品远销全球76个国家和地区，以往在产品零件安装等环节，专家需要频繁出差、亲临现场进行作业指导，易造成工程延误、差旅费过高等问题。

保隆汽车与亮风台携手上海移动，推出“5G工业互联网AR远程协作”项目，旨在打造一个5G环境下面向行业的AR远程协作平台，目前已应用于保隆汽车远程协作开发、远程装配指导、供应链远程管理等环节，如图5-2所示。

图 5-2　5G 工业互联网 AR 远程协作

借助亮风台AR眼镜，结合HiLeia实现远程通信与协作，通过空间标注、实时标注、冻屏标注等多种AR标注形式，相关人员以现场人员第一视角，共享现场环境数据，以云端服务为依托，迅速地获取知识库、历史记录、多媒体等预置内容，从而大幅提升跨区域、跨部门协作的效率。

**思考**

1．案例当中，AR运用到了哪些领域？

2．生活中，其他AR应用案例还有哪些？

# 5.1 增强现实的概念、发展历史及工作原理

## 5.1.1 增强现实的概念

增强现实的鼻祖人物是Ivan Sutherland，该技术由他于1990年提出，是一种全新的人机交互技术，利用摄影机将真实的环境和虚拟的物体实时地叠加到同一个画面或空间而同时存在。随着随身电子产品运算能力的提升，增强现实的用途将会越来越广。

增强现实通过计算机技术将虚拟的信息应用到真实世界，真实的环境和虚拟的物体实时地叠加到了同一个画面或空间同时存在。增强现实提供了在一般情况下不同于人类可以感知的信息。它不仅展现了真实世界的信息，而且将虚拟的信息同时显示出来，两种信息相互补充、叠加。在视觉化的增强现实中，用户利用头盔显示器把真实世界与计算机图形多重合成在一起，便可以看到真实的世界围绕着虚拟的物体。

增强现实借助计算机图形技术和可视化技术产生现实环境中不存在的虚拟对象，并通过传感技术将虚

拟对象准确“放置”在真实环境中，借助显示设备将虚拟对象与真实环境融为一体，并呈现给使用者一个感官效果真实的新环境。因此，增强现实系统具有虚实结合、实时交互、三维注册的特点。

### 5.1.2 增强现实的发展历史

增强现实显示器把计算机生成的图形叠加到真实世界中。

自从20世纪70年代早期Pong进入电子游戏厅以来，视频游戏开始走进人们的生活。增强现实的技术将通过增强人们的所见、所听、所感和所闻，进一步模糊真实世界与计算机所生成的虚拟世界之间的界限。

从虚拟现实（创建身临其境的、计算机生成的环境）和真实世界之间的光谱来看，增强现实更接近真实世界。增强现实将图像、声音、触觉和气味按其存在形式添加到自然世界中。视频游戏推动了增强现实的发展，但是这项技术将不局限于此，而是会有无数种应用。从旅行团到军队的每个人都可以通过此技术将计算机生成的图像放在其视野之内，并从中获益。

增强现实将真正改变人们观察世界的方式。想象用户自己行走在或者驱车行驶在路上。通过增强现实显示器（最终看起来像一副普通的眼镜），信息化图像将出现在用户的视野之内，并且所播放的声音将与用户所看到的景象保持同步。这些增强信息将随时更新，以反映当时大脑的活动。

AR技术不仅有与VR技术相类似的应用领域，诸如飞行器的研制与开发、数据模型的可视化、虚拟训练、娱乐与艺术等领域具有广泛的应用，而且由于其具有能够对真实环境进行增强显示输出的特性，在医疗研究与解剖训练、精密仪器制造和维修、军用飞机导航、工程设计和远程机器人控制等领域，具有比VR技术更加明显的优势。

### 5.1.3 增强现实的工作原理

移动式增强现实系统的早期原型的基本理念是将图像、声音和其他感官增强功能实时添加到真实世界的环境中。这听起来十分简单，虽然电视网络通过使用图像实现上述目的已经有数十年的历史，但是电视网络所做的只是显示不能随着摄像机移动而进行调整的静态图像。增强现实远比人们在电视广播中见到的任何技术都要先进，尽管增强现实的早期版本一开始是出现在通过电视播放的比赛中。例如，Racef/x和添加的第一次进攻线，它们都是由SporTVision创造的。这些系统只能显示从一个视角看到的图像。下一代增强现实系统将显示能从所有观看者的视角看到的图像。

增强现实要努力实现的不仅是将图像实时添加到真实的环境中，而且还要更改这些图像以适应用户的头部及眼睛的转动，以便图像始终在用户视角范围内。使增强现实系统正常工作需要三个组件：

① 头戴式显示器；

② 跟踪系统；

③ 移动计算能力。

增强现实开发人员的目标是将这三个组件集成到一个单元中，放置在设备中，该设备能以无线方式将信息转播到类似于普通眼镜的显示器上。

## 5.2 增强现实的研究现状

作为新型的人机接口和仿真工具，AR受到的关注日益广泛，并且已经发挥了重要作用，显示出了巨大的潜力。

AR是充分发挥创造力的科学技术，为人类的智能扩展提供了强有力的手段，对生产方式和社会生活产生了巨大而深远的影响。近些年，各家厂商在AR技术上的动作越来越密集。

随着技术的不断发展，其内容也不断增加。而随着输入和输出设备价格的不断下降、视频显示质量的提高以及功能强大但易于使用的软件的实用化，AR的应用必将日益增长。AR技术在人工智能、CAD、图形仿真、虚拟通信、遥感、娱乐、模拟训练等许多领域带来了革命性的变化。

国外，Google在旗下YouTube应用里添加了stories功能，亚马逊则直接推出了VR/AR软件开发工具Sumerian。

国内，“BAT”三巨头纷纷布局，阿里巴巴公司在2018年10月份的杭州“云栖大会”上发布了阿里巴巴AR开放平台，如图5-3所示。腾讯公司在腾讯全球合作伙伴大会上公布了QQ—AR平台，如图5-4所示。百度公司也推出了AR开放平台Dusee，如图5-5所示。中视典公司的VR Platform虚拟现实软件已经在多个领域投入使用，涉及数字展馆、数字城市、场馆仿真、地产漫游、室内设计、旅游教学、文物古迹、应急预案、网上产品、网上看房、网上展馆、网上看车、影视拍摄等众多领域，如图5-6所示。

图5-3　阿里巴巴AR开放平台

图5-4　腾讯公司的QQ—AR平台

图 5-5　Dusee 平台

图 5-6　中视典公司的 VR Platform

总体来讲，增强现实在中国处于起步阶段，现在许多虚拟现实领域的企业已经开始专注于“增强现实”的研发和应用。比如，中视典数字科技部门研发的VR Platform 12.0就集成了增强现实的功能。

## 5.3 增强现实和虚拟现实的区别和联系

增强现实的优点是它的移动性。用户可以在任何地方体验增强现实，如Pokemon Go这类游戏就努力鼓励玩家尽可能地探索现实世界。然而，许多增强现实的平台都无法让使用者与电子内容进行交互，并且只能被限定在小范围的视野和屏幕上（如手机和平板的屏幕）。

AR技术目前在不同领域应用较广，主要可分为行业应用、商业应用、消费级应用，见表5-1。从应用场景来看，商品广告、幼儿教育是当前比较热门的应用场景。

表 5-1　AR 应用分类

| 项　目 | 行业应用 | 商业应用 | 消费级应用 |
|---|---|---|---|
| 应用场景 | 工业仿真维修、电视节目制作、项目展示、游乐园互动 | 商品广告、商品展示、商品试用 | 幼儿教育、生活服务导航、位置社交等 |
| 代表性软件 | “Liver Explorer”“MARTA 系统”“MiRA 应用” | “优衣库 Magic Mirror”“宜家 Ikea Catalog” | “随便走”“星途 Star Walk”“Junaio（魔眼）” |
| 代表公司 | Oglass、触角科技、光码互动、投石科技等 | Blippar、摩艾客 | 摩艾客、迪士尼 |

增强现实和虚拟现实的区别在于：VR是把真实世界的用户带入虚拟世界，AR是把虚拟世界融入真实世界中，见表5-2。

表 5-2 VR 与 AR 的区别和联系

| 分类 | VR | AR |
| --- | --- | --- |
| 相同 | 结合计算机图形学、人机交互技术、人机接口技术、多媒体技术、传感技术、网络技术、人工智能技术等，借助计算机图像模拟环境、多感知（视觉、听觉、触觉、力觉、运动、嗅觉和味觉等）、自然技能和传感设备等方面，使得虚拟现实化或现实增强化 | |
| 差异<br>（对浸没感的要求不同；对注册的含义和精度要求不同；应用的领域侧重不同） | 创造与现实隔绝的虚拟世界，与现实环境无关；通过欺骗大脑，达到虚拟即现实的效果 | 一种实时地计算摄影机影像的位置及角度并加上相应图像的技术，这种技术的目标是在屏幕上把虚拟世界叠加在现实世界上并进行互动 |
| | 全是虚拟物体或信息，让人进入并不存在的虚拟环境中，并且该环境与现实环境无关 | 现实场景 + 虚拟物体或信息，人处于现实环境中，虚拟物体或信息叠加展现 |
| | 环境是封闭的，只有佩戴该设备的人才能看到 | 环境是开放的，所有人均可见。目前需要佩戴 AR 类似眼镜，未来发展极致体验为裸眼可见 |
| | 使用浸没式头盔显示器，强调用户的感官与现实世界绝缘 | 使用透视式头盔显示器，强调用户在现实世界的存在性，同现实交互和增强信息 |
| | 注册在 VR 里是指呈现给用户的虚拟环境与用户的感官匹配 | 注册在 AR 里是指将计算机产生的虚拟物体与用户周围的真实环境全方位对接，并且要求用户在真实环境的运动过程中维持正确的对准关系 |
| | 主要应用领域在教育、数据和模型的可视化、军事仿真训练、工程设计、城市规划、娱乐和艺术等领域 | 主要应用在辅助教学与培训、医疗研究与解剖训练、军事侦察及作站指挥、精密仪器制造和维修等领域 |

## 5.4 增强现实系统的关键技术

增强现实系统的主要任务是进行真实世界和虚拟物体的无缝融合，需要解决真实场景和虚拟物体的合成一致性问题。为了确保真实世界和虚拟对象的无缝融合，在AR应用系统开发中必须要解决好三大关键问题和三大关键技术。

### 5.4.1 增强现实应用系统开发三大关键问题

增强现实应用系统开发的三大关键问题是如何解决真实场景和虚拟物体在几何、光照和时间方面的一致性问题。

几何一致性是解决虚拟对象和真实场景在空间中的一致性，是最基本的要求。

光照一致性是虚实融合场景真实感绘制的要求。

时间一致性是实现实时交互的要求。

在三大问题中，几何一致性和时间一致性是研究光照一致性的前提，因为只有高效、实时恢复场景的几何表示，才能进行精确的光照恢复，才能够得到具有强烈真实感的融合效果。

### 5.4.2 增强现实应用系统开发三大关键技术

#### 1. 虚实融合显示技术

目前，增强现实系统实现虚实融合显示的主要设备一般分为头戴式显示器、手持式显示器以及投影式显示器等。

（1）头戴式显示器

增强现实显示器仍相当笨重，但开发人员相信他们可以开发出类似眼镜的显示器就像监视器能让我们看到计算机生成的文本和图像一样，头戴式显示器可以让我们看到由增强现实系统生成的图像和文本。到目前为止，还没有很多专门为理想中的增强现实系统开发的头戴式显示器。大多数显示器最初都是为虚拟现实而设计的，类似于滑雪护目镜。例如，视网膜显示器、视频透视式显示器以及光学透视式显示器等三类。视频透视式显示器，它不但能够对系统的延时进行一定程度的补偿，同时相比于光学透视式显示器（光学透视式显示器普遍存在虚拟物体亮度不足等缺陷）而言，能够产生更好的融合效果，因此，它被广泛应用于增强现实系统之中。视频透视式显示器主要分为双目式与单目式两类。单目式的头盔由于只有一个摄像头，因此并不能进行手部跟踪与深度检测，也无法进行立体显示，影响用户的体验感觉。因此，为了进一步提高用户在增强现实应用系统的体验，双目式视频透视式头盔显示器将会成为增强现实系统广泛采用的头盔显示器。

（2）手持式显示器

手持显示式显示器一般多指手机、平板计算机等移动终端设备的显示器，具有较高的便携性的优点，可以随时随地使用，而且手持式显示器具有可触控的特点，便于进行人机交互的设计，如带摄像头的手机或PDA等。

（3）投影式显示器

投影式显示是将生成的虚拟对象信息直接投影到需要融合的真实场景中的一种增强显示技术。投影式显示能够将图像投影到大范围场景中，但是投影设备体积庞大，比较容易受到光照变化影响，适合于室内场景使用，但不适合室外大场景。

### 2．跟踪注册技术

跟踪注册技术是实现移动增强现实应用的基础技术，也是决定移动增强现实应用系统性能优劣的关键。其主要完成的任务是实时检测出摄像头相对于真实场景的位置状态，确定所需要叠加的虚拟信息在投影平面中的位置，并将这些虚拟信息实时显示在屏幕中的正确位置，完成三维注册。Hiball跟踪系统使用光学感应设备和内嵌LED的天花板跟踪小范围内的移动，增强现实开发人员面临的最大挑战是需要知道用户相对于其周围的环境所处的位置。另外还有跟踪用户的眼睛和头部转动的问题。所以跟踪系统必须能识别这些运动，并且映射出与用户在任何特定时刻看到的真实世界相关的图像。限于当前的跟踪技术，目前的视频透视式显示器和光学透视式显示器通常在叠加的内容上都会有延迟。

增强现实要发挥其最大潜力，就必须在室外和室内都可以使用。目前，可用于大范围开放区域的最佳跟踪技术是全球定位系统（GPS）。但是，GPS接收器的精确度大致为10～30m，一般而言这个精确度还算不错，但是对于需要以毫米或更小单位来度量精确度的增强现实系统来说却不够好。如果映射的图像与用户实际看到的事物距离大约10～30m，则增强现实系统就没有什么价值了。

有一些方法可以提高跟踪精确度。例如，使用多重GPS信号。还有差分GPS，这种方法使用在已经过测量的区域。然后，系统会用带有天线的、能非常精确地知道其位置的GPS接收器来跟踪用户在该区域内的位置。这使用户可以确切地知道他们的GPS接收器有多么不准确，从而可以相应地调整增强现实系统。差分GPS可以达到分米级别的精确度。而正在开发中的一种更精确的实时动态GPS甚至可以达到厘米级别的精确度。

在小空间内进行跟踪比在大空间内要容易。北卡罗来纳大学教堂山分校的研究人员已经开发出了一种非常精确的系统，它可以在大约46m$^2$的范围内工作。HiBall跟踪系统是由两个部分组成的光电跟踪系统。

六个用户佩戴式光学传感器嵌入特殊天花板内的红外线发光二极管（LED）。该系统利用已知的LED位置、已知的用户佩戴式光学传感器的几何原理以及特殊的算法来计算和报告用户的位置和方向。该系统可以解析0.2mm内的线性移动和0.03°以内的转动。它的更新频率超过1500Hz，延迟保持在大约1ms。

### 3. 人机交互计算

对于可佩戴增强现实系统，还没有足够的计算能力来创建三维立体图形。因此，研究人员目前正在使用能够从笔记本式计算机和个人计算机所获得的各种图形处理能力。

东芝公司在其笔记本式计算机内添加了英伟达GPU，它每秒钟能够处理超过1700万个三角形和2.86亿个像素，从而能够支持需占用大量CPU的程序，如3D游戏。但是笔记本式计算机仍然落后许多—— 英伟达已经开发了定制的300MHz 3D图形处理器用于微软推出的Xbox游戏机，它每秒可以生成1.5亿个多边形，而且这些多边形比三角形复杂得多。由此可以看出移动图形芯片还有多远的路要走，才能产生在家庭视频游戏系统中看到的那么流畅的图像。

增强现实系统交互技术是指将用户的交互操作输入到计算机后，经过处理将交互的结果通过显示设备显示输出的过程。

目前增强现实系统中的交互方式主要有三大类：外接设备、特定标志以及徒手交互。

外接设备：如鼠标键盘、数据手套等。传统的基于PC的增强现实系统习惯采用键盘—鼠标进行交互。这种交互方式精度高、成本低，但是沉浸感较差。另外一种是借助数据手套、力反馈设备、磁传感器等设备进行交互，这种方式精度高，沉浸感较强，但是成本也相对较高。随着可穿戴增强现实系统的发展，语音输入装置也成为增强现实系统的交互方式之一，而且在未来具有很大的发展前景。

特定标志：标志可以事先进行设计。通过比较先进的注册算法，可以使标志具有特殊含义，当用户看到标志之后就知道该标志的含义。因此基于特定标志进行交互能够使用户清楚明白操作步骤，降低学习成本。采用这种方式沉浸感要稍高于传统外接设备。

徒手交互：一种基于计算视觉的自然手势交互方式，需要借助复杂的人手识别算法。首先在复杂的背景中把人手提取出来，再对人手的运动轨迹进行跟踪定位，最后根据手势状态、人手当前的位置和运动轨迹等信息估算出操作者的意图并将其正确映射到相应的输入事件中。这种交互方式沉浸感最强，成本低，但算法复杂，精度不高，容易受光照等条件的影响。另外一种主要是针对移动终端设备。现如今移动终端的显示设备都具有可触碰的功能，甚至可支持多点触控。因此，可以通过触碰屏幕来进行交互。目前几乎所有的移动应用都采用这种交互方式。

## 5.5 增强现实应用领域

医疗领域：医生可以利用增强现实技术轻易地进行手术部位的精确定位。

军事领域：部队可以利用增强现实技术进行方位的识别，获得目前所在地点的地理数据等重要数据。

古迹复原和数字化文化遗产保护：文化古迹的信息以增强现实的方式提供给参观者，用户不仅可以通过HMD看到古迹的文字解说，还能看到遗址上残缺部分的虚拟重构。

工业维修领域：通过头盔式显示器将多种辅助信息显示给用户，包括虚拟仪表的面板、被维修设备的内部结构、被维修设备零件图等。

网络视频通信领域：该系统使用增强现实和人脸跟踪技术，通话的同时在通话者的面部实时叠加一些如帽子、眼镜等虚拟物体，在很大程度上提高了视频对话的趣味性。

电视转播领域：通过增强现实技术可以在转播体育比赛的时候实时将辅助信息叠加到画面中，使得观众可以得到更多的信息。

旅游、展览领域：人们在浏览、参观的同时，通过增强现实技术接收途经建筑的相关资料，观看展品的相关数据资料。

市政建设规划：采用增强现实技术将规划效果叠加到真实场景中以直接获得规划的效果。

## 5.6 增强现实应用案例

### 1. 2016年里约奥运会QQ—AR火炬

在2016年的巴西里约奥运会期间，腾讯QQ推出“QQ—AR”传火炬活动，用户扫描好友手机中火炬传递海报图，就会跳出奥运主火炬、奥运主场馆和Q仔，Q仔在喝红牛后举起火炬去点燃完成传递，如图5-7所示。这次活动在互动性上的创意可圈可点，在营销中融合社交、参与感、新技术，加上了奥运会的热点效应，引爆了传播。

图5-7 2016年里约奥运会QQ—AR火炬

为手机打开QQ火炬传递的图片，然后另一个手机打开QQ右上角的扫一扫、单击右下角的QQ—AR按钮，此时在扫描后就会依次跳出奥运主火炬、奥运主场馆和Q仔，胖嘟嘟的Q仔会先喝一口红牛，然后举起手中的小火炬去点燃，跳两下算是传递成功了，如图5-8所示。

数据显示，“QQ—AR”火炬活动覆盖366个城市，157个国家，全球超过1亿人参与，其中单张AR火炬识别图在24h内超过1211425次扫描，创下了新的吉尼斯世界纪录。

之后，“QQ—AR”成为手机QQ常规入口，支付宝、淘宝、天猫、京东等APP相继增加“AR扫一扫”入口，也带动了AR成为营销的新标配。

图 5-8　火炬传递

## 2．支付宝AR扫5福

2018年新年活动最大的赢家无疑是支付宝，“AR集福”活动在受众的普及上超越以往的任何一次AR活动，如图5-9所示。也是这次活动在国内完成AR的全民市场教育，让“AR”一词对普通人不再陌生。

图 5-9　支付宝 AR 扫 5 福

新年、福、红包、收集、互动几大元素引发全民高潮。AR的本质和终极目标是实现虚拟信息在真实世界的叠加。

### 3. 美图AR相机特效

在大众化的AR产品中，以美图、Snapchat为代表的AR特效相机影响力足够广泛，在人脸部增加各种萌、酷效果进行拍照成为一种自拍潮流。目前，美图的系列产品以及各种直播产品中，这种方式已经普遍化。

2018年7月，美图宣布成为 Facebook AR工作室Beta早期测试版首家合作伙伴，为其提供三款AR相机特效，如图5-10所示。三款AR相机分别是明日自拍（Selfie from the Future）、即时魅力（Instant Glam）和美图家族（Meitu Family）。

图 5-10 美图秀秀

（1）明日自拍（Selfie from the Future）

主要体现在独特的机器人眼镜效果，未来感十足，而且用户的面部信息将以数据的形式呈现在屏幕下方的显示屏上。

（2）即时魅力（Instant Glam）

该特效主要是向拍照者附加浴帽和牙刷的特效，面目还会展现可爱的星星特效，让使用者瞬间与众不同。

（3）美图家族（Meitu Family）

该款特效的卡通形象均由美图开发，头上的甜甜圈发箍是相机效果的主要特色，美图家族人物路易斯是前景对象。后置摄像头中可以呈现出虚拟的游戏效果，使用者可以在游戏浮动的甜甜圈中发现隐藏的Meitu Family字符。

此次合作在社交中增加了更多娱乐属性。对于营销行业来说，这种强社交、强娱乐、高黏度的AR营销也将成为主要进攻方向。

### 4. 宜家AR购物应用

瑞典家具家居用品品牌宜家在AR上布局已有几年，基于ARKit的AR应用IKEA Place支持消费者在购物前把与真实商品同规格的产品放在指定位置，以预先体验产品的匹配度，如图5-11所示。宜家一直在AR/VR方面勇于尝试新技术来提升产品的销量及体验，苹果的ARKit一推出，宜家就宣布已经在着手开发配合使用的AR应用，真的是家居界的“科技控”。

预体验类的AR营销目前并不少见，商品已经涉及汽车、手表、衣物、化妆品等各类型，但局限于手机屏幕、三维场景识别与重建等技术，并不能完美地模拟真实商品的感觉。但这种方式与目前二维图片、视频等网页信息相比，不得不说是一次巨大的进步，让零售从二维走向三维。

亨得利AR手表、上汽通用AR看车、京东AR购物等体验都可圈可点。这里之所以选择宜家作为代表，是因为从目前的场景中来说，家具产品明显更有想象力，居住环境、风格差异大，个人喜好同样有很大区别，高沉浸感的商品预体验正在升级消费方式。也许，不远的将来所有的商品都能“预体验”。

图5-11 宜家AR购物应用

目前，Facebook、Snapchat、Google等正在探索基于AR的市场营销，让智能手机随时随地享受增强现实体验的能力，希望在接下来的几年，可以出现更多种形式、更有参与感的AR营销内容。

## 课后习题

### 一、填空题

1. 增强现实的主要特征包括__________、__________、__________。
2. 增强现实的关键技术包括__________、__________、__________。
3. __________是增强现实设备的典型代表。
4. 增强现实中，头戴显示器有__________、__________。
5. HiBall 跟踪系统是由__________、__________两个部分组成的光电跟踪系统。

### 二、简答题

1. 增强现实技术与虚拟现实技术的区别是什么？
2. 增强现实技术的主要应用领域有哪些？
3. 简述增强现实的工作原理。

# 单元6

## 混合现实认知

**单元介绍**

混合现实技术（Mixed Reality，MR）是虚拟现实技术的进一步发展。本单元主要对混合现实技术的概念、特点、发展历程以及相关技术进行详细介绍，使读者掌握混合现实基本知识。

扫码观看视频

**知识目标**

- 掌握混合现实的定义，了解混合现实与虚拟现实、增强现实的区别和联系。
- 正确区分虚拟现实、混合现实和增强现实，理解它们在虚拟和真实环境之间的关系。
- 掌握混合现实的关键技术，包括环境感知、空间定位、虚实融合等。
- 熟悉混合现实的应用方向，包括游戏、教育、医疗、工业等领域。

**能力目标**

- 能够评估混合现实技术在特定领域中的应用前景和可行性。
- 能够设计和实施基于混合现实的交互界面和用户体验。
- 能够解释和演示混合现实的工作原理。

**素质目标**

- 培养科技创新精神，增强民族自豪感和文化自信。
- 紧跟时代发展，培养辩证思维、系统思维和创新思维的能力。
- 培养创新的时代精神，能够与时俱进、锐意进取、勤于探索、勇于实践。
- 培养一丝不苟、精益求精、求真务实的职业素养，以及实事求是、踏实严谨的科学态度。

导读

## 用科技感受文化魅力——玉门关景区MR混合现实应用

羌笛何须怨杨柳，春风不度玉门关——王之涣；青海长云暗雪山，孤城遥望玉门关——王昌龄；长风几万里，吹度玉门关——李白。

玉门关，始置于汉武帝开通西域道路、设置河西四郡之时，因西域输入玉石时取道于此而得名，俗称小方盘城。城墙高 10m，上宽约 3m，墙基最宽处 5m，城堡平面呈方形，东西长 24m，南北宽 26.4m，整个墙体由夯土垒筑，坚固雄伟，历经千百年来的风雨剥蚀，仍然屹立在戈壁荒漠中，仿佛向人们诉说着大漠雄关曾经的壮丽与繁华。

2022 年 5 月 22 日，中共中央办公厅国务院办公厅印发的《关于推进实施国家文化数字化战略的意见》明确指出“大力发展线上线下一体化、在线在场相结合的数字化文化新体验”。由此敦煌文旅集团、玉门关景区引进了由中鼎天下、商汤科技联合投资的 MR 混合虚拟现实文旅产品，让游客在视觉和听觉上对玉门关景观拥有全新的、更丰富的数字文化体验。

戴上 MR 眼镜，在游客眼前究竟会发生什么?

**1. 历史场景生动还原**

“数字孪生”虚拟混合现实技术融合玉门关文化元素和基因的场景化、故事化展现，借以 MR 眼镜科技性创新呈现方式，游客佩戴后，在游览玉门关大漠雄伟与壮美景观时，还可以更加直观地感受玉门关深厚的历史文化底蕴。将现实的景象与虚拟的动态完全结合起来，在附带扬声器的配合下，带给游客声、光、电、形的一体化感受。

以张骞出使西域为历史背景创作的浮雕实景为例，MR 眼镜采用视频透视技术，把现实数字化展示出张骞出使西域时的历史场景，动人心弦的剧情，叠加前所未有的视觉效果，让游客们身临其境地感受到历史的魅力，切实做到文化与科技的融合，达到了 1+1 大于 2 的效果，如图 6-1、图 6-2 所示。

图 6-1 张骞出使西域的浮雕实景

图 6-2 叠加的视觉效果

2. **穿越时空的跨越**

文化是旅游的灵魂，旅游是文化的载体。在佩戴上MR眼镜的一瞬间，玉门关便从历史史书和民间故事中走出来。在小方盘城遗址上，眼里浮现的是两千年前的样貌，耳边响起的是络绎不绝的驼铃声，跟骆驼的脚印走进历史的长卷。在这里，我们将一起吟诗畅游好风景，去感受古迹里暗藏的古诗情。而来到玉门关的游客们，不仅是玉门关苍凉之美的见证者，还是家国情怀的见证者，更是科技文旅的重要见证者！

3. **文化内涵的深刻表达**

“新栽杨柳三千里，引得春风度玉关。”

玉门关是世界文化遗产，也是中国古代最著名、文化意蕴最深长的关塞之一。虽然玉门关有着“青海长云暗雪山，孤城遥望玉门关”的人文豪杰，也有“大漠孤烟直，长河落日圆”的壮丽风景，但对那些不了解的游客来说可能只是看到了一个遗迹。而MR技术的引进，就成为最适合在景区的线下场景中运用的、最贴近游客的方式。把传统的文化旅游与现代科技相结合，创造出精彩绝伦的旅游产品。

思考

1. 案例中，MR应用于玉门关景区的哪些方面？
2. 案例中，MR有什么特点？

## 6.1 混合现实的概念及特点

### 6.1.1 混合现实的概念

混合现实（包括增强现实和增强虚拟）指的是合并现实和虚拟世界而产生的新的可视化环境。在新的可视化环境里物理和数字对象共存，并实时互动。

混合现实技术通过在现实场景中呈现虚拟场景信息，在现实世界、虚拟世界和用户之间搭起一个交互反馈的信息回路，以增强用户体验的真实感。

### 6.1.2 混合现实的特点

混合现实有三个主要特点。

第一，它结合了虚拟和现实；第二，虚拟的三维（3D 注册）；第三，实时运行。

混合现实的实现需要在一个能与现实世界各事物相互交互的环境中。如果一切事物都是虚拟的，那就是 VR 的领域了。如果展现出来的虚拟信息只能简单叠加在现实事物上，那就是 AR。MR 的关键点就是与现实世界进行交互和信息的及时获取。

MR 既是“混合现实”，又是由“智能硬件之父”多伦多大学教授 Steve Mann 提出的介导现实，全称 Mediated Reality。

在 20 世纪七八十年代，为了增强简单自身视觉效果，让眼睛在任何情境下都能够“看到”周围环境，Steve Mann 设计出可穿戴智能硬件，这被看作是初步对 MR 技术的探索。

VR 是纯虚拟数字画面，而 AR 是虚拟数字画面加上裸眼现实，MR 是数字化现实加上虚拟数字画面。从概念上来说，MR 与 AR 更为接近，都是一半现实一半虚拟影像，但传统 AR 技术运用棱镜光学原理折射现实影像，视角不如 VR 视角大，清晰度也会受到影响。

MR 技术结合了 VR 与 AR 的优势，能够更好地将 AR 技术体现出来。

根据 Steve Mann 的理论，智能硬件最后都会从 AR 技术逐步向 MR 技术过渡。“MR 和 AR 的区别在于 MR 通过一个摄像头让用户看到裸眼看不到的现实，AR 只能叠加虚拟环境而不管现实本身”。

一般来说，虚拟现实的常见载体是智能眼镜，如今，第一款融合了 MR 技术的智能眼镜正在开发阶段，离投入商用还需要一定时间。

为了解决视角和清晰度问题，新型的 MR 技术将会投入在更丰富的载体中，除了眼镜、投影仪外，目前研发团队正在考虑用头盔、镜子、透明设备作载体的可能性。

真正的混合现实游戏是可以把现实与虚拟互动展现在玩家眼前的。MR 技术能让玩家同时保持与真实世界和虚拟世界的联系，并根据自身的需要及所处情境调整操作。简单来说就是 AR 技术与 VR 技术的完美融合以及升华，虚拟和现实互动，不再局限于现实，获得前所未有的体验。

国内一线科技企业已加入 VR 设备及内容的研发中，而在内容创造方面，也已经有了“超次元 MR”这样的作品，这必然推动 VR 更快向 AR、MR 技术过渡。

目前全球从事 MR 领域的企业和团队都比较少，很多都处于研究阶段。

## 6.2 扩展现实、混合现实、虚拟现实和增强现实

### 6.2.1 扩展现实

虚拟现实（VR）、增强现实（AR）、混合现实（MR）催生了包罗万象的术语——扩展现实（XR）如图 6-3 所示。例如，全息也属于 XR 的范畴。更具体地说，XR 描述了任何计算机生成的体验，这些体验将观看者的自然环境与虚拟环境融合在一起，或者完全创造一个新环境。扩展现实（XR）涵盖了计算机改变的现实的全部范围。

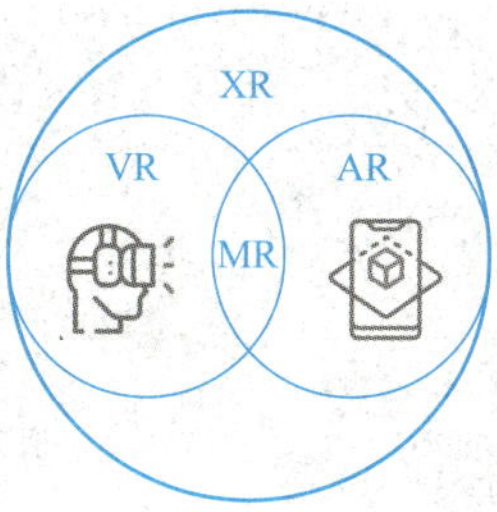


图 6-3 扩展现实与混合现实、虚拟现实、增强现实

## 1. 扩展现实的特点

扩展现实（XR）最突出的体验是视觉，其次则是听觉、触感、嗅觉、味觉和第六感。

（1）视觉体验

根据 VR/AR/MR 的区别，扩展现实（XR）带来的视觉体验，呈现上有所差别。

1）VR 看见的影像是全虚拟且无法看到现实环境的，所以就有了体验者与旁观者两种视角。在体验者视角，戴上设备，自己就是这个世界的主角，如图 6-4 所示。

图 6-4 体验者视角

而在旁观者眼中，体验者却是这样的，如图 6-5 所示。

图 6-5 旁观者视角

2）AR 的视觉体验是看到现实环境中出现虚拟内容。

3）MR 的视觉体验既有 AR 又有 VR。虚拟的内容可以映射在现实环境里，也能用设备处理虚拟影像，如图 6-6 所示。

图 6-6 MR 的视觉体验

（2）听觉体验

XR 技术下的听觉体验是 3D 版沉浸式音频体验。简单地说，就是声音来自四面八方。伴随着视觉上的刺激，听到的声音都是经过处理，最大限度模拟实景音频。

（3）触感体验

触感指的是因为接触而引起的反应。XR 技术的触感体验，就是模拟人接触时的感觉。例如，用户戴上装备，手中明明空无一物，却感觉到物体的存在。

（4）嗅觉体验

在 XR 技术领域，模拟气味虽然比较新颖，但研发机构也不在少数。原理并不复杂，就是通过变换气味的装备，根据用户看到的、摸到的物体，反馈最贴近的味道。听起来嗅觉体验好像没什么特别之处，但要是放在实际体验中就不一样了。例如，“看见”有人递过来一束花，伸手接过来，真实触摸到花，接着闻到了花的香味。

（5）味觉体验

XR 技术模拟味觉的确真实存在，至于怎么实现？就要先从味觉感知上来说，味觉来自舌头。其实在视觉、听觉、嗅觉甚至记忆的作用下，也能模拟味觉体验。最直观呈现味道的是舌头，但想复制味觉体验，却可以从眼睛、耳朵甚至记忆上下手。聪明的研究人员们在气味、颜色、形状等因素上下功夫，从而实现增强味觉的体验。詹姆斯·比尔德基金会（James Beard Foundation）近期推出的 Aerobanquets RMX 仿造了味觉的感知，如图 6-7 所示。

图 6-7 Aerobanquets RMX 味觉体验

（6）第六感

第六感体验的实现要通过机器学习、人工智能在 XR 技术实现。例如，医生做手术前，先用 XR 技术模拟操作，这时机器学习和人工智能则会提供咨询服务，以此提高手术的成功性，如图 6-8 所示。

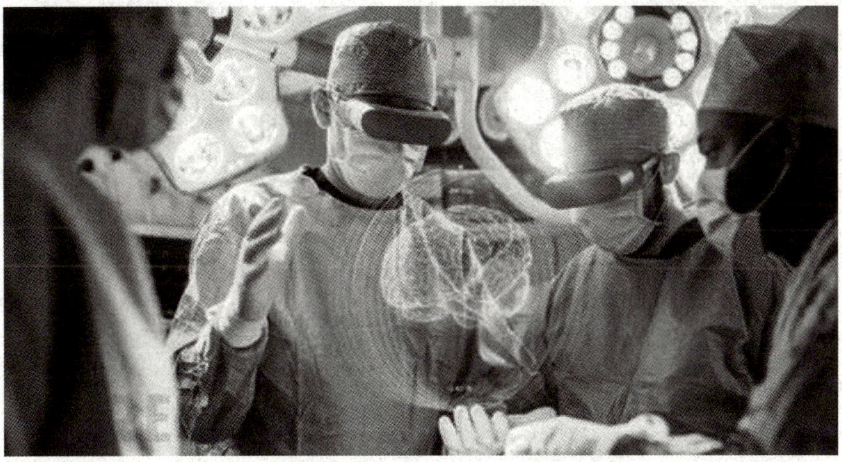

图 6-8 XR 技术模拟操作

## 2. 扩展现实的应用领域

扩展现实在娱乐、营销、培训、房地产、远程协作等方面具有非常大的发展潜力。

娱乐：为娱乐业带来身临其境的体验，让消费者有机会通过舒适的设备虚拟体验现场音乐和体育赛事。

营销：为品牌与消费者提供了新的互动方式，通过与新产品的沉浸式交互，让消费者更真实地感受产品。

培训：为培训和教育开辟了新的途径，可以在传统的教室环境中安全地进行训练，特别是在各种高危环境下工作的人员。同时，医学生可以在虚拟患者身上进行实践练习。

房地产：物业经理可以允许租户在虚拟环境中查看房产，以简化租赁流程；建筑师和设计师可以利用 XR 将设计变为现实。

远程协作：XR 消除了距离限制，允许员工在世界任何地方进行远程访问数据或相互沟通。

无论是商业领域，还是消费领域，XR 技术都将产生非常大的影响。在商业领域，71% 的 XR 从业者认为医疗行业是受 XR 技术影响最大的行业，其次是制造业（47%）和军事领域（46%）。在消费领域，76% 的 XR 从业者认为游戏行业是受 XR 技术影响最大的行业，其次是电影电视（60%）和零售业（34%）。随着 5G 网络的快速来临，XR 的响应速度和数据处理能力将得到大幅提升，其落地和普及速度也将加快。

## 3. 扩展现实的威胁

技术有利就会有弊。XR 的内核既然是模拟人的感官，其威胁最终的受害者就是人本身。

（1）数据威胁

相比于已经让我们深陷信息泄露旋涡的常规电子设备和应用程序，XR 设备不仅收集常规数据，还会大量收集使用者的声音、习惯、样貌、注意力等详尽的隐私数据。这些更为个人的数据一旦被有心人窃取，稍加分析就能生成人物图像，进行精准打击。

（2）漏洞隐患

随着 XR 技术被广泛应用在游戏、购物、建筑、医疗、教育等专业领域，黑客顺“洞”而来，最先破坏就是视觉画面，可能是显示错误的数据，也可能是篡改的画面，威胁层级跟网络攻击持平。

## 6.2.2 混合现实、虚拟现实和增强现实的关系

混合现实、虚拟现实和增强现实三者的关系：

虚拟现实——看到的场景和人物全是虚拟的，把用户的意识带入一个虚拟的世界；

增强现实——看到的场景和人物一部分是真实的，一部分是虚拟的，是把虚拟的信息带入现实世界中；

混合现实——看到的是一个混沌的世界，它将物理世界实时并且彻底地比特化了，又同时包含了 VR 和 AR 设备的功能。

三者之间的关系如图 6-9 所示。

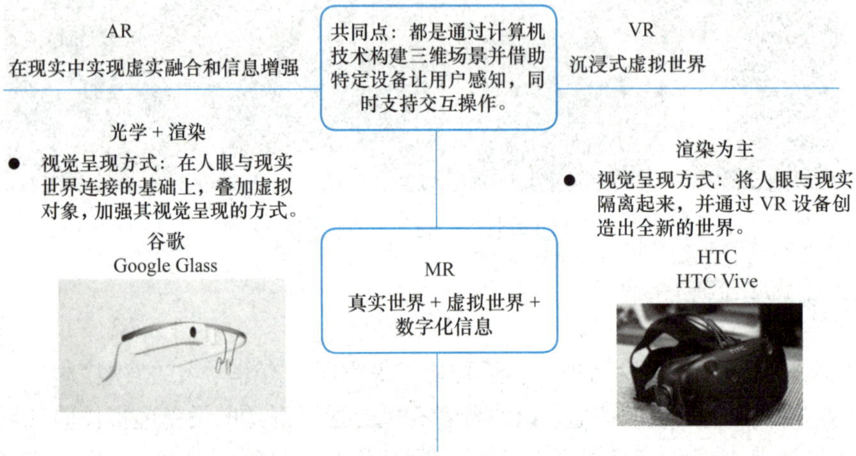


图 6-9 AR/VR/MR 的关系

VR 如图 6-10 所示。它是利用计算设备模拟产生一个三维的虚拟世界，提供用户关于视觉、听觉等感官的模拟，有十足的“沉浸感”与“临场感”。通俗来说就是用户看到的所有东西都是计算机生成的，都是虚拟的。VR 技术的发展是改变现代人生活方式的一大突破，目前最主要的 VR 设备就是头戴显示器以及 VR 增强外设等，还有一些与之适配的应用。典型的输出设备就是 Oculus Rift、HTC Vive 等。

AR 如图 6-11 所示。字面解释就是被增强的现实，即虚拟信息被增强。它通过计算机技术将虚拟的信息应用到真实世界，使真实的环境和虚拟的物体实时地叠加到同一个画面或空间中，使之能够同时存在。通过 AR 技术，人们看到的场景有虚有实、虚实结合。两个典型的 AR 系统是车载系统和智能手机系统，被讨论最多的 AR 设备是 Google Glass。

图 6-10 虚拟现实

图 6-11 增强现实

MR 如图 6-12 所示，包括增强现实和增强虚拟，指的是合并现实和虚拟世界而产生的新的可视化环境。在新的可视化环境里物理和数字对象共存，并实时互动。混合现实是在 VR 和 AR 兴起的基础上才提出的一项概念，可以把它视为 AR 的增强版。MR 技术在目前主要向可穿戴设备方向发展。其代表为 Magic Leap 公司，该公司研究的可穿戴硬件设备可以给用户展示融合现实世界场景的全息影像。其创始人将其描述为一款小巧的独立计算机，人们在公共场合使用也可以很舒服。此外，它还涉及视网膜投影技术。三者之间的特性对比见表 6-1。

图 6-12 混合现实

表 6-1 AR、MR、VR 功能特性对比

| 功能特性 | 虚拟现实 | 增强现实 | 混合现实 |
| --- | --- | --- | --- |
| 为现实世界场景增添更多信息 | | √ | √ |
| 生成渲染现实世界的全息影像 | | | √ |
| 将使用者的感官带入虚拟世界 | √ | | √ |
| 完全替代现实世界场景 | √ | | |
| 出现成熟的企业级应用所需的时间 | 2～4年 | 2～4年 | 3～7年 |

总结一下就是，VR 是虚拟的，假的；AR 是虚拟与现实结合，真真假假、真假难辨；而 MR 则是 AR 的增强版，与 AR 没有明显的区分，也是真真假假结合在一起。与 VR 和 AR 相比，MR 的概念兴起较晚，目前发展也较缓慢。

## 6.3 混合现实交互技术

### 6.3.1 混合现实交互技术的概念

混合现实交互技术也称人机交互技术（Human–Computer Interaction Techniques）是指通过计算机输入、输出设备，以有效的方式实现人与计算机对话的技术。它包括机器通过输出或显示设备给人提供大量有关信息及提示请示等，用户通过输入设备给机器输入有关信息及提示请示等，用户通过输入设备给机器输入有关信息，回答问题等。人机交互技术是计算机用户界面设计中的重要内容之一。它与认知学、人机工程学、心理学等学科领域有密切的联系。也指通过电极将神经信号与电子信号互相联系，达到人脑与计算机互相沟通的技术，可以预见，计算机甚至可以在未来成为一种媒介，达到人脑与人脑意识之间的交流。

### 6.3.2 混合现实交互技术的主要特点

多媒体系统的交互特点：与传统用户界面相比，引入了视频和音频之后的多媒体用户界面，最重要的变化就是界面不再是一个静态界面，而是一个与时间有关的时变媒体界面。

人类使用语言和其他时变媒体（如姿势）的方式完全不同于其他媒体。从向用户呈现的信息来讲，时变媒体主要是顺序呈现的，而人们通常熟悉的视觉媒体（文本和图形）通常是同时呈现的。在传统的静止界面中，用户或是从一系列选项中进行选择（明确的界面通信成分），或是用可再认的方式进行交互（隐含的界面通信成分）。在时变媒体的用户界面中，所有选项和文件必须顺序呈现。由于媒体带宽和人注意力的限制，在时变媒体中，用户不仅要控制呈现信息的内容，也必须控制何时呈现和如何呈现。

人机交互是 MR 系统的核心。因此，MR 系统中人机交互是所有软硬件设计的基础。其特点如下：

观察点（Viewpoint）是用户观察的起点。

导航（Navigation）是指用户改变观察点的能力。

操作（Manipulation）是指用户对其周围对象起作用的能力。

临境（Immersion）是指用户身临其境的感觉。

MR 系统中人机交互若要具备这些特点，就需要发展新的交互装置，其中包括三维空间定位装置、语言理解、视觉跟踪、头部跟踪和姿势识别等。

多媒体与 MR 系统的人机交互有着某些共同特点。首先，它们都是使用多个感觉通道，如视觉和听觉；其次，它们都是时变媒体。

### 6.3.3 混合现实交互技术的发展历史

混合现实交互技术的市场需求是很大的，而供应方面却略显不足，尤其是拥有核心知识产权、技术过硬的企业并不多，行业整体缺乏品牌效应。

第一，WIMP 界面的形成。

Xerox Palo 研究中心于 20 世纪 70 年代中后期研制出原型机 Star，形成了以窗口（Windows）、图符（Icons）、菜单（Menu）和指示装置（Pointing Devices）为基础的图形用户界面，也称 WIMP 界面。

Apple 最先采用了这种图形界面，斯坦福研究所 20 世纪 60 年代的发展计划也对 WIMP 界面的发展产生了重要的影响。该计划强调增强人的智能，把人而不是技术放在人机交互的中心位置。该计划的结果导致了许多硬件的发明，众所周知的鼠标就是其中之一。

第二，WIMP 界面面临的问题以及发展多媒体计算机和 VR 系统的出现，改变了人与计算机通信的方式和要求，使人机交互发生了很大的变化。在多媒体系统中继续采用 WIMP 界面有其内在的缺陷：随着多媒体软硬件技术的发展，在人机交互界面中计算机可以使用多种媒体，而用户只能同时用一个交互通道进行交互，因而从计算机到用户的通信带宽要比从用户到计算机的大得多，这是一种不平衡的人—计算机交互。

虚拟现实技术除了要求有高度自然的三维人机交互技术外，由于受交互装置和交互环境的影响，不可能也没有必要对用户的输入做精确的测量，而是一种非精确的人机交互。三维人机交互技术在科学计算可视化和三维 CAD 系统中占有重要的地位。

基于 WIMP 技术的图形用户界面，从本质上讲是一种二维交互技术，不具有三维直接操作的能力。要从根本上改变这种不平衡的通信，人机交互技术的发展必须适应从精确交互向非精确交互、从单通道交互向多通道交互以及从二维交互向三维交互的转变，发展用户与计算机之间快速、低耗的多通道界面。在传统的人机系统中，人被认为是操作员，只是对机器进行操作，而无真正的交互活动。在计算机系统中人还是被称为用户。只有在 VR 系统中的人才是主动的参与者。

人类生活中的事件都是多通道的，人—计算机多通道交互技术的发展虽然受到软件和硬件的限制，但至少要满足两个条件：其一，多通道整合，不同通道的结合对用户的体验是十分重要的；其二，在交互中允许用户产生不精确的输入。

第一，非精确的交互。语音（Voice）主要以语音识别为基础，但不强调很高的识别率，而是借助其他通道的约束进行交互。

姿势（Gesture）主要利用数据手套、数据服装等装置对手和身体的运动进行跟踪，完成自然的人机交互。

头部跟踪（Head Tracking）主要利用电磁、超声波等方法，通过对头部的运动进行定位交互。

视觉跟踪（Eye Tracking）对眼睛运动过程进行定位的交互方式。

第二，多通道交互的体系结构。

多通道交互的体系结构首先要能保证对多种非精确的交互通道进行综合，使多通道交互存在于一个统一的用户界面之中，同时，还要保证这种通道的综合在交互过程中的任何时候都能进行。良好的体系结构应能保证多个通道的综合不只是发生在应用程序这一级。

人机交互技术是目前用户界面研究中发展得最快的领域之一。美国在国家关键技术中将人机界面列为信息技术中与软件和计算机并列的六项关键技术之一，并称其为“对计算机工业有着突出的重要性，对其他工业也是很重要的”。在美国国防关键技术中，人机界面不仅是软件技术中的重要内容之一，而且是与计算机和软件技术并列的 11 项关键技术之一。欧洲信息技术研究与发展战略计划（ESPRIT）专门设立了用户界面技术项目，其中包括多通道人机交互界面（MultiModal Interface for Man—Machine Interface）。保持在这一领域中的领先，对整个智能计算机系统是至关重要的。我们可以以发展新的人机界面交互技术为基础，带动和引导相关软硬件技术的发展，使更有效地使用计算机的计算处理能力成为可能。

### 6.3.4 混合现实交互技术的研究现状

混合现实技术已经取得了不少研究成果，不少产品已经问世。侧重多媒体技术的有：触摸式显示屏实现的“桌面”计算机，能够随意折叠的柔性显示屏制造的电子书，从电影院搬进客厅指日可待的3D显示器，使用红、绿、蓝光激光二极管的视网膜成像显示器；侧重多通道技术的有：“汉王笔”手写汉字识别系统，结合在微软的Tablet PC操作系统中的数字墨水技术，广泛应用于Office等办公、应用软件中的IBM/Via Voice连续中文语音识别系统，输入设备为摄像机、图像采集卡的手势识别技术，以iPhone手机为代表的可支持更复杂的姿势识别的多触点式触摸屏技术，以及iPhone中基于传感器的捕捉用户意图的隐式输入技术。

人机交互技术领域热点技术的应用潜力已经开始展现，比如，智能手机配备的地理空间跟踪技术，应用于可穿戴式计算机、隐身技术、浸入式游戏等的动作识别技术，应用于虚拟现实、遥控机器人及远程医疗等的触觉交互技术，应用于呼叫路由、家庭自动化及语音拨号等场合的语音识别技术，对于有语言障碍的人士的无声语音识别，应用于广告、网站、产品目录、杂志效用测试的眼动跟踪技术，针对有语言和行动障碍人员开发的“意念轮椅”采用的基于脑电波的人机界面技术等。

热点技术的应用开发是机遇也是挑战，基于视觉的手势识别率低，实时性差，需要研究各种算法来改善识别的精度和速度，眼睛虹膜、掌纹、笔迹、步态、语音、唇读、人脸、DNA等人类特征的研发应用也正受到关注，多通道的整合也是人机交互的热点，另外，与“无所不在的计算”“云计算”等相关技术的融合与促进也需要继续探索。

### 6.3.5 手势识别技术

手势识别对于人们来说并不陌生，手势识别技术很早就有，目前也在逐渐成熟，现在大部分消费类应用都在试图增加这一识别功能，智能家居、智能穿戴以及VR等应用领域增加了手势识别控制功能，必能成为该应用产品的一大卖点。手势识别可以带来很多的好处，功能炫酷，操作方便，在很多应用场合都起到了良好的助力功能。

识别人体手势操作即能识别用户十指的动作路径、手势动作，识别十指目标、运动轨迹，并将识别信息实时转化为指令信息。

### 6.3.6 三维交互技术

三维交互技术指在计算机中创建产品的三维模型，然后通过交互设计软件设定交互程序，使用户可以通过鼠标等交互设备实施人机交互的新兴技术。

三维交互技术应用广泛，可以于展会上配合实物产品一起展示，动态的演示既吸引人眼球，又使产品细节表现更清楚，使产品介绍更到位，客户更容易理解。企业网站上结合高科技的营销手法是公司新锐形象和雄厚实力的象征，作为市场宣传推广工具，直观的内容形式和新颖的手法使人不厌烦，减少营销环节，当作一份动态的产品使用说明书，客户看得轻松又易懂，使用产品更方便，成为内部人员培训的视频教程，让他们看的内容更容易易懂。作为常规的宣传品，可实现永久的保质和无限次重复使用，避免传统广告物料浪费、移动性差、损坏率高甚至是一次性使用等弊端。建筑漫游产品演示，可让购房者更直观地观察楼盘的立体效果和室内环境，从而使推销工作更好地开展。三维虚拟交互演示技术比传统的视频图像演示模式更直观，优势十分明显，发展潜力巨大。

## 6.4 混合现实应用案例

2018 年 1 月 8 日，武汉协和医院骨科成功实施全球首例混合现实技术三地远程会诊手术。位于中国中部和美国东海岸的远程医生戴上特殊头盔，仿佛拥有了透视眼，患者病灶部位的全息投影成像精准地“悬浮”在眼前，如身临其境般进行指导。远在新疆维吾尔自治区博尔塔拉蒙古自治州人民医院的主刀医生同样戴着头盔，会诊专家的指导意见通过 MR 技术实时呈现到主刀医生的视野内。

混合现实技术打破时空局限，将远程专家带进本地手术室，无论从时效性、精准性、安全性上都具备不可比拟的优势。通过读取病人的 CT、核磁共振、X 光片等数据，生成 3D 全息影像模型，戴着眼镜就能看到病人病灶部位的 3D 影像。不仅如此，它还可以将 3D 影像拖拽到现实空间进行缩放、旋转、移动、改变透明度等操作，能够更加便捷、直观地对手术给予帮助。

此次的“武汉—新疆—美国”三地远程会诊，总部设在武汉，参谋部远在大洋彼岸，实战场设在新疆。来自汉族、蒙古族、维吾尔族、乌孜别克族等不同民族的 30 余名骨科医生、工程技术人员历时两天，圆满完成会诊手术。此举标志着我国科研团队已经完全掌握了领先世界的混合现实远程会诊技术，并能够在全球范围内同时应用多地会诊，如图 6-13 ～图 6-15 所示。

图 6-13　混合现实远程会诊会前讨论

图 6-14　混合现实远程会诊方案讨论

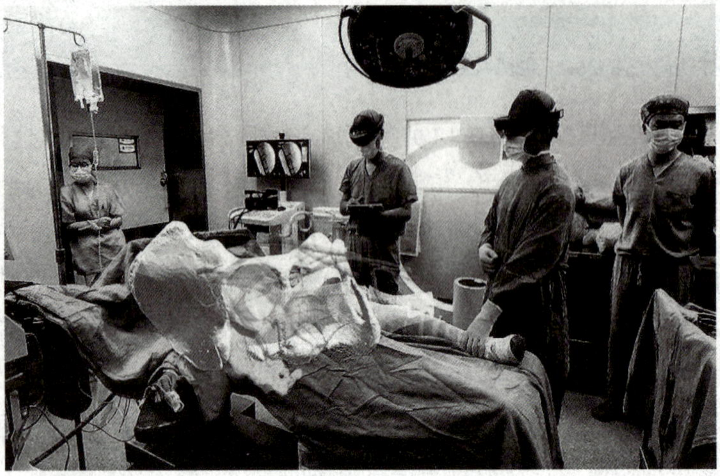

图 6-15 混合现实远程会诊手术过程

## 课后习题

### 一、填空题

1．混合现实系统的典型代表是__________和__________。

2．混合现实技术的基本特征包括它结合了虚拟和现实、__________和__________。

3．MR=VR + AR=__________+__________+__________，就是 AR 技术与 VR 技术的完美融合以及升华，虚拟和现实互动。

4．混合现实技术的主要特点是__________、__________、__________。

### 二、简答题

1．请分别阐述VR、AR、MR的概念，并阐述VR、AR、MR的区别和联系。

2．简述混合现实交互技术的主要应用领域。

# 单元 7

# 虚拟现实项目实训

## 单元介绍

在学习完虚拟现实概念、产品、关键技术和应用领域等理论知识的基础上，本单元将介绍混合现实系统、虚拟驾驶、跑步机、步行VR、虚拟骑行、多人互动全息实训、多人追踪VR设备、3D扫描仪、360°全息设备、无人机、眼动仪、洞穴系统、地面互动系统等设备的具体操作流程，以及面向虚拟现实的内容开发项目。

### 知识目标

- 掌握各个虚拟现实设备的操作流程，包括启动、连接和设置等步骤。
- 掌握各个虚拟现实设备的安装步骤，包括硬件组装、软件配置和校准等过程。
- 熟悉各个虚拟现实设备的部件，包括头戴显示器、手柄、跟踪器等关键组成部分。
- 了解面向虚拟现实的内容开发项目，包括游戏、培训、模拟等各个领域的实际项目。

### 能力目标

- 能够熟练操作各个虚拟现实设备，包括启动、连接和设置等基本操作。
- 能够正确安装各个虚拟现实设备，包括硬件组装、软件配置和校准等关键步骤。
- 能够识别和理解各个虚拟现实设备的部件，并正确使用和维护设备。

### 素质目标

- 培养潜心钻研、精耕细作的职业素养，追求技能的专业及知识的深度和广度。
- 培养具体问题具体分析的辩证思维，学会从多个角度看待问题。
- 坚持运用矛盾分析法解决实际问题，善于抓住问题的重点和关键，高效解决问题。
- 弘扬以改革创新为核心的时代精神，积极拥抱变革，勇于在实践中创新和探索。

导读

## 虚拟现实产业迈入快车道

中国虚拟现实产业加速发展，行业应用新场景、新模式、新业态层出不穷，工业、文化、教育等领域典型案例亮点频出，呈现多点开花的良好发展态势。

**体验“身临其境”的游玩乐趣**

虚拟现实与传统产业加快融合，在制造、教育、医疗、文娱等领域不断催生新场景和新业态，VR看房、VR社交、VR演唱会、VR直播带货等线下业务走向线上，带来了全新的服务体验。

2022世界VR产业暨元宇宙博览会在江西省南昌市开幕。“VR技术可以突破物理空间的限制，以更强的真实感、沉浸感和近距离感，帮助用户延伸所看、所听、所感。”字节跳动下属的PICO虚拟现实平台上线了《云游中国》相关内容，用户戴上PICO产品，便能以第一视角，足不出户领略祖国的大好河山，体会“身临其境”的游玩乐趣。

PICO虚拟现实平台联合中国大熊猫保护研究中心，发起了“全球首次3D全景VR大熊猫直播”，观众不仅可以沉浸式近距离观看大熊猫，也可以在抖音“中国大熊猫保护研究中心”官方账号同步看到全景VR画面，转动手机就可以从不同角度观赏大熊猫和它们的生活环境。

在应用场景开拓上，PICO虚拟现实平台已联合众多VR应用开发者，为医疗、销售、工业、航空等行业提供定制化的VR服务。在消费用户端业务方面，PICO虚拟现实平台正不断丰富运动健身、视频、娱乐等自制内容。

中国电子技术标准化研究院高级工程师董桂官说，虚拟现实产业链条长，主要涵盖内容采集、制造、终端呈现、应用等多个环节。从技术层面看，影像捕捉、人机交互等关键技术加速迭代，虚拟现实与人工智能等技术加快融合创新；在终端领域，头戴式、一体机、移动端等多形态的虚拟现实设备不断推陈出新；从应用层面看，教育、医疗、影视、体育等应用领域内容供给持续丰富，“VR+”新业态不断涌现。

**创新中心引领技术攻关**

工业和信息化部、教育部、文化和旅游部、国家广播电视总局、国家体育总局联合印发的《虚拟现实与行业应用融合发展行动计划（2022—2026年）》提出，到2026年，三维化、虚实融合沉浸影音关键技术重点突破，新一代适人化虚拟现实终端产品不断丰富，产业生态进一步完善，虚拟现实在经济社会重要行业领域实现规模化应用，形成若干具有较强国际竞争力的骨干企业和产业集群，打造技术、产品、服务和应用共同繁荣的产业发展格局。

创新是推动虚拟现实产业发展的重要驱动力。2022年11月12日，由工信部批复组建的国家虚拟现实创新中心（青岛）揭牌。该中心由江西南昌虚拟现实研究院联合山东青岛虚拟现实研究院共同组建，将聚焦制约中国虚拟现实产业发展的关键共性技术难题，打造全球领先的产业创新生态系统，赋能数字经济产业发展。

作为青岛虚拟现实研究院的牵头单位，歌尔集团董事长姜滨介绍，2017年歌尔集团牵头联合多家企业、高校、科研院所、行业协会，启动山东省虚拟现实制造业创新中心建设试点任务，运营单位为青岛虚拟现实研究院，研究覆盖零组件、整机、内容应用等VR、AR全产业链条。2019年，青岛虚拟现实研究院被正式认定为山东省虚拟现实制造业创新中心。经过3年建设，工信部正式批复其与南昌虚拟现实研究院联合组建国家虚拟现实创新中心。2012年起，歌尔集团就开始布局虚拟现实产业，既涉及整机研发制造，又有光学、声学、微电子等核心零组件的研发生产，未来还将向微显示、半导体等核心领域拓展。

工信部将打造优势产业集群，充分发挥国家虚拟现实创新中心作用，带动上下游企业集聚，培育骨干企业和专精特新中小企业，促进大中小企业融通发展。加强国际交流合作，鼓励国内外各方开展技术、人才、资金等资源互动，共同推动关键共性技术突破，共享虚拟现实产业发展红利。

**打造可推广的应用案例**

2022世界VR产业大会在江西省南昌市举行，大会以“VR让世界更精彩 VR点亮元宇宙”为主题，围绕元宇宙、产业链供应链、文化旅游、职业教育、工业制造、关键共性技术等，设置了多场论坛，来自20多个国家和地区的逾3000名行业专家、企业家等参加大会。

打造技术、产品、服务和应用共同繁荣的虚拟现实产业发展格局，还应补齐哪些短板？业内人士认为，目前虚拟现实产业在供给侧面临基础元器件、开发工具不足的制约，在需求侧还存在需求分析不充分、不到位等问题，一定程度上降低了虚拟现实赋能行业的有效性。把握虚拟现实产业机遇，可以从两方面着手：一是研发核心器件，为产业应用打牢基础；二是加快重点产品的标准研制，为提升应用规模和降低应用成本提供支撑。

无论是宏观政策的鼓励支持还是行业应用的融合创新，在中国，虚拟现实产业发展步伐不断加快。专家认为，还应加快技术产品创新，鼓励产学研用各方加强创新合作，加快基础理论、关键技术与应用技术研发，构建覆盖全产业链的虚拟现实综合标准体系，建设关键共性技术公共服务平台，促进产业链各环节整体提升。

思考

1．案例中提到的VR技术在哪些场景的应用？

2．你对VR的未来有何设想？

## 7.1 计算机配置要求以及HTC Vive的安装与使用

### 1. 虚拟现实实训室计算机配置要求

扫码观看视频

处理器：第七代Intel酷睿i7 7700K。

散热器：不采用CPU自带的风扇，另外购买品牌风扇。

主板：ATX板型，CPU插槽支持LGA 1151。

显卡：NVIDIA GTX1080或以上。

内存：16GB，DDR4，双通道2×8GB即可。

主硬盘：2TB机械硬盘。

固态硬盘：512GB。

电源：650W。

光驱：蓝光刻录机。

机箱：ATX结构散热性能好的即可。

### 2. HTC Vive的安装与使用

HTC Vive简称虚拟游戏头盔，是一款目前全球领先的Vive头戴式设备，由HTC与Valve联合开发，通过计算机下载场景，头盔中展示逼真的虚拟世界，通过五官及四肢来感受、辨识，配备的手柄用来控制方向或者物品等，带用户进入一个场景，如同身临其境。

(1) HTC Vive设备组成

HTC Vive设备主要由三个部分组成：分别是头戴式设备、两个激光定位器和两个手柄，如图7-1所示。

1）头戴式设备。头戴式设备有32个头戴式设备感应器，感应器的作用是实现360° 的追踪；头戴式设备的前置摄像头作用是将现实世界元素融入虚拟世界中；除此之外头戴式设备带可以根据佩戴者的实际需求进行调节，如图7-2所示。

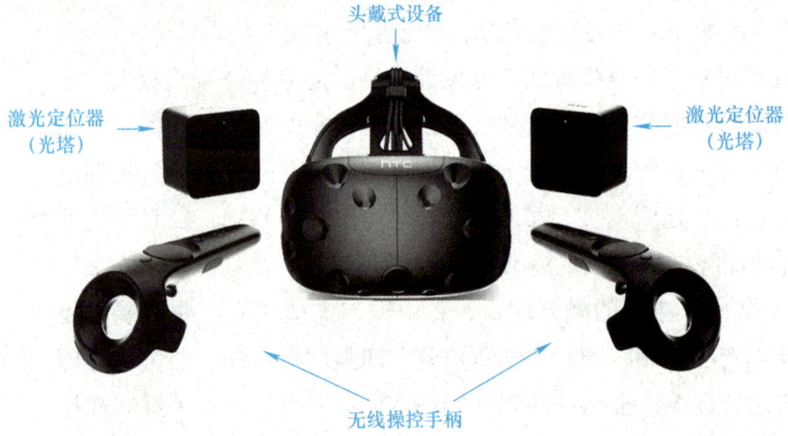


图 7-1　HTC Vive 设备组成

图 7-2　头戴式设备

2）手柄。HTC Vive手柄由8部分按键组成，两个手柄各有24个感应器，如图7-3所示。手柄各部分按键，如图7-4所示。

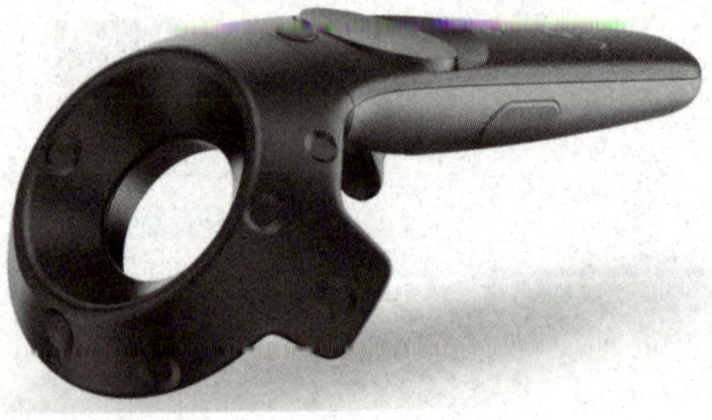

图 7-3　HTC Vive 手柄

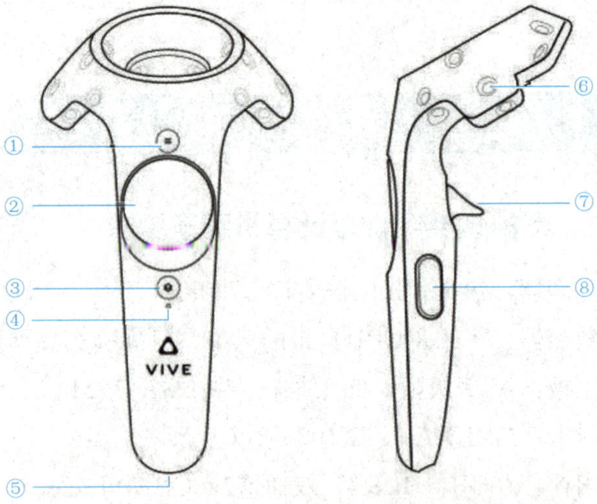


图 7-4　HTC Vive 手柄按键标示

#### HTC Vive手柄按键说明

① 菜单按钮。

② 触控板。

③ 系统按钮。

④ 状态指示灯。

⑤ Micro-USB端口。

⑥ 追踪感应器（各有24个）。

⑦ 扳机。

⑧ 手柄按钮。

### 手柄指示灯含义

**绿色**：表示HTC Vive手柄目前状态正常，可以使用。

**蓝色**：表示手柄已经成功和头戴式设备配对。

**橙色**：表示手柄正在充电，当手柄变为绿色时，表示充电完毕。

**闪烁红色**：手柄低电量，需要充电。

**闪烁蓝色**：表示操控手柄正在和头戴式设备进行配对，配对方法为同时按住菜单按钮和系统按钮，直到蓝色灯闪烁。

### 开启或者关闭手柄的方法

① 开启手柄：直接按下手柄按钮即可，如果听到“哔”的一声，则表示已经成功开启了HTC Vive手柄。

② 关闭手柄：直接长按系统按钮，如果听到“哔”的一声则表示已经成功关闭了手柄。

注意，如果直接关闭了Steam VR程序或者是一段时间内没有使用手柄，都会导致手柄自动关闭。

3）激光定位器。激光定位器有两个，如图7-5所示。激光定位器的两种连接方式分别是有线连接和无线连接。

图 7-5 激光定位器

（2）HTC Vive配置流程

1）硬件准备。图形工作站的主要参数见表7-1。含机箱、显示器、键鼠及设备用电缆、插线板。

表 7-1 图形工作站主要参数

| 硬 件 | 配 置 |
| --- | --- |
| CPU | i7-7700 16GB |
| 硬盘 | 1TB+256GB SSD |
| 显卡 | 华硕GTX1070 8GB独立显卡 |
| 操作系统 | Windows 10系统 |
| 显示器 | 三星27in曲面屏 |

HTC Vive整套设备见表7-2，含各部件、线缆、电源线、操控手柄充电器。

表 7-2 HTC Vive 整套设备

| 类 目 | 数 量 | 配 件 |
| --- | --- | --- |
| 全部部件 | 7 | 头戴式设备、手柄×2、串流盒、延长盒、激光定位器×2 |
| 全部线缆 | 3 | USB连接线、HDMI连接线、定位器连接线 |
| 电源线 | 3 | 定位器电源线×2、串流盒电源线 |
| 操控手柄充电器 | 2 | 手柄充电器×2 |

其他：HTC Vive支架×2。

可备用：一根连接计算机的USB数据线，用于定位器故障排查。

2）软件准备。

PC：Windows 7 SP1或者更高版本（推荐Windows10）。

HTC驱动：官网下载以下两个软件，安装并更新，如图7-6所示。

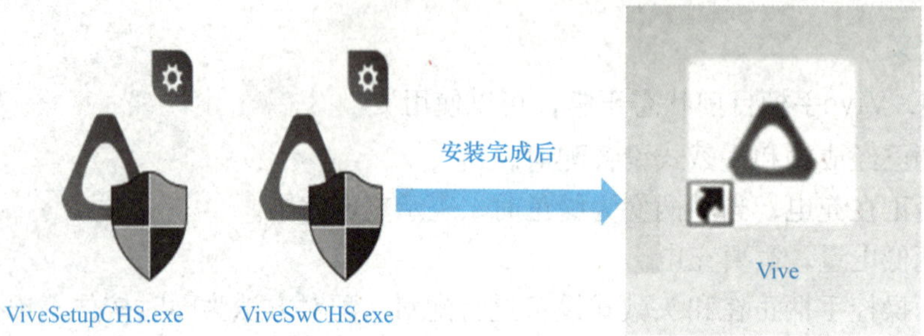


图 7-6　软件准备

游戏平台：Steam的SteamVR或Vive，分别如图7-7和图7-8所示。

图 7-7　SteamVR 平台

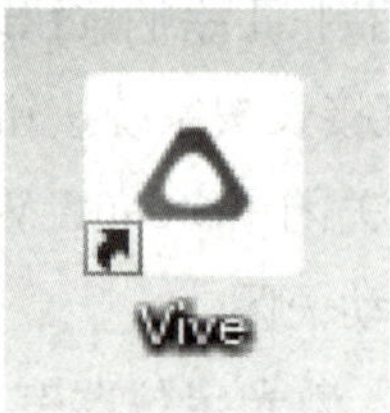


图 7-8　Vive 平台

3）设备安装。

① 了解激光定位器（光塔），注意不要让障碍物阻挡定位器的视线，以便设备可以追踪用户在空间中的位置，如图7-9所示。

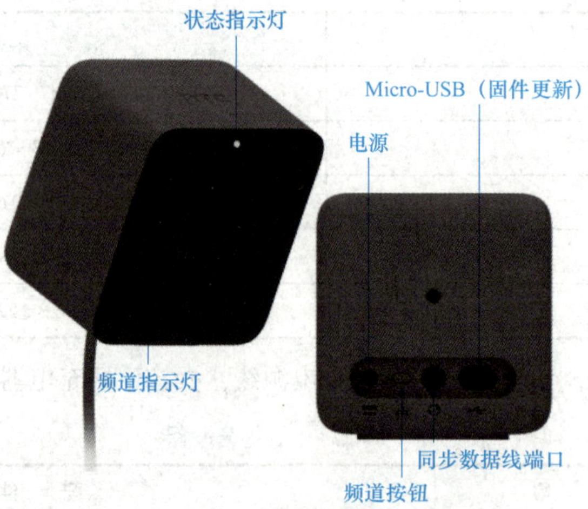


图 7-9　激光定位器

② 确定激光定位器位置，每个定位器的视场为120°，要确保准确追踪，在安装定位器时应让其视场重叠，并完全覆盖所规划的游玩区。将定位器置于对角，面向游玩区中心。将定位器安装在离地2m（6ft 5in）或更高的地方，将其向下倾斜30°～45°，如图7-10所示。

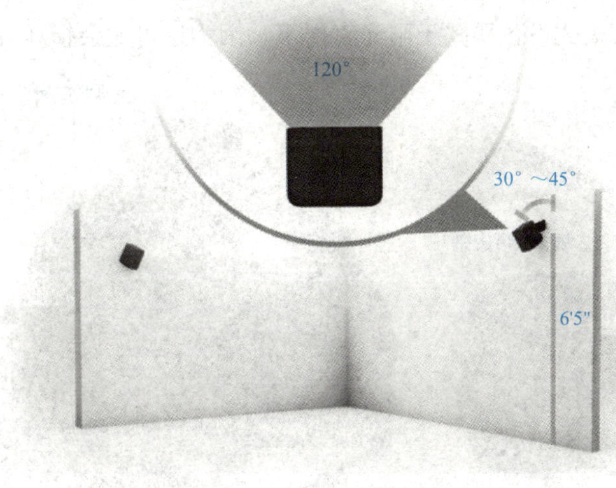


图 7-10　确定激光定位器位置

③ 安装定位器，确保定位器已牢固安装，因为振动会影响追踪功能，用HTC支架或者用螺钉固定墙面进行安装，如图7-11所示。

④ 启动定位器，为定位器连上电源适配器，表面的状态指示灯（绿色）显示定位器是否已启动。不要在定位器开启时进行调整，移动定位器前确保定位器内部电动机已停止工作，同步数据线为可选，仅在定位器同步出现问题时才需要使用，如图7-12所示。

图 7-11　安装定位器

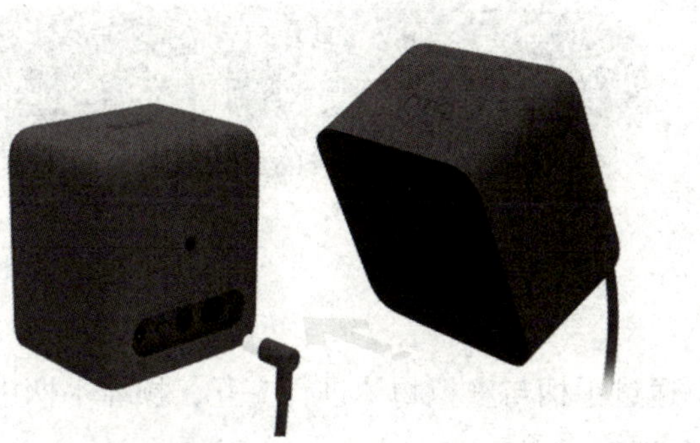

图 7-12　启动定位器

⑤ 检查频道，找到每个定位器正面的字母。确保一个定位器设为b，另一个设为c，如果需要更改定位器频道，请按背面的频道按钮，如图7-13所示。

⑥ 检查状态指示灯，确保两个定位器的状态指示灯都为绿色，如图7-14所示。

图 7-13　检查频道

图 7-14　检查状态指示灯

⑦ 通过头戴式设备进入虚拟现实场景，头戴式设备中的感应器会通过定位器追踪并定位体验者在空间中的位置。注意，不要将头戴式设备暴露于阳光直射下，因为这可能会损坏设备，如图7-15所示。

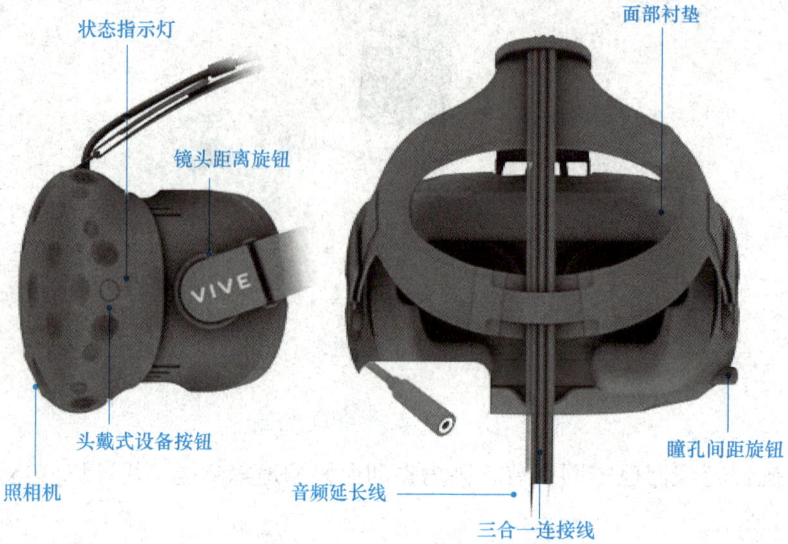


图 7-15　头戴式设备

⑧ 使用串流盒可以将头戴式设备连接至计算机，如图7-16所示。

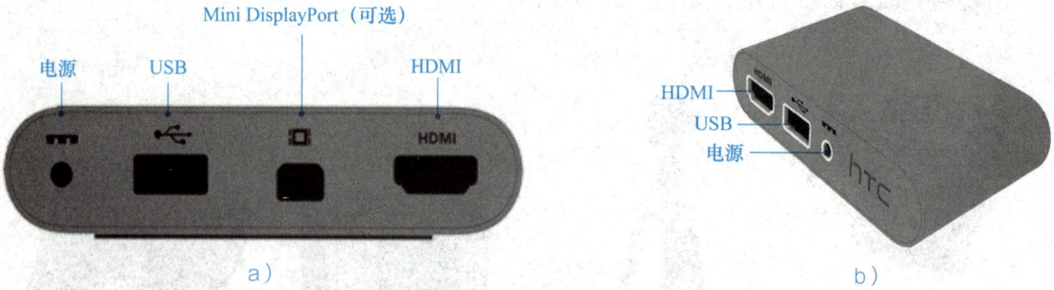


图 7-16　串流盒

a）PC 端连接至计算机　b）VR 橙色端口连接至头戴式设备

⑨ 通过手柄与虚拟物体进行交互，操控手柄中的感应器会通过定位器追踪并定位体验者在空间中的位置，如图7-17所示。

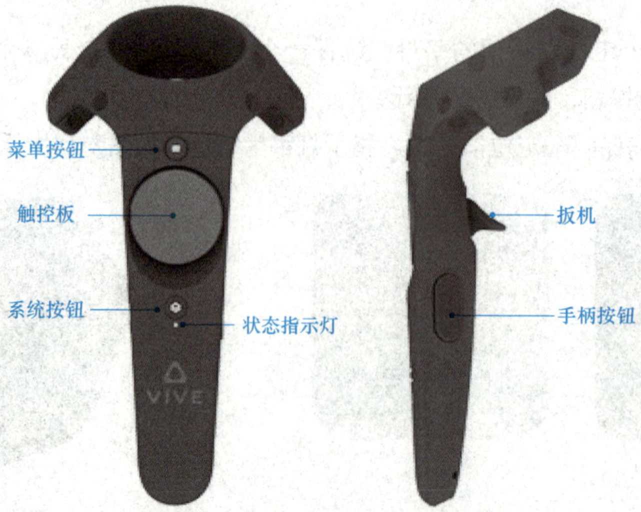


图 7-17　操控手柄

⑩ 头戴式设备组件，如图7-18所示。

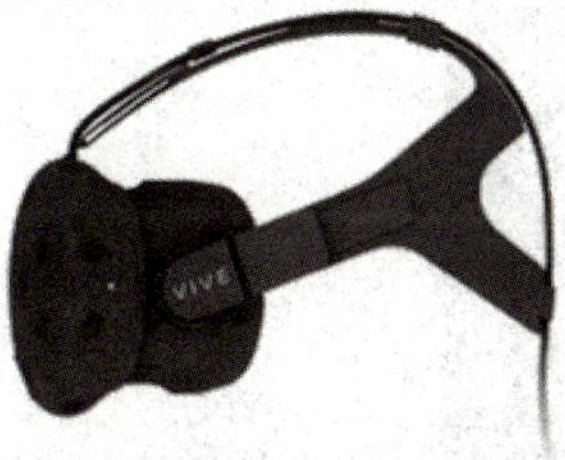

a）

b）

c）

d）

e）

图 7-18　头戴式设备组件

a）附带三合一连接线和音频线的头戴式设备　b）串流盒　c）USB 数据线　d）串流盒电源适配器　e）HDMI 连接线

⑪ 将串流盒连接至计算机。将电源适配器插入串流盒，然后插入电源插座，用USB数据线将串流盒连接至计算机的USB端口。用HDMI连接线将串流盒连接至计算机显卡（GPU）的HDMI端口。如果没有可用的HDMI端口，则可以采用Mini DisplayPort数据线将串流盒连接至计算机，如图7-19所示。

图 7-19　串流盒连接

⑫ 设备安装。安装头戴式VR眼镜，分别连接HDMI线、电源线、USB数据线到串流盒上，如图7-20所示。

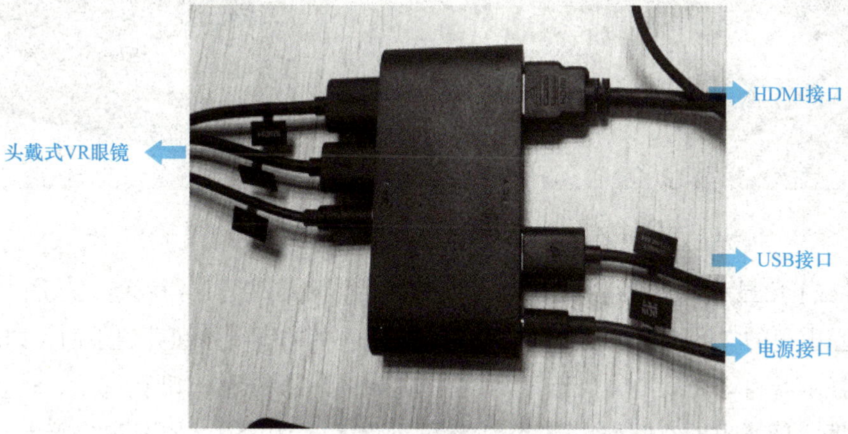


图 7-20　串流盒 VR 端和 PC 端连接

将HDMI线、USB数据线的另一端连接在PC的对应位置，如图7-21所示。

图 7-21 计算机连接

4）搭建及设置。

① 搭建环境规模：定位器2m以上，高于身高俯角30°～40°对角线5m内构成方形区域4m×4m内，如图7-22所示。

图 7-22 搭建环境规模

② PC显示器右下角显示设备就绪状态，确认头戴显示器和定位器已经就绪，如图7-23所示。

③ 单击黑框左上角的“运行房间设置”按钮，并长按手柄的系统按钮开启手柄，如图7-24所示。

④ 戴上头盔显示器和耳机，并拿上无线操控手柄，如图7-25和图7-26所示。

⑤ 两个定位器之间腾出的空间不小于2m×1.5m，或大约6.5ft×5ft，如图7-27所示。

图 7-23 Stearm VR 显示

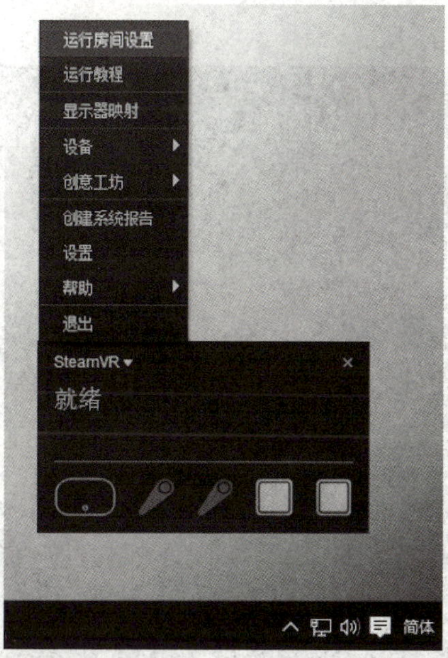


图 7-24 “运行房间设置”

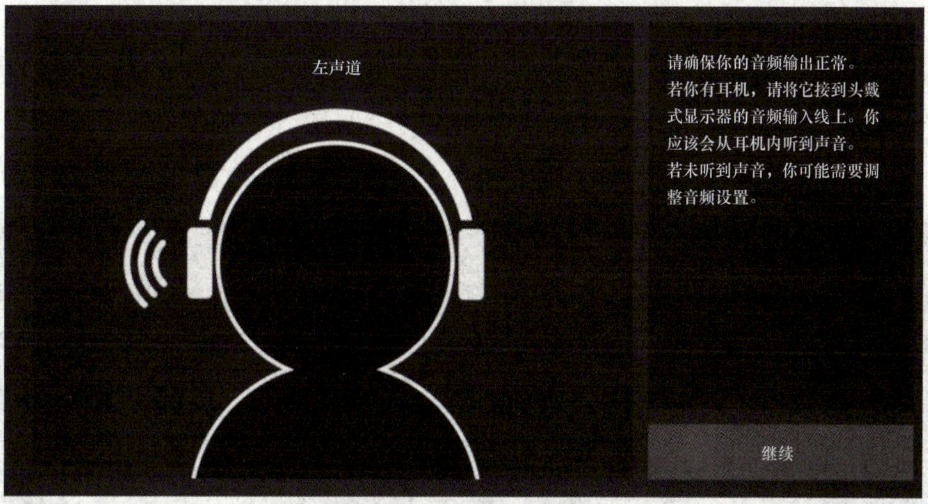


图 7-25 音频输入界面

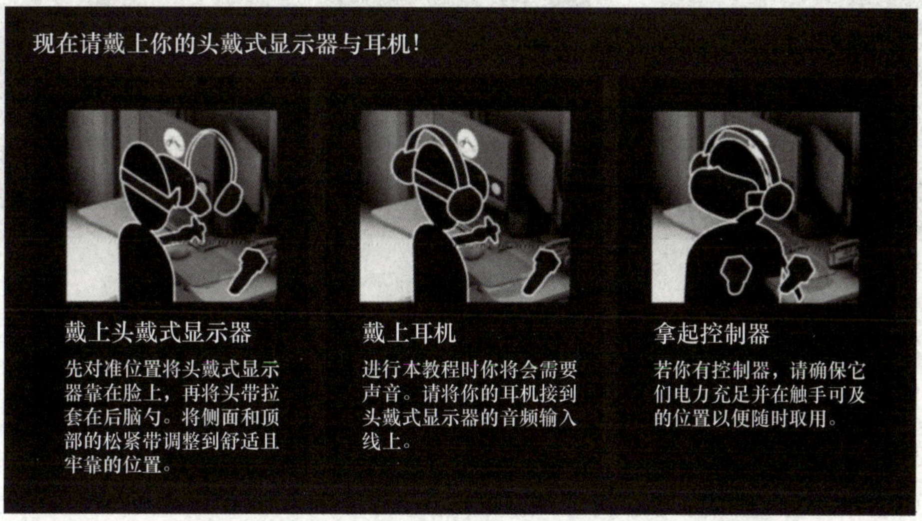


图 7-26 戴上头盔显示器和耳机

图 7-27 腾出空间

⑥ 房间设置有两种方式：一种是设置为房间规模，另一种是设置为仅站立。如果可行动空间不小于2m×1.5m或大约6.5ft×5ft则设置为房间规模；如果可行动空间有限则设置为仅站立，如图7-28所示。

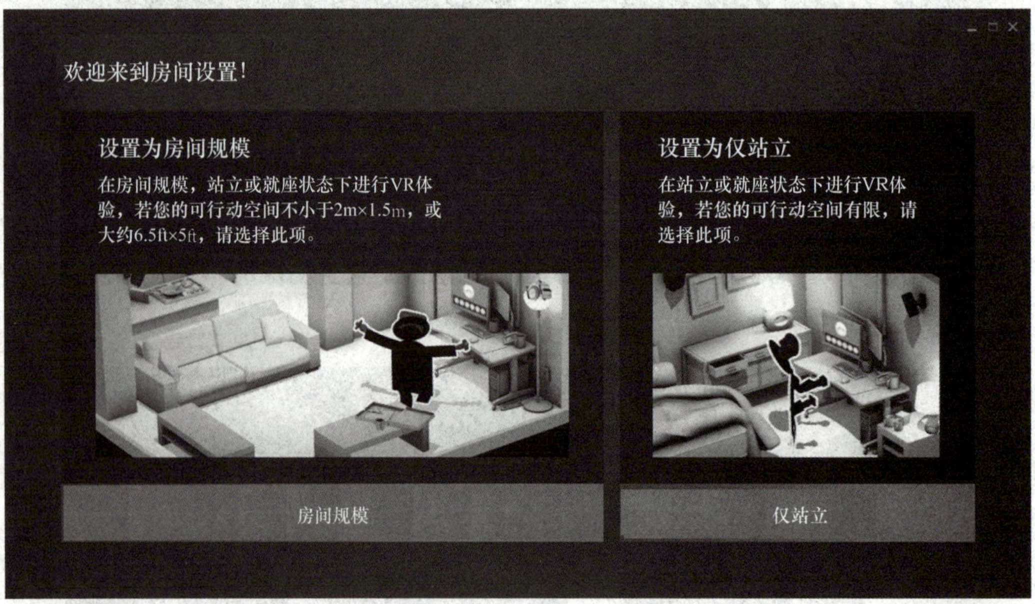


图 7-28 房间设置的两种方式

⑦ 长按系统按钮打开控制器，建立定位如图7-29所示。

⑧ 使用控制器设置显示器位置、地面高度、可活动范围等，如图7-30所示。

⑨ 校准地面，如图7-31所示。

⑩ 测量可用空间，如图7-32所示。

图 7-29 建立定位

图 7-30 定位显示器

图 7-31 校准地面

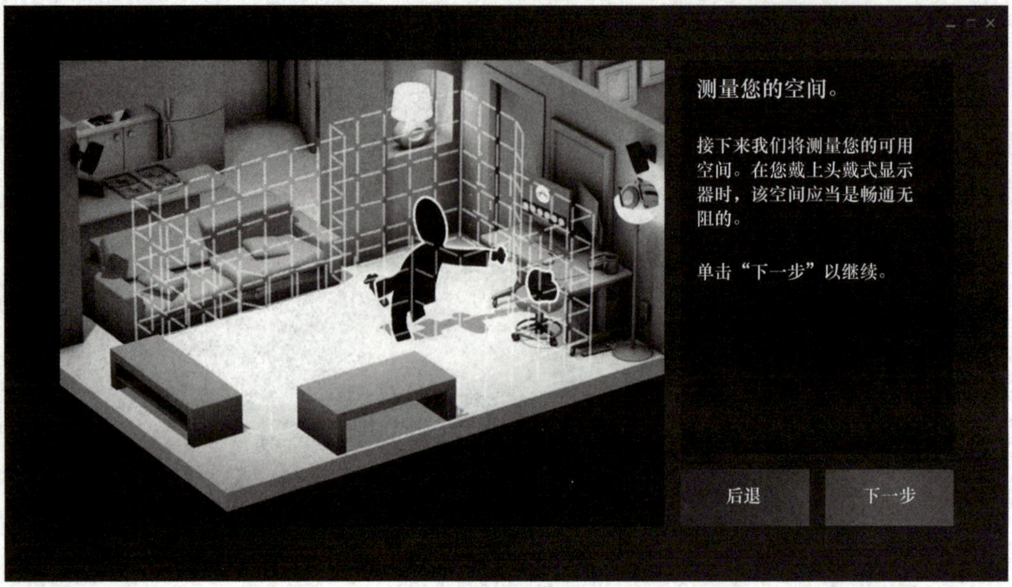


图 7-32 测量空间

⑪ 握住扳机用手柄绘出可用空间，如图7-33所示。

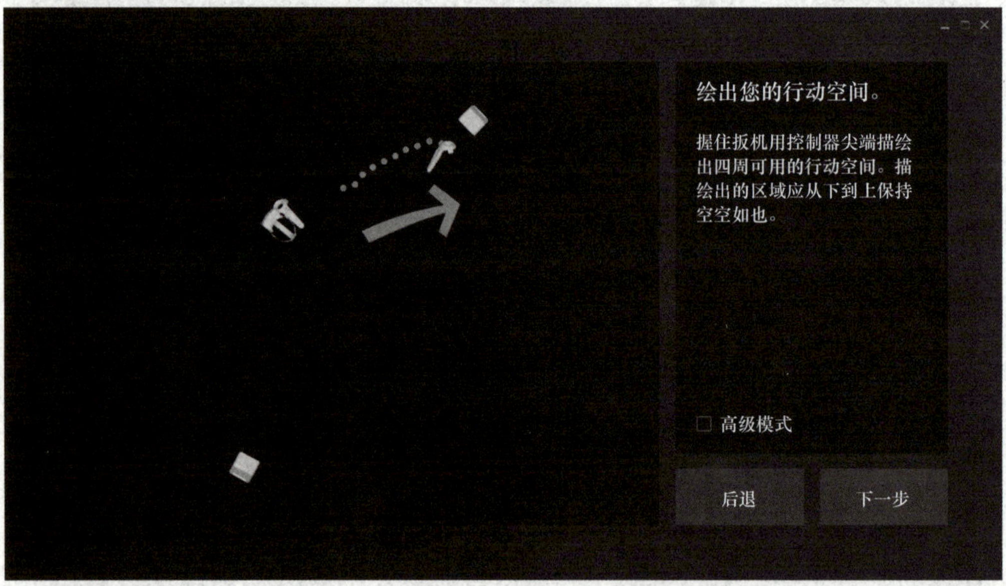


图 7-33 绘出行动空间

⑫ 设置可活动范围时，长按扳机不放手，直至完成如下步骤，如图7-34所示。

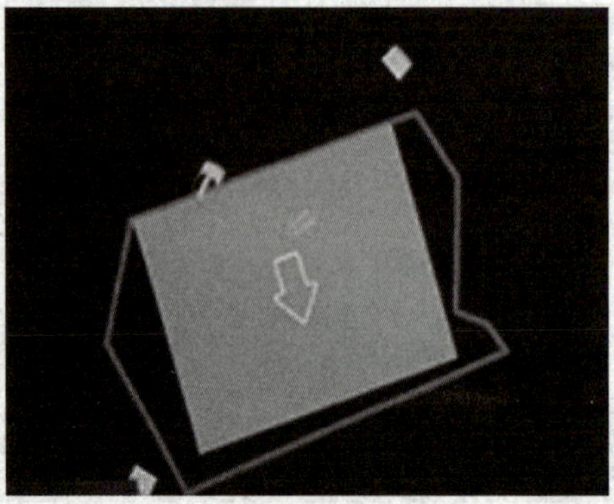

图 7-34 设置活动范围

⑬ 设备调试。进入Vive内容平台即可开始体验，如图7-35所示。

图 7-35　设置完成

5）常见问题。

① 低于推荐配置的PC易出现死机、蓝屏等现象。

② 活动区间内闲杂人员过多会影响识别，甚至信号中断。

③ 定位器需预留可挂载点或自备两个三脚架（每个高于2m）。

④ 头戴显示器接线和连接定位器之间的电缆较长，需妥善整理，建议挂在天花板上。

⑤ Steam VR图标没有显示绿色的原因主要有a）手柄未打开或者没有配对。b）激光定位器频道调节错误（有线连接方式频道为a和b，无线连接方式频道为b和c）。c）串流盒的PC端以及VR端连接错误。

## 7.2 混合现实、虚拟驾驶与跑步机项目实训

混合现实、模拟驾驶与跑步机项目实训需要虚拟驾驶一台、跑步机一台以及混合现实相关设备。虚拟驾驶主要是通过虚拟现实技术实时生成真实场景，实现720°视角驾驶；动力学仿真物理系统可模拟真实路况，实现六自由度实时动感，让体验者身临其境；可对启动、刹车、场景选择实现智能控制。

### 7.2.1 混合现实项目简介及操作流程

#### 一、MR简介

混合现实是虚拟现实技术的进一步发展，该技术通过在虚拟环境中引入现实场景信息，在虚拟世界、现实世界和用户之间搭起一个交互反馈的信息回路，以增强用户体验的真实感。

混合现实系统有三个主要特点：①结合虚拟和现实。②虚拟的三维（3D注册）。③实时运行。它试图把VR和AR的优点集于一身。从理论上讲，混合现实可让用户看到现实世界（类似AR），但同时又能呈现出可信的虚拟物体（类似VR）。随后，它会把虚拟物体固定在真实空间中，从而给人以真实感。

### 1. 专业引擎

Unity 3D是由Unity Technologies开发的一个轻松创建诸如三维视频游戏、建筑可视化、实时三维动画等类型互动内容的多平台的综合型游戏开发工具，是一个全面整合的专业游戏引擎。Unity类似于Director、Blender Game Engine、Virtools 或 Torque Game Builder等利用交互的图形化开发环境为首要方式的软件。其编辑器运行在Windows 和Mac OS X下，可发布游戏至Windows、Mac、Wii、iPhone、WebGL（需要HTML5）、Windows phone 8和Android平台。也可以利用Unity Web Player插件发布网页游戏，支持Mac和Windows的网页浏览。

### 2. 硬件设备

硬件设备主要有以下几种，如图7-36所示。

1）绿幕环境。

2）追踪设备：第三人称视角定位器。

3）虚拟现实头盔：HTC Vive。

4）交互设备：HTC手柄。

5）高端计算机主机：CPUi7 6700显示器分辨率1080p，硬盘容量大小240GB。

6）4K显示屏：28in显示器。

7）展示屏：55in显示屏。

8）单反支架：三角支架。

9）单反手柄连接器。

10）摄像：佳能70D。

图 7-36 硬件设备

### 3. 应用范围

（1）教育领域

利用混合现实技术，学生足不出户便可以做各种实验，获得与真实实验室一样的体验，如图7-37所示。

（2）电影领域

特效制作，如图7-38所示。利用混合现实技术，用户可模拟电影场景的搭建，节约大部分电影制作的费用。

图 7-37 教育领域应用

图 7-38 特效制作

## 二、混合现实MR项目操作流程

1）三手柄模式（除原装配备的两只手柄以外，额外需要一只手柄）。启用第三只手柄：除去游戏中使用的两只手柄外，将第三只手柄插上USB线连接到计算机，注意这里需要一个较长的USB线，方便移动。将手柄与头盔配对，这时SteamVR上会识别出第三只手柄。打开游戏，系统就可以进入MR拍摄模式了。

2）打开计算机，运行Steam程序，进入VR设置，保证头盔、手柄及光塔全部显示绿色图标，如图7-39所示。

3）进行房间设置，按照设置要求进行后续操作。

4）打开摄像机，将清晰度调至最清楚，利用HDMI线连接摄像机与计算机。

5）启动游戏后游戏画面会变成四分屏，如图7-40所示。左上Foreground：游戏视频的前景；右上Foreground alpha：前景的alpha；左下Background：游戏视频的背景，也就是合成时游戏背景；右下Game view：正常游戏画面。

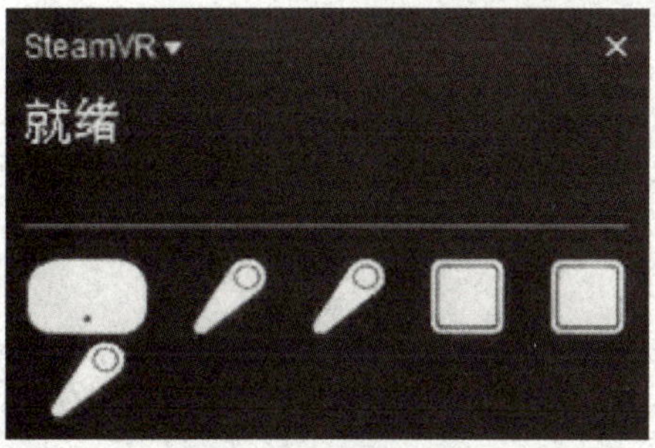


图7-39 绿色图标

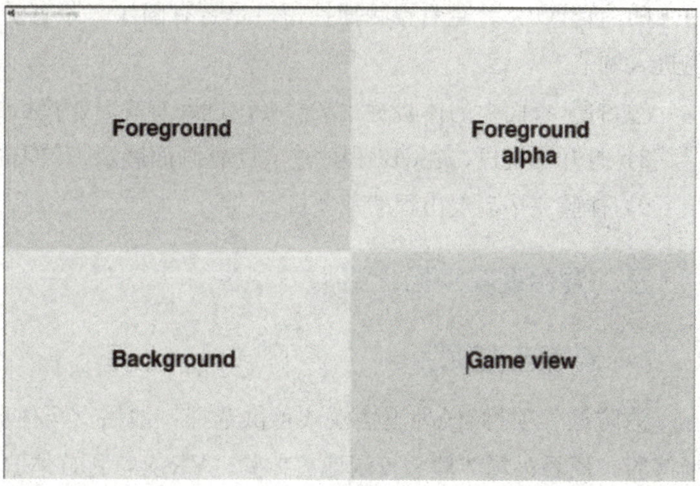


图7-40 四分屏

如图7-41所示，一个混合现实视频需要3个图层，花、人物、山和太阳。花，就是前景，即Foreground（四分屏中的左上部分）。人物，就是用照相机或者摄像机拍摄的视频流，抠去绿幕背景所剩下的人物影像。山和太阳，就是背景，即Background（四分屏中的左下部分）。利用视频软件OBS（或其他）将3个视频流重叠在一起，即可制作成混合现实视频MR，如图7-42所示。

图7-41 三图层

图 7-42 MR 制作

6）打开OBS，查看视频捕捉窗口是否有图像，若有图像则可直接进行下一步操作；若无图像，则双击进入调节。

7）打开桌面上的体验游戏文件夹，进入游戏后连接摄像机上的第三个手柄。

8）打开电视机，在OBS程序中有完整画面展示，单击右键选择投影显示1，将画面投射至电视机。

9）体验完毕后退出程序并关机。

## 三、混合现实项目介绍

### 1. 消防逃生项目

消防逃生项目有6种逃生模式可供选择：地铁火场体验、家庭火场体验、校园火场体验、办公室火场体验、商场火场体验、校园地震体验，VR应急科普体验系统如图7-43所示，逃生体验模式选择界面如图7-44所示。

图 7-43 VR 应急科普体验系统

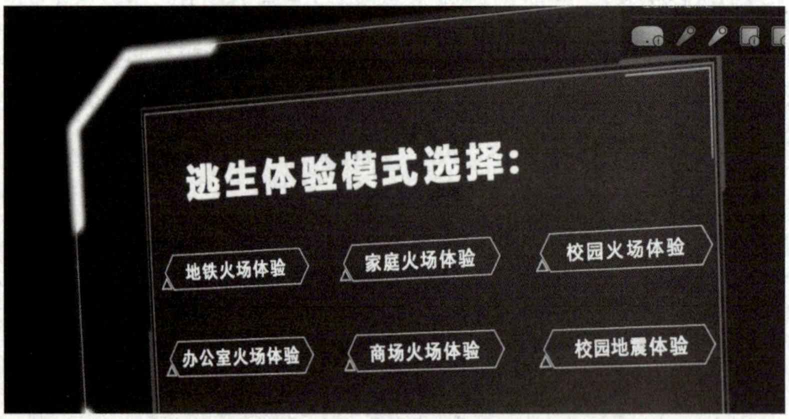


图 7-44 逃生体验模式选择界面

商场消防如图7-45所示。

家庭消防如图7-46所示。

图 7-45 商场消防

图 7-46 家庭消防

地震体验如图7-47所示。

图 7-47 地震体验

地铁消防如图7-48所示。

图 7-48　地铁消防

## 2. 物流实训系统

物流实训系统包含仓库1、仓库2和自动三种模式，如图7-49和图7-50所示。主界面包含了各个仓库和物流流程的简单介绍。仓库1和仓库2可以通过手柄操作的方式操作叉车运送物品，然后实现自动化分拣。

图 7-49　物流实训系统主界面

图 7-50　物流实训系统界面

### 3. 变电站实训系统

变电站实训系统具有以下功能：①实现基于VR技术的可变实景、巡检及测试。现有变电站巡检培训采用传统课堂授课、视频讲解的形式，考试方式也基本采用纸质考核，难以达到培训效果。基于VR技术的变电站巡检培训以及测试系统，采用先进虚拟现实技术，基于VR本身高感知度、沉浸感以及交互性构建变电站虚拟现实场景，进行虚拟培训，并对操作进行考核，提高培训效率。此外，利用VR技术构建变电站元器件三维模型库，操作人员调取设备模型进行设计、修改，以满足不同变电站设备不一样的难题，提高变电站场景搭建速度，也便于推广应用到全国范围的变电站。②实现基于AR技术的设备认知。通过采用AR技术对变电站设备进行建模交互设计，利用AR眼镜虚拟呈现设备属性、功能、检修方式等信息。改变传统纸质资料形式，在实物中虚拟呈现设备信息，达到快速识别、记忆设备功能信息等目的。③实现考试人员测评分析。对操作人员考试过程进行全程跟踪，利用所收集的数据进行行为分析，也输出报告，对操作人员优、劣势进行评价分析，以便实现有针对性的实践培训与合理的人才安排。变电站系统界面如图7-51和图7-52所示。

图 7-51　变电站操作主界面

图 7-52　变电站操作演示

## 7.2.2　虚拟驾驶项目简介及操作流程

### 一、虚拟驾驶项目简介

“虚拟驾驶”是利用三维图像即时生成技术、动力学仿真物理系统、用户输入硬件系统、中控系统等，让体验者在一个虚拟的驾驶环境中感受到接近真实效果的视觉、听觉和体感的驾驶体验，如图7-53所示。

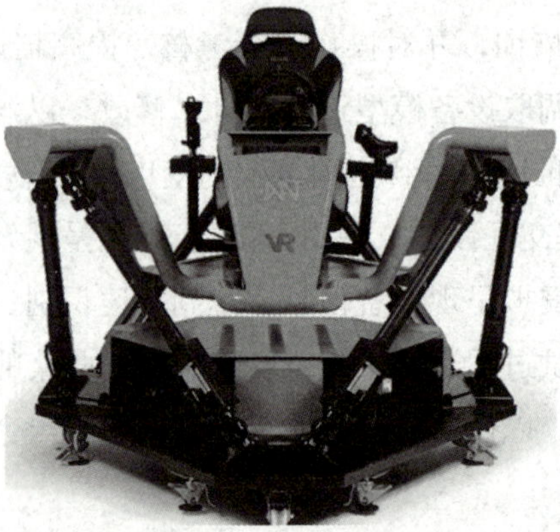

图 7-53　虚拟驾驶

#### 1. 硬件设备

Oculus Rift CV1：1200像素×1080像素屏幕，每秒90帧的超快刷新率，能够带来从所有角度充盈整个视野的逼真图像，消除了早期VR技术常见的抖动，仿佛将用户带到了另一个世界。

Logitech：双马达力反馈技术，安静的无齿隙螺旋齿轮，包含转速/换挡LED指示灯的方向盘控制键。

Mad Catz X52：360° 无死角设计，X、Y、Z三轴合一，自带脚舵功能。采用霍尔磁感应技术，更耐磨，更准确，使操作更舒适，游戏尽在掌控。

赛车座椅：根据人体力学设计，皮质做工，使玩家舒适感、真实体感更加强烈。独有的安全带解除制动功能，使玩家玩时更安全。

伺服电机：专业定制的电机，最大程度上降低了设备上的摩擦声，使玩家更舒适地沉浸在游戏世界。

### 2. 应用范围

1）驾校学员训练与教学，学员可以提前通过虚拟驾驶器进行模拟驾驶，减少危险和驾驶证学习成本，为顺利通过考试打下基础，如图7-54所示。

图7-54　模拟驾驶

2）院校科研单位交通运输、空乘等相关专业科研与仿真体验，通过虚拟驾驶模拟相关实验和在虚拟场景中提高学生的综合素质，如图7-55所示。

图7-55　模拟飞行

## 二、虚拟驾驶项目操作规程

### 1. 控制软件的使用

1）打开蓝色总开关，然后打开计算机和电视。

2）在桌面上找到并打开控制软件，如图7-56所示。

3）单击“平台复位”按钮，整个平台完成初始化动作，如图7-57所示。

4）设置游戏的时间、电缸的行程，同时选择游戏（Dirt4为赛车游戏，DCS为飞行游戏）。所有的设置完成以后，单击“开始”按钮，最小化控制软件，准备游戏，如图7-58所示。

图7-56　控制软件

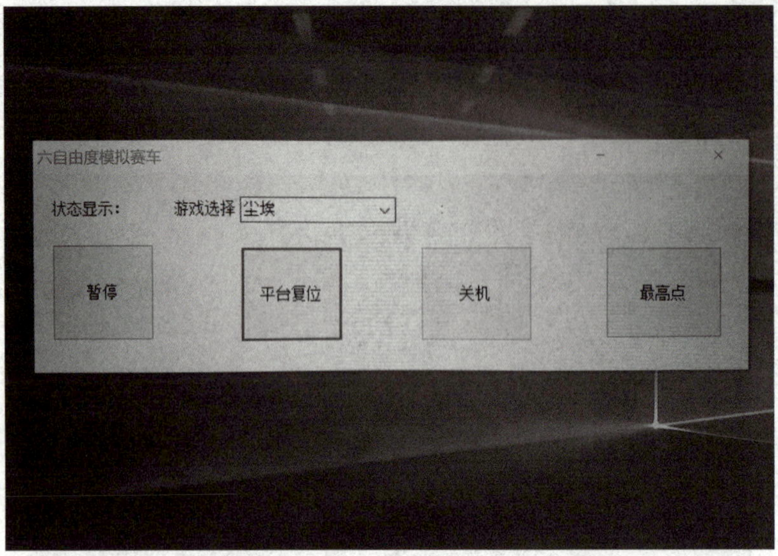


图 7-57 单击“平台复位”按钮

图 7-58 赛车菜单界面

## 2. 头盔的位置矫正

1）每次开机后都要对头盔进行位置矫正。在游戏过程中，如果发现位置不对，也要对头盔进行位置矫正。

2）位置矫正需要遥控器与头盔配合。遥控器主要功能按钮如图7-59所示。

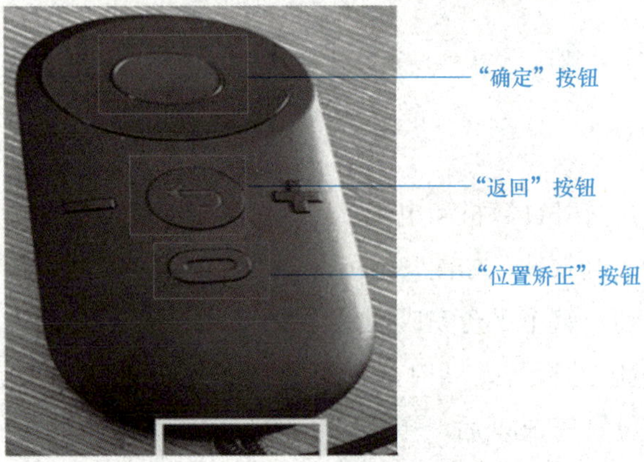


图 7-59 主要功能按钮

3）带上头盔，按一次遥控器的位置矫正按钮，头盔会出现一个界面，在右边有一个向上斜的箭头，转动头盔，用光标选中，并单击一次遥控器的“确定”按钮，将头摆放到正确的位置；再单击一次遥控器的“确定”按钮，这个时候，游戏的画面会出现在正前方，完成位置矫正；最后进行体验，如图7-60所示。

图 7-60　虚拟驾驶项目教学实训

## 7.2.3　跑步机项目简介及操作流程

### 一、跑步机项目简介

Omni跑步机在Unity 3D专业引擎开发平台上采用AR技术设计，将人的方位、速率和里程数据全部记录下来并传输到系统中，在虚拟世界中做出对现实反应的真实模拟。结合可选的VR眼镜（HTC Vive）或微软的Kinect 配件，体验者能够在现实中360°地控制行走和运动方向，如图7-61所示。

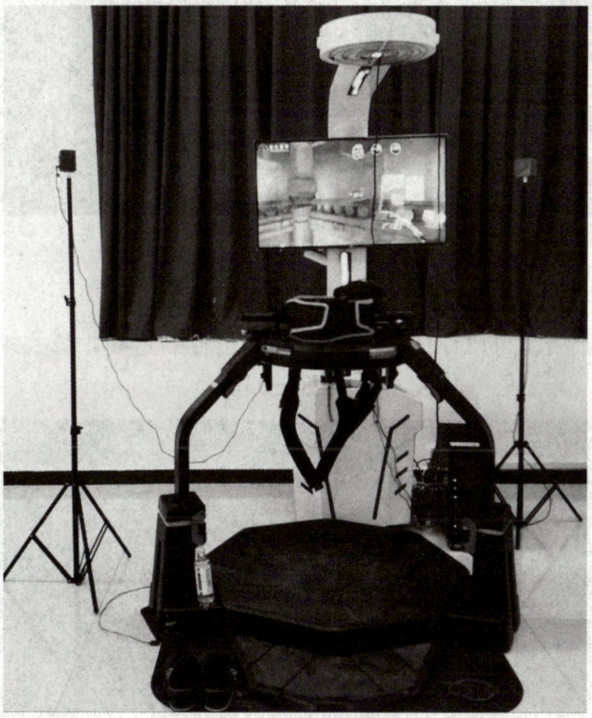

图 7-61　Omni 跑步机

Omni可以作为虚拟现实中的方向导航设备，可以识别行走、奔跑、倒退、坐等姿势并且跟踪体验者的行驶距离和卡路里消耗。水平方向的运动输入模式与键盘或手柄的模拟输入模式一样。同时支持几乎所有虚拟现实内容，通过蓝牙来连接移动设备或无线传输到计算机。

### 1. 硬件设备

1）Virtuix Omni。

2）追踪设备：第三人称视角定位器。

3）虚拟现实头盔：HTC Vive。

4）交互设备：HTC手柄。

5）高端计算机主机：i7 6700 1080 240GB。

6）4K显示屏：28in显示器。

7）展示屏：55in显示屏。

### 2. 应用范围

（1）军事领域

跑步机系统可以让体验者通过脚步来控制角色的移动，真实地模拟军事行动，让体验者在虚拟军事场景中提高个人综合素质，如图7-62所示。

图 7-62 军事领域

（2）消防领域

通过虚拟现实演练矿井救援，可以让体验者通过不同位置的走动，真实地模拟矿井救援场景，提高消防人员的矿井救援应变能力，减少危险和成本，如图7-63所示。

图 7-63 消防领域

## 二、跑步机项目操作流程

### Virtuix Omni操作步骤

### 1. 检查各连接是否正常

1）开启主机与各设备的电源，包括Omni跑步机、Omni鞋、HTC Vive头戴式头盔，手柄、定位器计算机以及Smart VR软件，确认各配件是否运行正常，如图7-64～图7-67所示。

图 7-64　Omni 鞋

图 7-65　Omni 追踪器

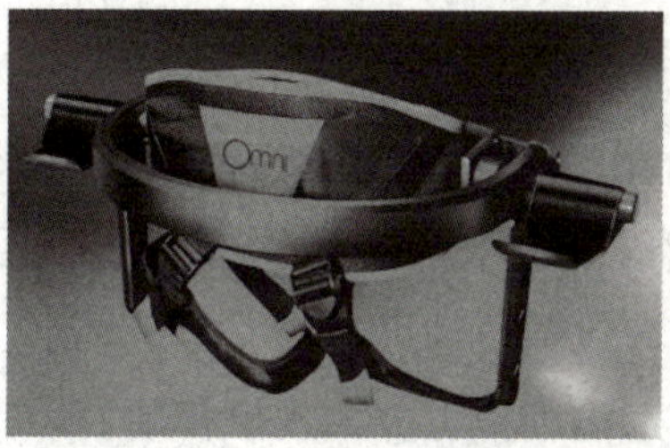

图 7-66　Omni 活动腰环

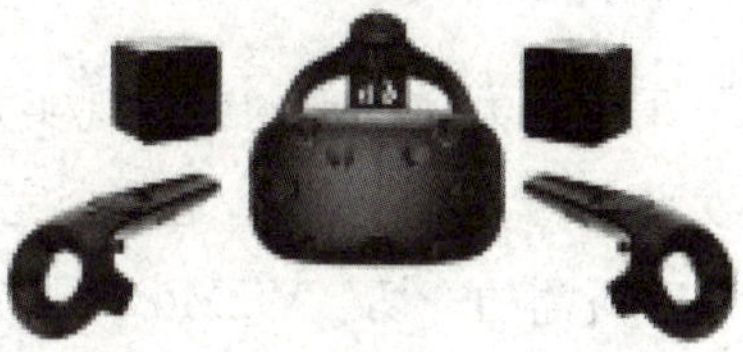

图 7-67　HTC Vive 头戴式头盔

2）连接网络。

3）打开Omni connect，检查跑步机和鞋是否连接，如图7-68所示。

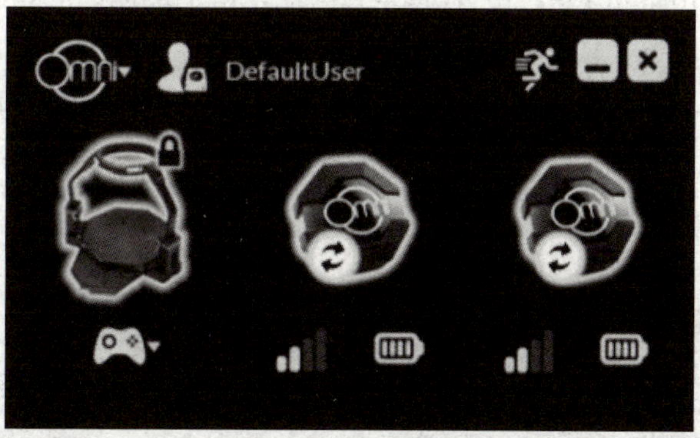


图 7-68　Omni connect

4）运行Omniverse。

### 2. 设备穿戴步骤

1）穿戴Omni鞋。

2）穿戴头戴设备。

3）上跑步机时注意方向，系上保险带。

4）关闭操作区域并上锁。

5）校准，校准完成即可体验。

6）按<Ctrl+Shift+Alt+L>组合键打开控制台，如图7-69所示，可最小化或者关闭程序。

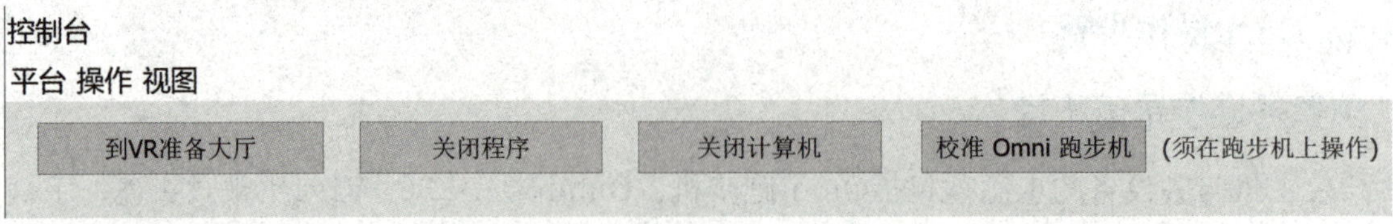


图 7-69 Omniverse 控制台

## 7.3 步行VR项目实训

步行VR项目实训需要虚拟骑行设备两套、步行VR设备一套。

### 7.3.1 步行VR项目简介及操作流程

#### 一、步行VR项目介绍

“步行VR”采用强大、创新的虚拟现实开发平台Vizard，快速创建广泛的沉浸式3D体验，是专业虚拟现实引擎开发平台。“步行VR”是一个完整的硬件和软件解决方案，具有创建和体验交互式广域步行虚拟现实应用程序所需的一切。VizMove具有非常广泛的应用，包括设计可视化、建筑展示、工业培训和行为研究。用户将沉浸在宽阔的步行环境中，行动完全自由；通过虚拟世界大规模移动，以高精度跟踪头部和手部；通过位置跟踪无线控制器进行直观的交互和导航。

##### 1. 硬件设备

1）系统组件Lenovo ThinkStation：由WorldViz认证，用于最佳性能和渲染VR应用程序。

2）Vizard：构建完整的交互式VR应用程序所需的一切。

3）VR头盔：系统包括一个最先进的VR头盔。VizConnect允许输出到所有标准VR硬件。

4）PPT运动跟踪系统：高精度运动跟踪。传感器广域步行系统包括对头部和手的跟踪。

5）3D显示器，如图7-70所示。

图 7-70 3D 显示器

6）键盘、鼠标和电缆：包括所有必要的配件。

## 2. 应用范围

（1）建筑、室内设计领域

虚拟现实技术是集影视广告、动画、多媒体、网络科技于一身的最新型的房地产营销方式，可以让人在虚拟的场景中真实地体验房间结构和布置等，如图7-71所示。

图 7-71　建筑、室内设计领域

（2）文化遗产领域

通过计算机网络来整合大范围内的文物资源，实现资源共享，真正成为全人类可以“拥有”的文化遗产，在虚拟场景中真实地体验文物，如图7-72所示。

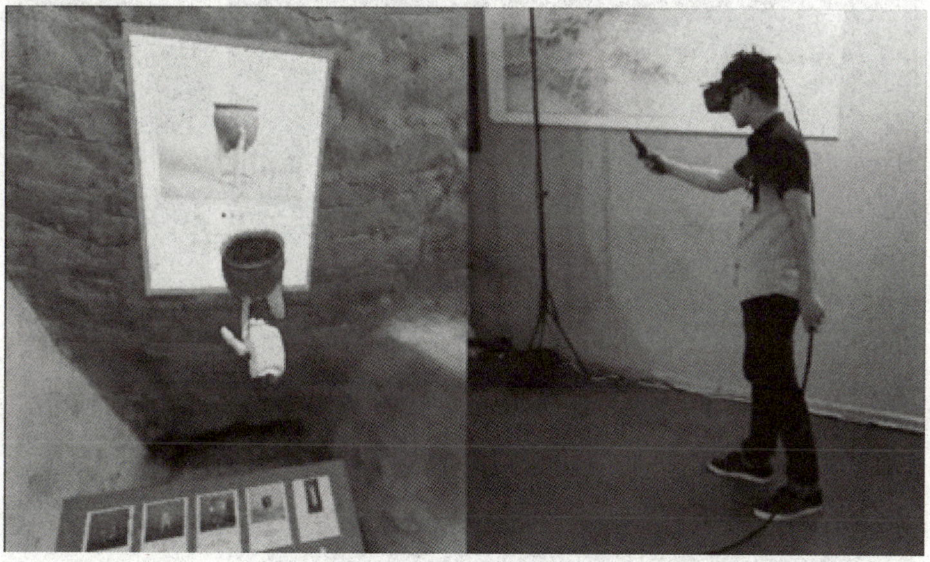

图 7-72　文化遗产领域

（3）培训领域

虚拟现实技术在培训领域的应用非常广泛，可以体验实时的物理反馈，进行多种实验操作，培训各种操作技巧，如图7-73所示。

图 7-73 培训领域

## 二、步行VR项目操作流程

（1）开机流程

1）打开电源，长按obs最右边的按钮，听到滴的一声打开计算机。

2）PPT Studio和Demo Launcher图标如图7-74所示。双击PPT Studio图标，等待一会儿，直至PPT Studio界面在桌面打开显示正常，如图7-75所示，界面中摄像头区域显示黑色为正常；若为白色则在摄像头白色区域双击后激活；若为红色则在左边菜单栏中勾选“PPT-N”选项。

图 7-74 图标

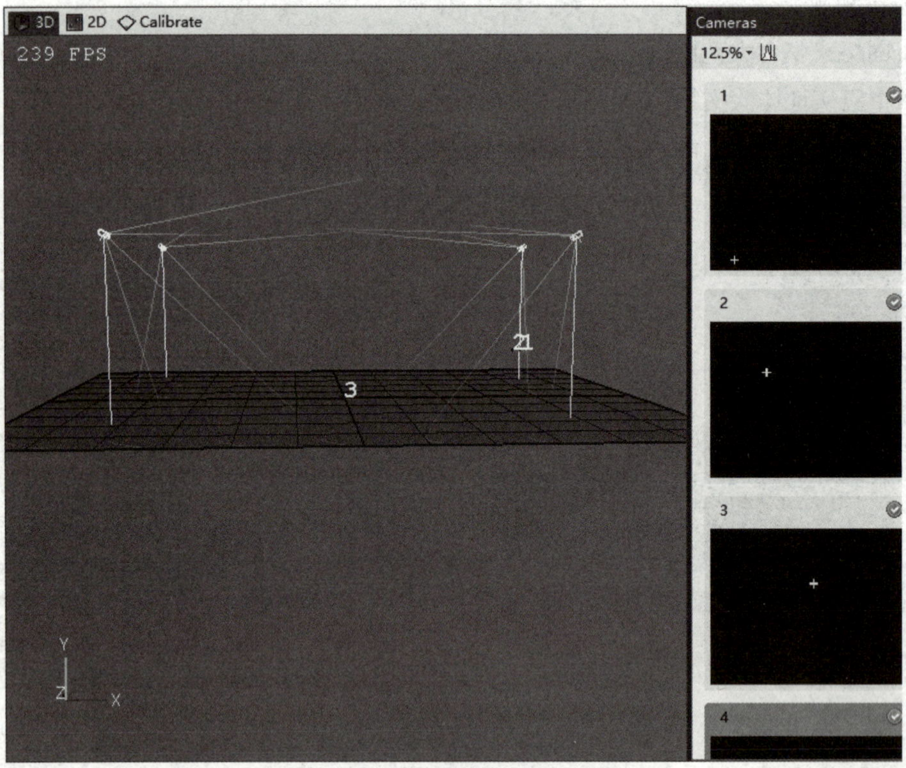


图 7-75 PPT Studio 界面

3）单击“Demo Launcher”图标，进入如图7-76所示界面。

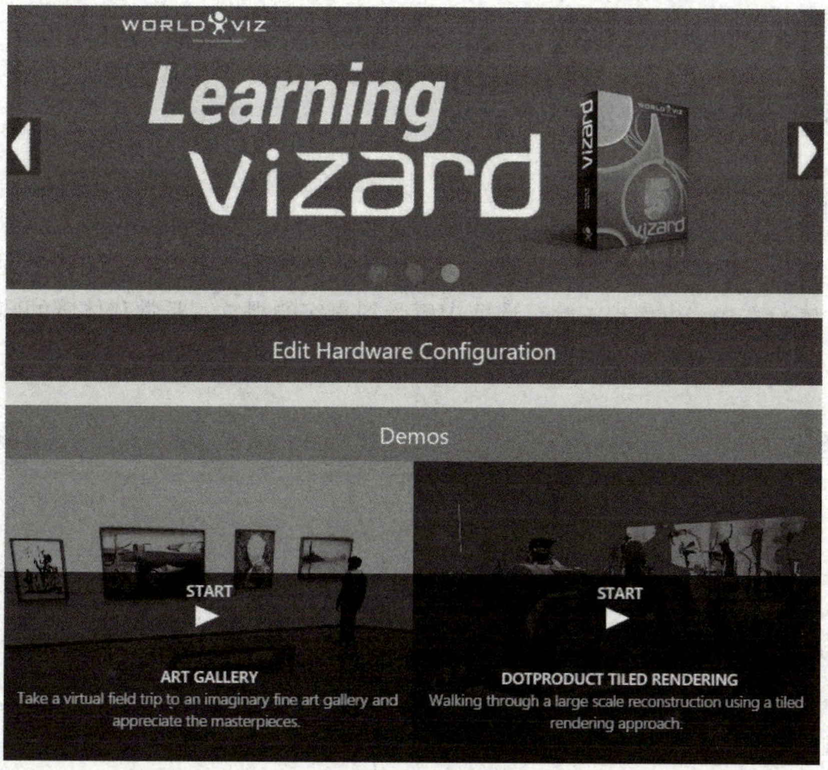


图 7-76　Demo

（2）头盔校正

工作人员协助体验者正确佩戴头盔后，引导体验者做如下校正：

1）首先看到灰色的虚拟空间，阅读警告内容。

2）视线聚焦在警告内容下方的矩形方框小字中（有个小白点在方框内），停顿几秒，待该矩形区域颜色完全变深后，进入蓝绿色的虚拟空间。

3）打开手柄和追踪眼镜（上下各有一个开关），用手柄扳机选择游戏；单击手柄上方的“W”按钮返回主菜单，屏幕上有一个类似于房间的图标是主菜单，手柄圆键可控制上、下、左、右；按扳机可以拿东西，如图7-77所示。

图 7-77　手柄和追踪眼镜

（3）关机流程

1）分别关闭Demo Launcher和PPT Studio两个软件。

2）关闭手柄电源。

3）调整头盔的连线，将其恢复到原状态，防止连线长期弯曲导致折断。

4）头盔镜头用镜布擦干净后放置在地面的柔性收纳盒里。

## 7.3.2　虚拟骑行项目简介及操作流程

### 一、虚拟骑行项目简介

虚拟骑行项目利用三维图像即时生成技术、动感模仿物理系统、用户输入硬件系统等，可以在长江三桥、公路等骑行。体验者在一个虚拟的骑行环境中感受到真实的视觉、听觉和体感的骑行体验。观众也可以观看体验者的真实骑行与虚拟环境叠加的震撼效果。

#### 1. 硬件设备

1）V2动感骑行自行车。

2）绿幕环境。

3）追踪设备：第三人称视角定位器。

4）虚拟现实头盔：HTC Vive。

5）交互设备：HTC手柄。

6）高端计算机主机：CPUi7 6700显示器分辨率1080p硬盘容量大小240GB。

7）4K显示屏：28in显示器。

8）展示屏：55in显示屏。

9）单反支架：三角支架。

10）单反手柄连接器。

11）摄像头：高清罗技摄像头。

#### 2. 应用范围

1）虚拟骑行设备可以展示旅游景点、虚拟桥梁等，如图7-78所示。

图7-78　渝洽会“虚拟三桥”展示

2）虚拟骑行设备可以在体验真实场景的同时达到锻炼身体的目的，如图7-79所示。

图 7-79 虚拟骑行

## 二、虚拟骑行项目操作流程

（1）开机流程

1）打开主机电源，打开计算机和电视机。

2）依次双击桌面上的三个图标，如图7-80所示。出现如图7-81所示的界面，自行车界面如图7-82所示。

图 7-80 三个图标

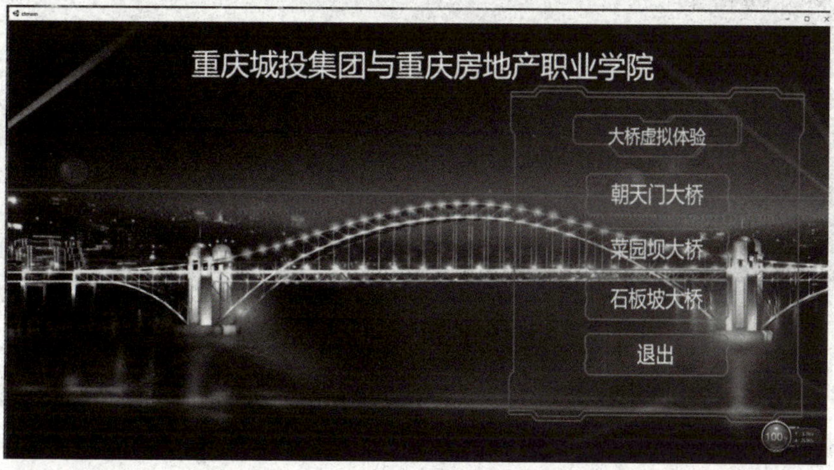


图 7-81 虚拟骑行界面

图 7-82 自行车界面

3）图7-81中有5个选项，分别是“大桥虚拟体验”“朝天门大桥”“菜园坝大桥”“石板坡大桥”和“退出”，选择“朝天门大桥”→“骑行”命令，如图7-83和图7-84所示。

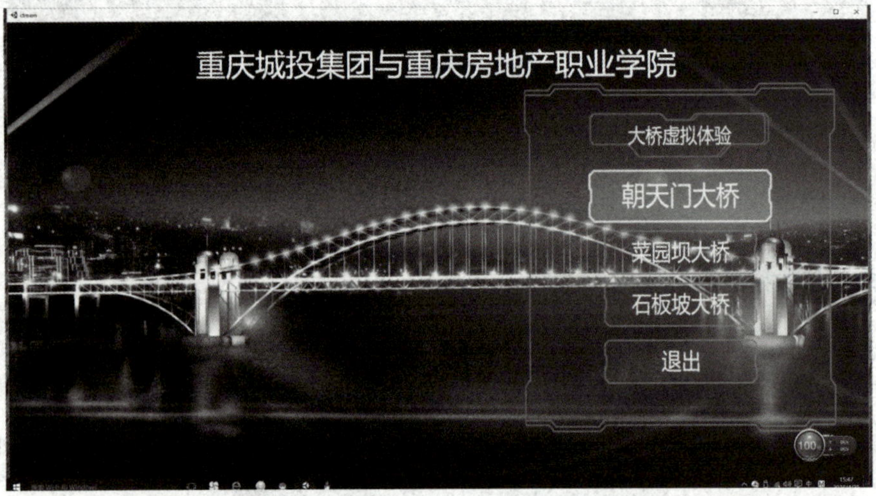


图 7-83 选择“朝天门大桥”

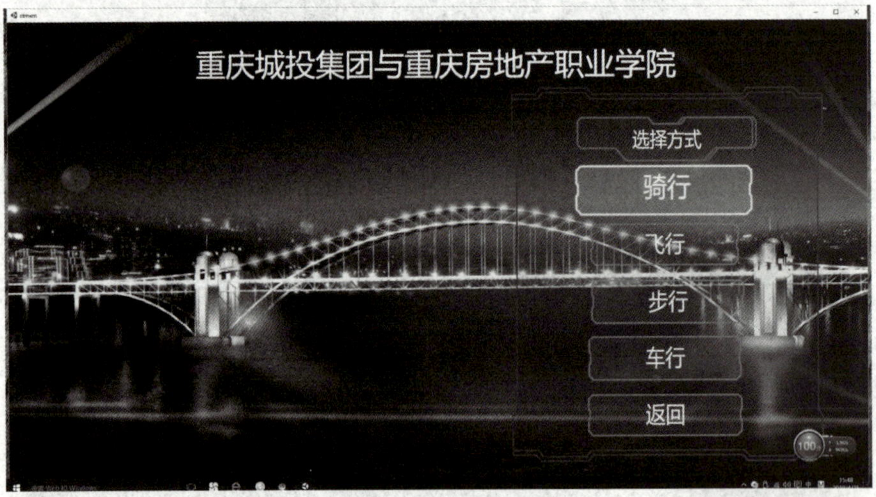


图 7-84 选择“骑行”

4）按照前面所讲的混合现实视频操作流程进行操作，分别添加窗口捕获1、视频捕获和窗口捕获2三个窗口，并进行相应的设置。单击鼠标右键，在弹出的快捷菜单中选择“全屏投影仪（预览）”→“全屏显示1”命令，如图7-85和图7-86所示。

a）　　b）

图 7-85　obs 窗口

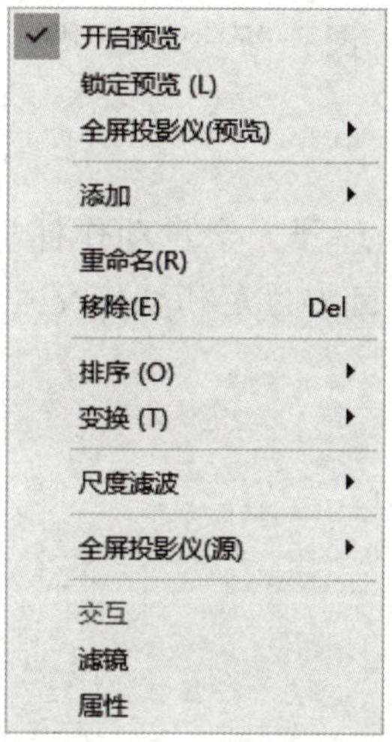


图 7-86　全屏投影仪

（2）调节自行车

由工作人员协助体验者正确佩戴头盔后引导体验者调节自行车，进行体验。

## 7.4　多人互动与全息项目实训

多人互动与全息实训需要多人互动设备一套、360°全息设备一套。360°全息设备可以将“影视后期编辑”“3Ds Max建模”“3D动画制作”等几门课程结合起来，让学生最终的作品在360°全息设备上进行全方位展示。

### 7.4.1　多人追踪VR项目简介及操作流程

#### 一、多人追踪VR项目简介

多人追踪VR设备采用STEPVR引擎开发，如图7-87所示。该设备集成了大范围高精空间定位技术、全方位动作捕捉技术、精准手势识别技术于一身，能够1:1真实还原体验者在空间内的位置和姿态，可在场景内自由走动并与之交互，让体验者感受沉浸式的细腻现实体验，可倍数扩展至任意大范围，无需装配任何复杂设备，轻松无线可穿戴装备，可自由行走全沉浸式、超真实体验，体验者可以在虚拟场景内完成跑、跳、躲闪、射击等一系列动作，并且支持多人交互体验，自由移动等核心技术的相关研发。

图 7-87 STEPVR

## 1. 硬件设备

该设备由头部显示器、背包式无线处理器、全身动作捕捉传感器、手部识别传感器和空间定位设备组成，可以实现体验者在虚拟空间中的自由行走和动作交互。它由如下单元组成：

1）标准定位及动作捕捉单元。

2）空间定位激光发射单元。

3）虚拟现实计算设备：中央计算处理单元。

## 2. 应用范围

（1）建筑领域

通过多人追踪体验建筑虚拟真实感，可以以1:1的真实比例自由地在房间行走，可以多人实时感受真实房间的结构和布置，如图7-88所示。

图 7-88 建筑领域

（2）实验经济学领域

通过多人追踪（图7-89），研究不同人在同一场景的行为，进而了解人的行为和心理，为研究人的行为和心理提供真实的虚拟场景，既节约又高效。

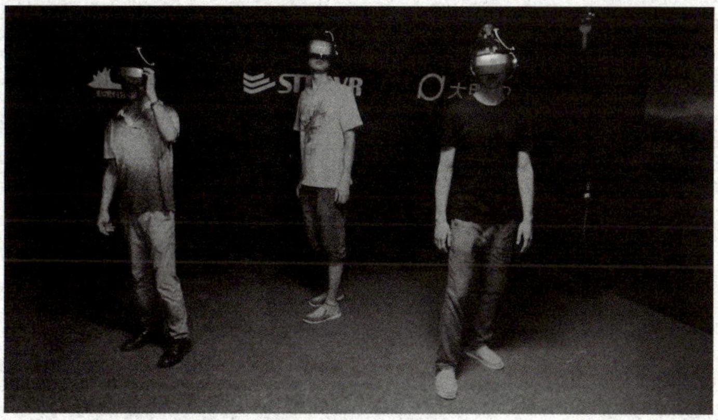

图 7-89 实验经济学领域

## 二、多人追踪VR项目操作流程

### 开始前准备

1）开机前将OC头显接入主机，一头为USB接口一头为HDMI接口，并检查对应的主机编号，如973主机对应973头显及对应标准件。HDMI接口接入显示器，USB接口接入键盘鼠标，如图7-90所示。

2）开机，将头显上的定位件开启，连接成功后蓝灯闪烁，打开手柄并观察是否蓝灯闪烁，如图7-91所示。

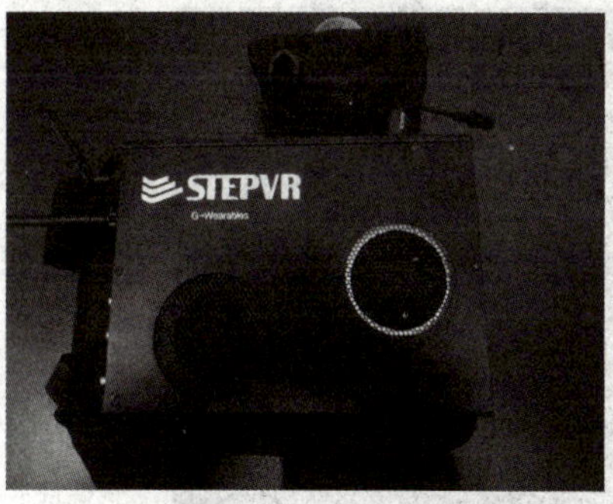


图 7-90 接线

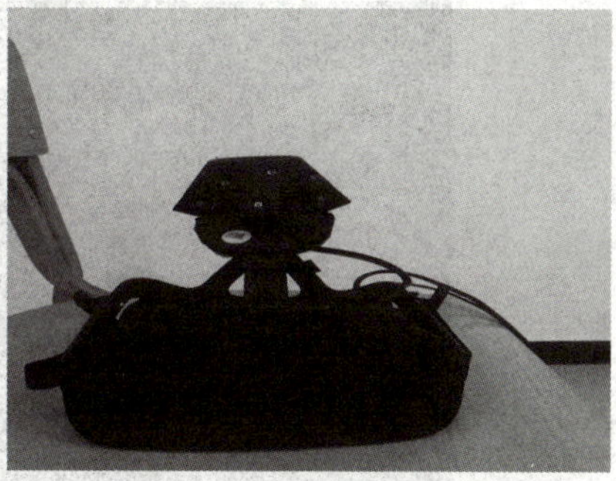

图 7-91 连接头盔

3）头显开机后画面为白色是正常情况，左右观察至出现数行英文字母，将头显中出现的焦点对准最后一行并注视，进度条为100%之后方可开启场景。

场景一：绘画。

Head&Hand显示头和手柄。

两个手柄在星空场景下，在3D空间画图。

操作：按键盘上的<R>键校正方向。按手柄上的<A>键全部清除，按<B>键清除上一笔，按住<C>键作画。

场景二：VR看房。

操作：按<R>键校正方向，左手柄顶端的蓝色金字塔用来瞬移，手柄上的黄色圆球用来进行拾取操作，房间里所有黄色圆圈的地方都可以交互。

## 7.4.2 360° 全息项目简介及操作流程

### 一、360° 全息项目简介

360° 全息设备是利用干涉和衍射原理设计的，它可以记录并再现物体真实的三维图像。该技术可以使立体影像不借助任何屏幕或介质而直接悬浮在设备外的自由空间，并且360° 任意角度看都是三维影像。这种展示手段打破了常规的实物展示手段，立体影像的清晰度及色彩还原度高，立体感强，因此非常逼真，可以给观众以新奇、玄妙的视觉冲击，激发观众的探究欲，并可以起到聚集现场人气、加深参观者印象、提高被展示物知名度的作用。

#### 1. 硬件设备

1）三维图像显示及控制系统。

2）360° 全息专用投影设备。

3）360° 全息影像用高背投幕。

4）图像反射系统及显示系统。

5）高性能图形计算机。

#### 2. 适用范围

（1）房地产

房地产开发销售公司可以利用虚拟全景浏览技术展示楼盘的外观（见图7-92）、房屋的结构、布局和室内设计，购房者在家中通过网络即可仔细查看房屋的各个方面，增加潜在客户群。

图 7-92 360° 全息展示楼盘外观

（2）展览

360° 全息设备外观灵活多样，可以根据展场风格、空间、色调、光线等因素灵活设计。适合表现细节或内部结构较丰富的物品，如名表、化妆品、建筑物、人物等，给观众仿佛在空气中确有其物的感觉。

## 二、360°全息项目的操作流程

1）开机。通电后按下电源开关，指示灯亮，再按旁边绿色的开机按钮，如图7-93所示。

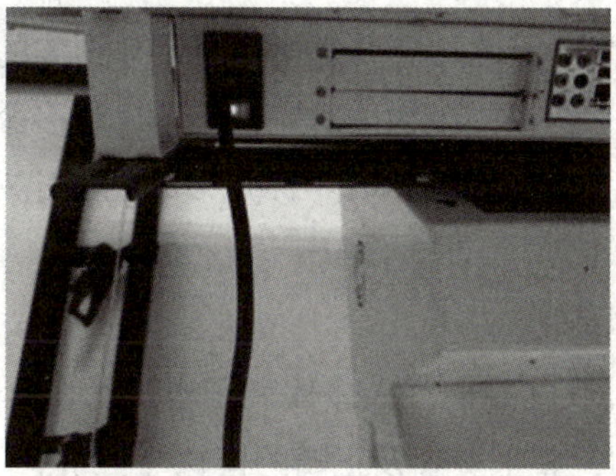

图 7-93　开机

2）通过触摸一体机上的界面来控制全息玻璃里的图像，如图7-94所示。

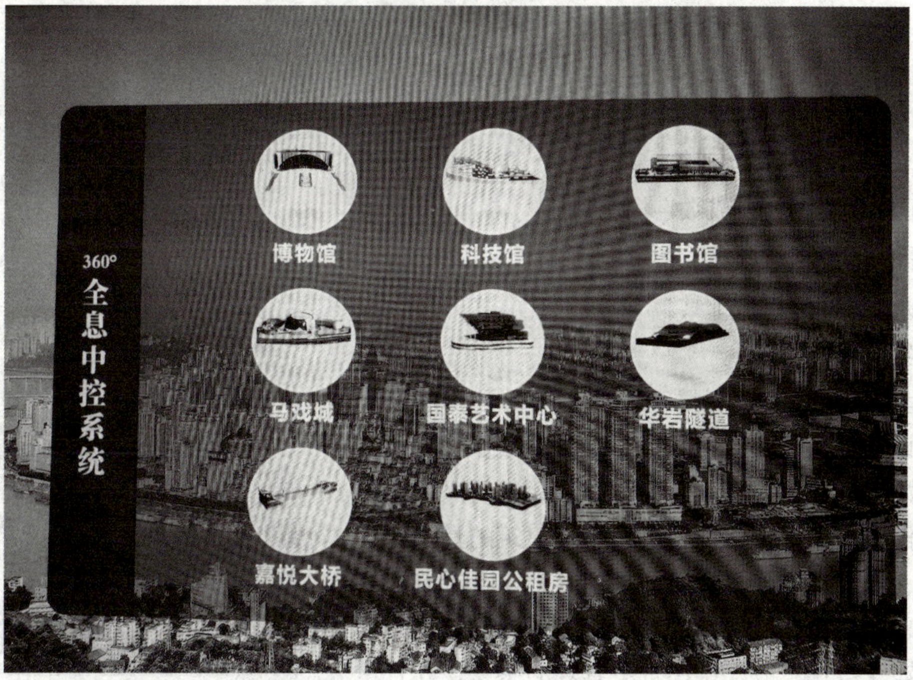


图 7-94　360°全息界面

3）关机，左上角处有一个箭头，拉一下可以让键盘出来，按键盘中的关机键就可以关机。

# 7.5　三维扫描与无人机项目实训

三维扫描与无人机项目实训需要三维扫描仪一套、无人机、眼动仪、意念控制小车、全景直播机等设备。

## 7.5.1　三维扫描仪项目简介

三维扫描仪的用途是创建物体几何表面的点云（Point Cloud），这些点可用来插补成物体的表面形状，点云越密集，创建的模型越精确。若扫描仪能够取得表面颜色，则可以进一步在重建的表面上粘贴，即所谓的纹理映射。

三维扫描仪与照相机的相同之处在于，它们的视线范围都体现圆锥状，信息的搜集皆限定在一定的范围内。两者的不同之处在于照相机所抓取的是颜色信息，而三维扫描仪测量的是距离。由于测得的结果含有深度信息，因此常称之三维照相机。

由于三维扫描仪的扫描范围有限，因此常需要变换扫描仪与物体的相对位置或将物体放置于电动转盘（Turnable Table）上，经过多次扫描以拼凑物体的完整模型。将多个片面模型集成的技术称为图像注册（Image Registration）或对齐（Alignment），其中涉及多种三维比对（3D-Matching）方法。

三维扫描仪的应用范围如下：

1）三维彩色数字摄影、三维型面检测。

2）人体数字化、服装 CAD 、人体建模、人体数字雕塑、三维面容识别。

3）医学仿生、医学测量与模拟、整形美容及正畸的模拟与评价。

4）三维彩色数字化、数字博物馆、有形文物及档案的管理、鉴定与复制。

5）三维动画影片的制作、三维游戏建模、三维游戏中三维模型的输入与建立。

6）公安刑侦、脚印、工具痕迹、弹痕采集及数字化。

7）工业产品的检测与测量、产品及模具的逆向工程（汽车、航空、家电工业）。

8）零部件形状变形检测、形状测量、研究测量、工业在线检测。

9）工业产品造型中的逆向三维重构。

10）设计的物理模型转换成数字模型。

11）工业品的解析与仿制。

12）工业研究实验的检测工具。

13）模具设计与检测领域。

某VR工程中心已经成功利用三维扫描仪（见图7-95）对重庆三峡博物馆等代表性建筑进行了全面测绘，制成高精度、真三维的数字高程模型以及高分辨率、大比例尺的数字正射影像，制作出重庆三峡博物馆等代表性建筑的真实三维数字模型效果，真实地展现了建筑的现状，可以基于这一真实三维模型成果进行长、宽、高以及面积、体积的快速精确测量。人们能够获得比一般二维图片更直观的感受，并且由于是真实的三维复制，有利于日后的修复。

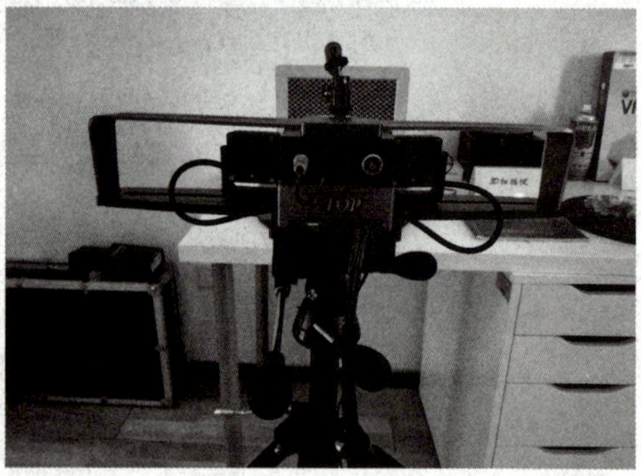

图 7-95 三维扫描仪

## 7.5.2 无人机项目简介

### 1. 无人机的概念

无人机（Unmanned Aerial Vehicle）就是利用无线遥控或程序控制来执行特定航空任务的飞行器，指不搭载操作人员的一种空中动力飞行器，采用空气动力为飞行器提供所需的升力，能够自动飞行或远程引导；既能一次性使用也能进行回收；能够携带多种有效负载。

### 2. 无人机的飞行控制

遥控即对被控对象继续远距离控制，主要采用无线电遥控。

遥控信号：遥控站通过发射机向无人机发送无线电波，传递指令，无人机上的接收机接收并译出指令的内容，通过自动驾驶仪按指令操纵舵面或通过其他接口操纵无人机上的任务载荷。遥控站设有搜索和跟踪雷达，可以测量无人机在任意时刻相对地面的方位角、俯仰角、距离和高度等参数，并把这些参数输入计算机，计算后就能绘出无人机的实际航迹，与预定航线比较就能求出偏差，然后发送指令进行修正。

此外，无人机还装备有无线电应答器，也叫信标机。它能在收到雷达的询问信号后发回一个信号给雷达。由于信标机发射的信号比无人机发射的雷达信号要强得多，起到增加跟踪雷达探测距离的作用。

下传信号：遥控指令只包含航迹修正信号显然是不够的，在飞行中无人机会受到各种因素的影响，无人机的飞行姿态也在不断变化，所以指令还需要包括对飞行姿态的修正内容。

无人机上的传感器一直在收集自身的姿态信息，这些信息通过下传信号送到遥测终端，遥测终端分析这些信息后就能给出飞行姿态的遥控修正指令。

遥控飞行的利弊如下：

利：有利于简化无人机的设计，降低制造成本，提高使用的灵活性。弊：受无线电作用距离的限制，限制通信距离通常是320～480km；容易受到电子干扰。

某VR中心现有一架昊翔480无人机，一架大疆精灵4无人机，一架大型大疆M600 Pro，如图7-96所示，在招生宣传视频拍摄、网络电视拍摄、住建部特色小镇拍摄、重庆巫溪扶贫等工作中发挥了关键作用，取得了良好效果。虚拟现实头套和无人机配对，让用户即时看到空中无人机的视角风景，又开启了和虚拟现实结合之路，允许无人机的控制者通过无人机的视角观看飞行位置的任何方向。通过虚拟现实技术，将大大提高无人机的操作简易度，更方便根据高空情况完美地操控无人机的飞行状态，同时让高空全景拍摄也变得格外简单。另外，消防部门可以使用无人机监控一座大型建筑的火情或者对灾区进行搜索救援；摄影师可以通过无人机在大峡谷日落时捕捉拍摄完美的杂志封面；无人机比赛爱好者犹如亲自坐在驾驶座上进行比赛；炼油厂检查员不离开办公桌就可以去检查油塔的每一个角落和缝隙。

图 7-96　大疆无人机

## 7.5.3　眼动仪项目简介

眼动仪利用固定眼动控制系统，采用全方位的注视精确度和准确度衡量标准，提供最大化的灵活性、便捷性、高精度的数据和非常稳定的追踪能力，可以实时准确地测量人们在观看视觉信息时眼睛的注视时间及注视路径，并统计指定兴趣区域的注视时间、注视次数、首次进入时间等数据然后进行分析，其结果在广告测试、包装测试、界面设计、视觉传达、心理学、医学等多个领域得到了广泛的应用。

### 1. 主要参数

1）眼动仪采用高分辨率光学成像装置，结合高精度眼动追踪算法，在高达100Hz的测试频率下仍能保持很小的误差范围。

2）生成热点圈、注视轨迹图等可视化结果，也可将数据导出为电子表格，利用SPSS等软件进行深入分析。

3）直观显示用户注视顺序、注视区域及注视时间长度。

4）无论年龄、性别、是否配戴眼镜都可进行眼动测试。测试准备工作在1min内即可完成，最大限度地减少复杂的操作对研究带来的影响。

### 2. 主要功能

1）智能家居：用眼睛控制电灯、电动窗帘、电动床、电视机、空调、按铃呼叫等。

2）阅读：选择要看的电子书，并可用眼睛控制翻页。

3）音乐欣赏：可以用眼睛选择要听的音乐，并控制开始、暂停、停止、退出。

4）播放视频及上网：可用眼睛打开链接、浏览网页、观看视频等。

5）计算机操作：用眼睛代替鼠标和键盘，完成计算机操作。

眼动技术就是通过对眼动轨迹的记录从中提取诸如注视点、注视时间和次数、眼跳距离、瞳孔大小等数据，从而研究个体的内在认知过程。

现代眼动仪一般包括四个系统，即光学系统、瞳孔中心坐标提取系统、视景与瞳孔坐标叠加系统和图像与数据的记录分析系统。眼动有三种基本方式：注视（Fixation）、眼跳（Saccades）和追随运动（Pursuit Movement）。眼动可以反映视觉信息的选择模式，对于揭示认知加工的心理机制具有重要意义。眼动的时空特征是视觉信息提取过程中的生理和行为表现，它与人的心理活动有着直接或间接的关系，这也是许多心理学家致力于眼动研究的原因所在。

某工程中心自主研发的眼动跟踪系统，如图7-97所示。通过追踪眼球的运动轨迹，分析人类行为特征、爱好等，以帮助完善虚拟现实场景设计。技术成果已经广泛应用到虚拟现实研发企业，帮助企业人员对其设计的虚拟现实模型、交互情景进行测试与完善。

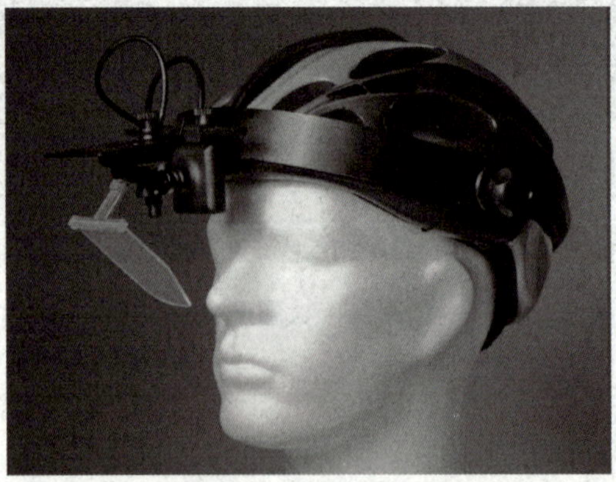

图 7-97 眼动仪

## 7.5.4 全景直播机项目简介

F4得图全景直播一体机是一款实时全景直播设备，拥有快速处理器和直播推流软件，可快速拍摄高、中、低三档曝光照片并拼接出明暗层次丰富的全景照片，又可实现实时直播VR全景，如图7-98所示。

图 7-98 全景直播机

### 1. 主要参数

拍摄视角：360°×360°。

编码格式、视频格式：H.264，MOV/MP4。

录像时长、容量：3小时，128GB，蓝牙4.0无线技术。

处理器：32位RISC CPU。

镜头：配备4个全玻璃鱼眼镜头，能够呈现超清晰画质，更低畸变值视角、焦距、光圈（190°、1.46mm、F/2.2）。

### 2. 主要功能

实时全景直播，4K画质，并为用户呈现细节、特写。

超小拼接缝隙，30mm节点精确定位，结合全新光学算法、完美解决拼接错位。

4个镜头统一曝光，只需单击拍摄按钮即可开启摄像工作、快速捕捉眼前美景。

### 3. 自动HDR合成

快速拍摄高、中、低三档曝光照片并可拼接出明暗层次丰富的HDR全景照片，让细节表现更加完美快速，处理器和直播推流软件一体化，可视化直播，实时拼接，实时推送至云端，支持4K不间断视频流直播。

## 7.6 地面互动项目实训

### 7.6.1 地面互动项目简介

地面互动包括：互动鱼、互动荷花、互动水池、互动脚印等。地面互动投影系统是参与者和地面上影像的真实互动，使多名参与者融入场景中，同时参与游戏。观众的形体动作通过感应设备控制地面投影或墙面投影。地面投影系统的投影都分为两层影像效果，第一层为处于静态时的影像效果，第二层是观众互动时的互动影像效果，静态的影像效果已经包含在系统附带的软件中，而互动时的互动影像效果可以随时把需要的广告信息及广告画面输入计算机控制系统中，每天或每小时都可以是不同的内容。

地面互动是一种全新的投影展示方式，利用高流明投影机将影像投射在普通地面上，这些影像可以是一个水面、一片雪地等常见的景观，当有人从投影区域上走过时，地上的影像会根据人的位置进行一些奇妙的变幻效果。例如，水面会泛起一圈圈的涟漪，水里的小鱼会四散躲开，雪地上留下了人的脚印。还可以在地面上投射出一个模拟的小运动场地，可两人或者多人在场地上进行踢球对抗比赛。地面投影是VR技术的一种表现方式，使参观者仿佛置身于真实的环境中，有种身临其境的感受。地面投影的表现效果还可以根据最终用户的需要进行定制开发。

地面投影系统软件提供互动感应和影像显示的实时组合，所有特殊程序都将使影像生成与互动感应同步变化。地面投影系统首次被最大程度地应用到广告文化中。与传统静态的画面相比，地面投影系统所控制的效果是由系统与路人或观众的互动来实现的。投影区域的游客或行人触动投影影像，改变画面，同时人们可以尝试使用不同的动作，从而产生不同的画面效果，不断吸引其他旁观者参与游戏。因此，对任何穿过投影区的人们都将是一次身体和情绪的体验。地面互动投影系统如图7-99所示。

图 7-99 地面互动投影系统

## 7.6.2 地面互动项目操作流程

### 1. 开机流程

1）开主机。

2）用对应的遥控器打开地面互动投影。

3）进行体验。

### 2. 关机流程

1）用对应的遥控器关闭地面互动投影。

2）关主机。

# 7.7 洞穴虚拟现实系统项目实训

洞穴虚拟现实系统实训需要3D眼镜16副、洞穴系统一套。

## 7.7.1 洞穴虚拟现实系统项目简介

“洞穴”是全球虚拟现实顶尖公司WorldViz于2016年推出的PPT-N运动捕捉系统，采用Vizard专业虚拟现实引擎开发平台。该系统沿用最精准的光学主动追踪方式，利用三维投影仪通过正面投影或者背面投影的方式环绕在用户周围投射出三维立体影像。摄像头分辨率为1280px×1080px，追踪精度小于1mm，追踪频率为240Hz，可实现真正意义上的无延迟，可实现对50m×50m内多用户的同时追踪。

### 1. 硬件设备

硬件设备主要有以下几种，如图7-100所示。

1）主动立体投影仪（CAVE、Powerwall系统）。

2）虚拟现实头盔（Oculus、HTC Vive、NVIS等）。

3）zSpace及其交互笔。

4）所有使用VRPN和TrackD协议的追踪设备。

5）Leap motion、Xbox。

6）力反馈：Geomagic。

7）数据手套：5DT、Cyberglove。

8）数据获取设备：SMI、Biopac。

9）交互设备：Razor、罗技游戏杆、手柄、方向盘、Wii手柄。

10）超大屏幕：16m×2.5m。

图 7-100　硬件设备

洞穴虚拟现实系统框架如图7-101所示。

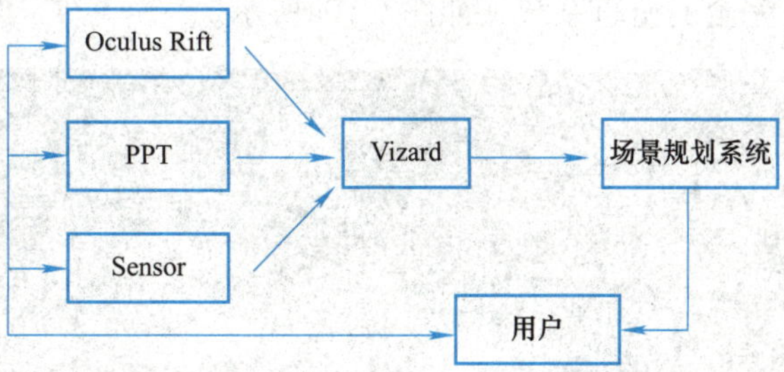


图 7-101　洞穴虚拟现实系统框架

### 2. 应用范围

（1）教育领域

利用洞穴虚拟现实系统，学生足不出户便可以做各种实验，获得与真实实验一样的体验，如图7-102所示。

（2）艺术领域

洞穴虚拟现实系统还可以用于艺术展览以及虚拟美术馆的场景创建与开发，让用户能够足不出户感受到艺术熏陶，如图7-103所示。

图 7-102 教育领域

图 7-103 艺术领域

(3) 工业仿真

洞穴工业仿真系统不是简单的场景漫游，而是真正意义上用于指导生产的仿真系统，它结合用户业务层功能和数据库数据组建一套完全的仿真系统，如图7-104所示。

图 7-104 工业仿真

(4) 品牌研究和市场营销

洞穴虚拟现实系统可以为消费者带来不同于以往的消费体验，用户可以在不同的媒介上更真实地360°体验商品，如图7-105所示。

图 7-105 360° 体验商品

（5）医学领域

洞穴虚拟现实系统在医学方面的应用具有十分重要的现实意义，可以通过多人互动剖析身体结构，让学生和老师更好地互动，可以减少医学损耗并提高手术的成功率，如图7-106所示。

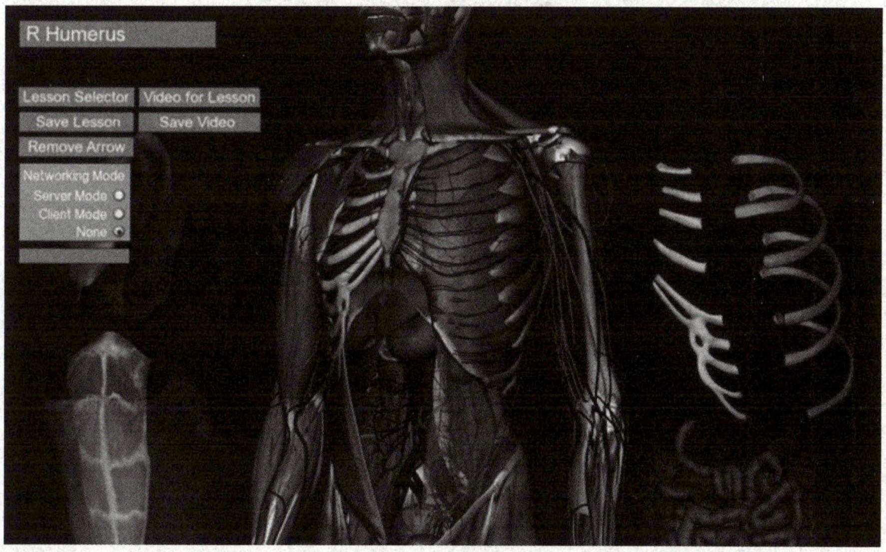


图 7-106 医学领域

（6）能源领域

洞穴虚拟现实系统可以应用于石油石化行业，实时查看石油化工管道的运行情况和模拟演练故障排除等，降低了特殊行业的不安全性，为石油化工行业工作效率的提升和可持续发展奠定了基础，如图7-107所示。

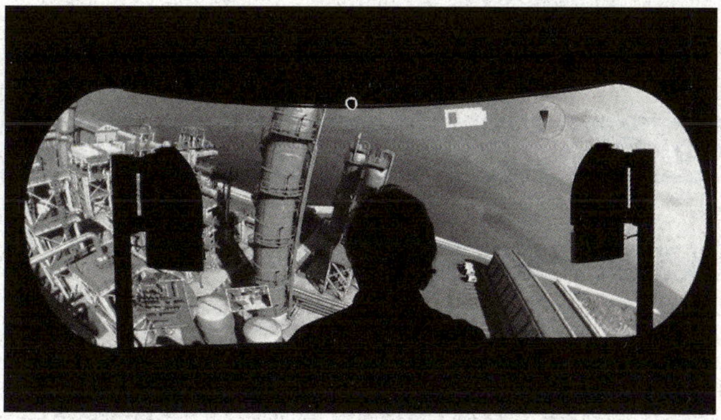

图 7-107 能源领域

### 7.7.2 洞穴虚拟现实系统项目操作流程

1）开机流程：先开投影仪，再开其他设备，最后开计算机。

2）融合。双击“Scable Panel Aseembly”图标，单击“Management”按钮，单击“Demote Warping”按钮，再单击“Disengage”按钮，最后单击“Engage”按钮，融合完成后关闭。

3）打开“PPT Studio”，等待一会儿，直至软件界面在桌面打开显示正常，最小化，打开Demo Launcher软件。

4）打开手柄和追踪眼镜，用手柄扳机选择游戏；按动手柄上方的<W>键返回主菜单，屏幕上有一个类似房间的图标是主菜单，可以使用这些功能教学实训，如图7-108所示。

图 7-108 学生在洞穴系统教学实训

5）关机流程。

① 分别关闭Demo Launcher、PPT Studio两个软件。

② 关闭手柄电源。

③ 调整头盔的连线，将其恢复到原状态，防止连线长期弯曲导致折断。

④ 用镜布擦干净头盔镜头后放置在地面的柔性收纳盒里。

⑤ 先关计算机，再关投影仪和其他设备。

## 7.8 面向虚拟现实的内容开发项目

### 7.8.1 中药材虚拟现实实训系统项目

扫码观看视频

#### 1. 系统框架

中药材虚拟现实实训系统主要包括三维建模、环境渲染和交互设计三部分，如图7-109所示。

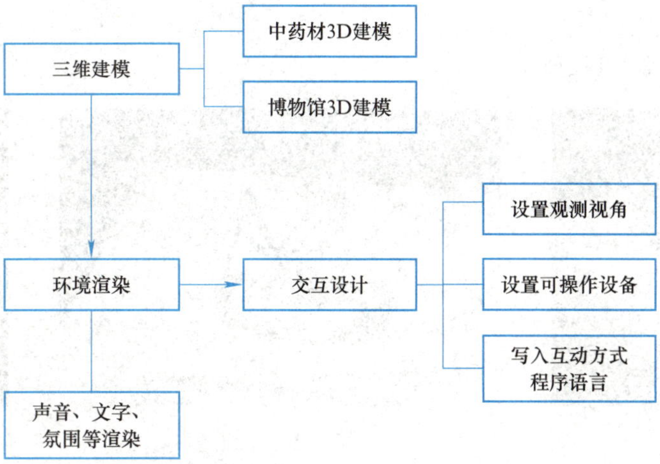


图 7-109 主体框架

中药材虚拟现实实训系统的三维建模部分通过3D Max软件进行建模，结合真实的中药材展厅环境和设备的相关数据进行1:1模型构建和空间环境的三维建模。模型构建成果如下。

博物馆建模如图7-110所示。

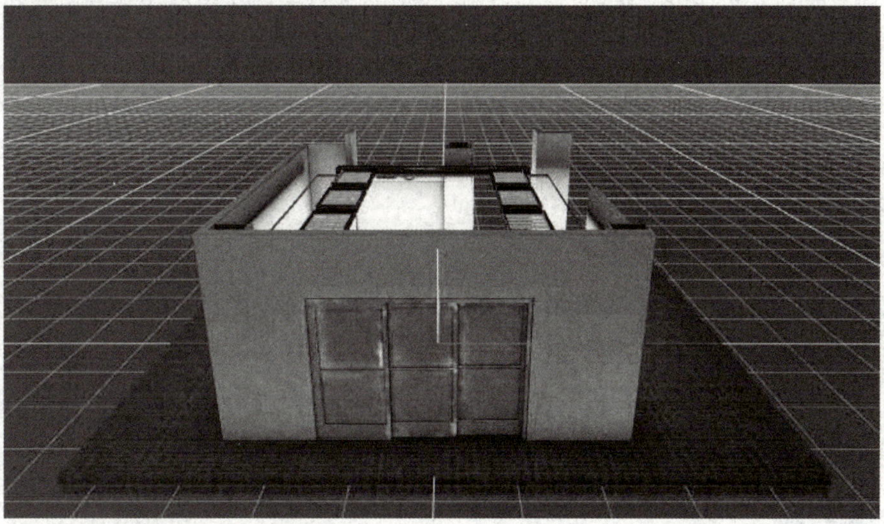

图 7-110 博物馆建模

展厅建模如图7-111所示。

图 7-111 展厅建模

具体的中药材建模如图7-112所示。

a） b） c）

图 7-112 中药材建模

## 2. 系统特征

（1）存在感

中药材虚拟现实实训系统通过三维建模和高质量渲染的虚拟场景让用户作为主角感知模拟环境中的中药材。在此系统中，双目立体视觉起了很大作用。用户的两只眼睛看到的不同图像是分别产生的，显示在不同的显示器上。有的系统采用单个显示器，当用户带上特殊的眼镜后，一只眼睛只能看到奇数帧图像，另一只眼睛只能看到偶数帧图像，奇、偶帧之间的视差产生了立体感。这使用户能够置身于虚拟的中药材3D展厅中，对展厅的各种中药材进行真切感知和认识。

（2）交互性

中药材虚拟现实实训系统中的交互性是指用户对模拟环境内中草药的可操作程度和从环境得到反馈的自然程度。通过虚拟现实制作引擎写入程序语言，使用户通过鼠标、键盘、数据手套、数据衣或是软件和硬件的顺畅配合来促进用户认知中药材，创造良好的参与性和可操控性，使用户能够对展厅内中药材进行布局改善，通过不同的设备布局感知选取最合理的中药材布局。

## 3. 系统运行环境

为了让用户能更好地对3D展厅环境进行观测和改变，中药材虚拟现实实训系统最好是在如下环境中运行，实现系统的效用最大化。

计算机配置要求：

Nvidia GTX 970/AMD 290显卡或更高；

英特尔i5-4590处理器或更高；

8GB运行内存或更高；

HDMI 1.3视频输出；

USB 3.0接口×2；

Windows 7 SP1操作系统或更高。

计算机配置参数参考如图7-113所示。

在此基础上配上外接虚拟现实的相关设备就能更好地对3D展厅的布局进行评估。

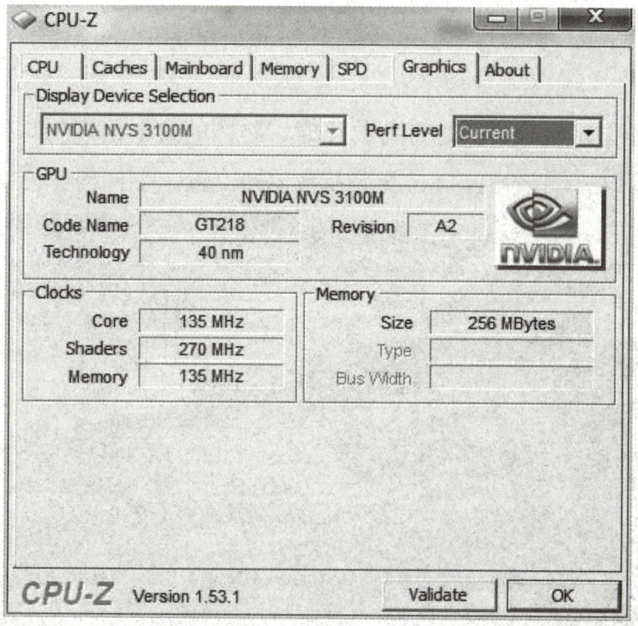


图 7-113　计算机配置参数参考

## 4. 系统设计

本系统的运作是建立在一种特殊的抓住和操纵方式：在Grabbable控制点由彩色球体代表允许进行的实际操作。每个控制点的运动是适当限制活动范围内的关节和臂关节特定几何定义。某些控制点，如端部效应器，可以自由移动，而另一些控制点，如铰链，只能绕单轴旋转。铰链节点是由圆周上的一个球体表示的，圆的运动范围用圆的颜色区域表示。

打开系统，运行程序，用户就可以置身于3D展厅的环境中，如图7-114所示。通过外接设备，转换方向，可以全方位观察展厅的各种设备仪器及其布局，通过各方位的观测对展厅的布局有一个清晰的了解。

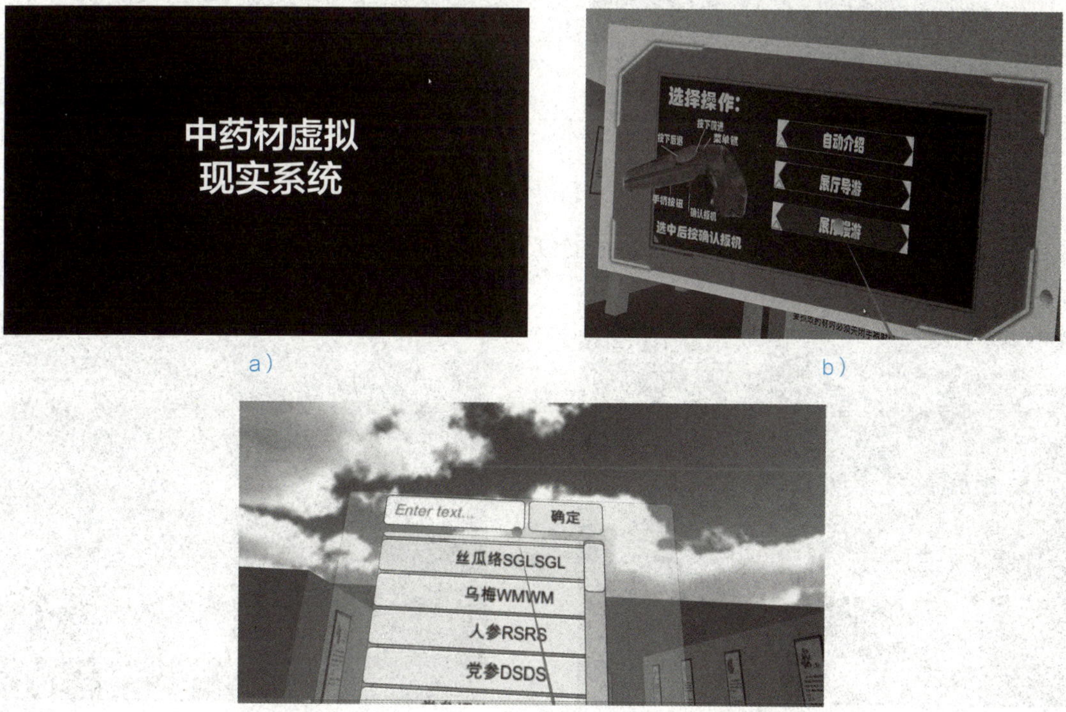


a）　b）

c）

图 7-114　系统界面

## 5. 交互实现过程

(1) 布局移动

通过鼠标移动或手柄操作，使触手接近某些物体时，物体的边框出现闪烁的绿色线框，则表明该物体是可移动的。按住不放，可以移动该物体将它安置在合适的位置。手柄操作说明如图7-115所示。

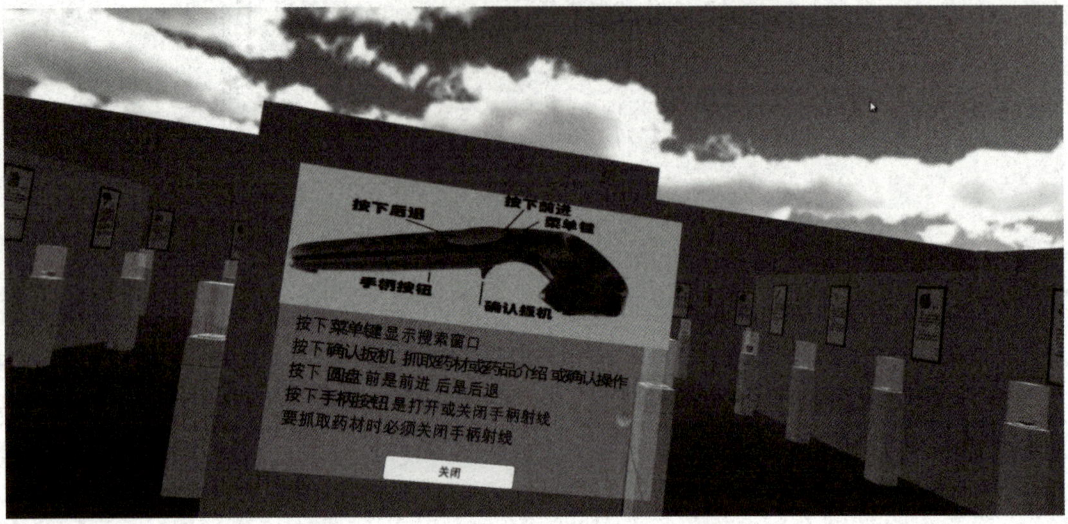


图 7-115　手柄操作说明

使触手接近墙壁上的储物柜使其边缘出现绿色线框，可以改变其位置使其置于合理的位置，如图7-116所示。

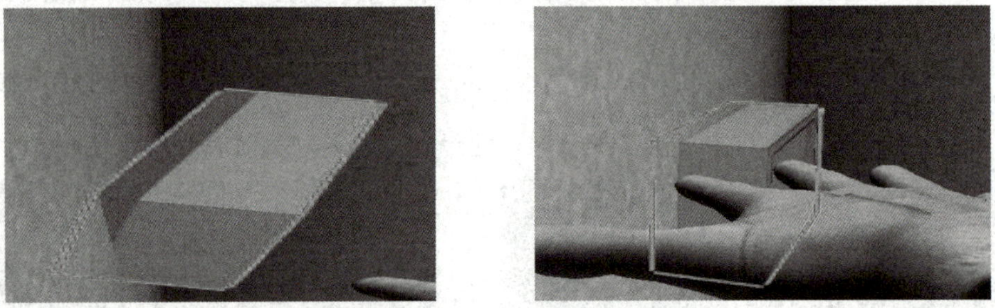

a)　　b)

图 7-116　移动物体

中药材可以根据用户的需求移动放置在合适的位置，其移动原理和储物柜移动原理是一样的。中药材的展示如图7-117所示。

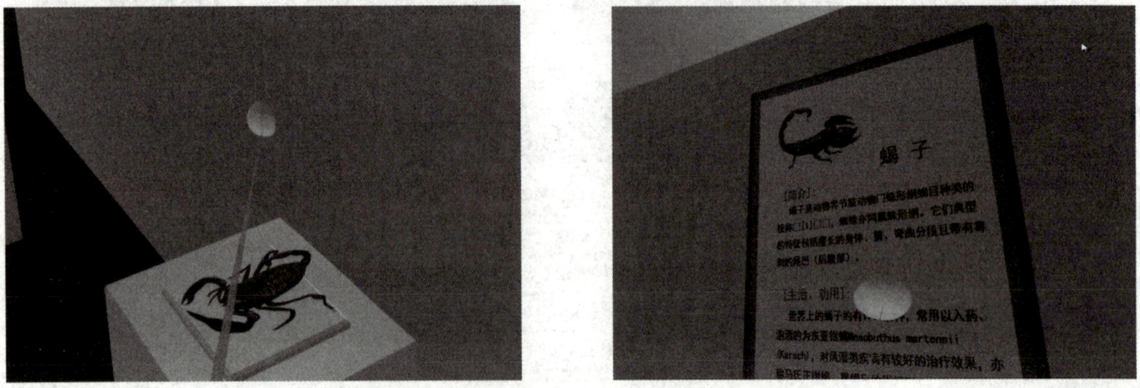


a)　　b)

图 7-117　中药材的展示

同样，可以对其他可移动家具进行移动操作，如图7-118所示，对展厅的可移动设备进行随意布局，从中评估得出最优的布局。

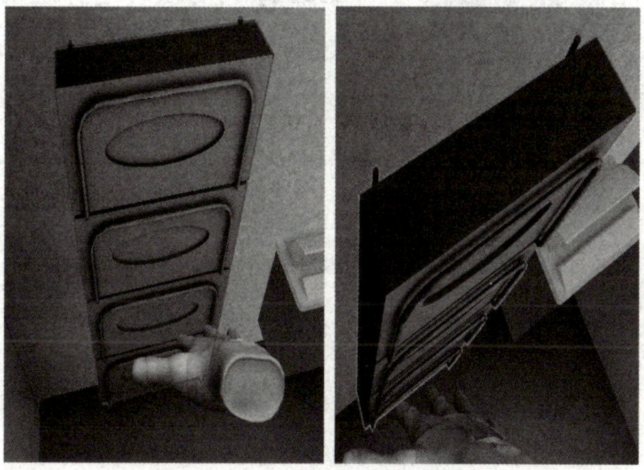

图 7-118　移动家具

(2) 中药材近距离观察

通过交互程序设计，中药材可以进行近距离观察。将触手靠近监测显示屏，出现旋转轴线圈，可以利用鼠标或外接手柄进行视觉角度调整，将其旋转到观测的最佳位置。中药材拾取如图7-119所示。中药材介绍如图7-120所示。中药材部分种类如图7-121所示。

图 7-119　中药材拾取

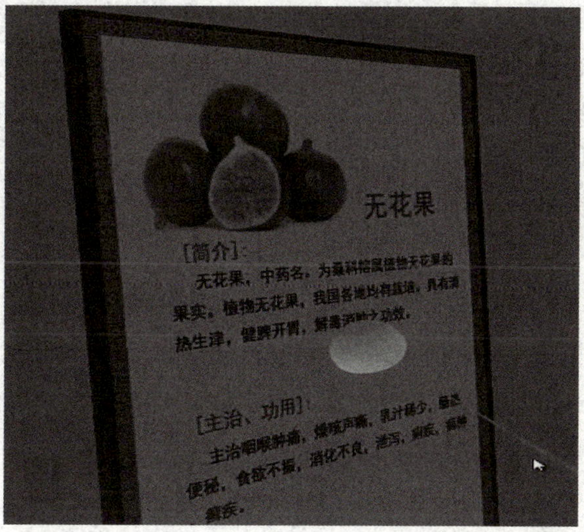


图 7-120　中药材介绍

图 7-121 中药材部分种类

根据同样的操作方式，可模拟博物馆中药材的布局情况，通过仿真操作可以使博物馆设计者更加熟悉博物馆环境，更好地发现现有布局的不足并对其改进。

系统通过对200多个中药材进行3D建模，模拟实训的全部过程，学员通过HTC头盔、定位器、显示器和操作手柄等交互设备，实现与3D虚拟现实场景设备的操作交互功能，将日常实训流程以及安全操作规则通过人机交互的形式实现。系统在后期可根据实际教学与实训情况进行扩展，开发一个具有多功能和后台管理的虚拟仿真和虚拟现实培训系统。平台可使用MR技术（Mediated Reality）将现实的人物通过绿幕与虚拟的采摘环境进行完全融合，让体验者有身临其境的感觉，通过显示器将能看到体验者与虚拟环境实时交互的画面。

## 7.8.2 陶瓷虚拟现实系统项目

扫码观看视频

荣昌陶器是重庆市荣昌区安富镇的地方传统艺术品，其产地是整个西南地区最大的陶瓷生产基地。荣昌陶历史悠久，工艺精湛，“红如枣，薄如纸，声如磬，亮如镜”是对荣昌陶的形象诠释，荣昌陶制作技艺被列入国家级非物质文化遗产。然而传统手工制作陶瓷难度大，需要专业的技术和一定的物质条件作支撑，使得普通老百姓和学生难以涉足陶瓷艺术文化，这让弘扬陶瓷艺术文化受到了阻碍。但如今，虚拟现实技术兴起并逐步进入人们的日常生活中，使得这一难题有了解决的办法。本项目通过将虚拟现实技术和陶瓷艺术进行结合，营造出良好的教学氛围，创设出接近真实的教学情境，让学生在接近真实的教学环境中感悟知识、提升能力，让学生体验荣昌陶的制作过程，了解制陶的艰辛以及中华文化的博大精深，复兴千年荣昌陶，很好地传承中华非物质文化遗产。

### 1. 场景设计

场景一：荣昌陶历史简介。

进入以荣昌陶博物馆为原型的虚拟博物馆，映入眼帘的是各色陶器。通过虚拟字幕以及语音介绍陶的历史、特征以及历史地位。体验者可拿起博物馆内陶器进行近距离观赏，尤其是那些珍贵文物，而不必担心文物损坏。

场景二：挖陶土。

荣昌陶土蕴藏丰富，泥色为红色和白色，红泥含铁量高，白泥主要含三氧化二铝、二氧化硅和少量的铁，泥料质细色正，可塑性强，烧结性能好，含水率低，烧失率低，埋藏浅，是最佳的原料，素有“泥精”之美誉。

场景三：炼泥。

从矿区采取陶土，先以人工用铁锤敲碎至鸡蛋大小的块状，再利用水碓舂打成粉状，淘洗，除去杂质，沉淀后制成砖状的泥块。然后再用水调和泥块，去掉渣质，用双手搓揉，或用脚踩踏，把泥团中的空气挤压出来，并使泥中的水分均匀。

场景四：拉坯。

将泥团摔掷在辘轳车的转盘中心，随手法的屈伸收放拉制出坯体的大致模样。拉坯是成型的第一道工序。

场景五：印坯。

印模的外形是按坯体内形弧线旋削而成的，将晾至半干的坯覆在模种上，均匀按拍坯体外壁，然后脱模。

场景六：利坯。

利坯也称“修坯”或“旋坯”，将坯覆放于辘轳车的利桶上，转动车盘，用刀旋削，使坯体厚度适当，表里光洁，这是一道技术要求很高的工序，是最后确定器物形状的关键环节，并使器物表面光洁、形体连贯、规整一致。

场景七：晒坯。

将加工成型后的坯用手托住，逐一摆放在木架上晾晒。

场景八：打磨。

根据不同陶坯模型进行打磨和设计。注意力量均衡、手势平稳，并且要针对不同的部位进行精细的打磨，以确保陶器最后成型美观。

场景九：装窑。

首先把陶坯装入匣钵，匣是陶坯焙烧的容器，以耐火材料制成，作用是防止陶坯与窑火直接接触，避免污染，尤其对白陶烧造最为有利，然后装入窑炉内。

场景十：窑烧。

将制作好的陶坯装入阶梯窑内，进行烧制，焙烧一段时间后取出烧好的陶器。

场景十一：窑变。

以阶梯窑为烧陶场所，模拟陶器烧制过程及不同温度下陶器状态：①250℃时陶器状态（包括颜色、硬度、保水性）；②500℃时陶器状态（包括颜色、硬度、保水性）；③在700℃、白/红色陶土、天气晴朗/阴雨、环境干燥/湿润的条件下陶器窑变结果；④在800℃、白/红色陶土、天气晴朗/阴雨、环境干燥/湿润的条件下陶器窑变结果。

### 2. 功能实现

（1）建模过程

陶瓷虚拟现实系统是利用3D Max建模和Unity游戏引擎共同构建的具有沉浸感和交互性的虚拟现实系统，使参观者在节省大量时间、精力成本的前提下实现对陶文化的了解、欣赏和学习。面向对象分析后，系统的主要制作过程包括模型构建和Unity交互。模型和场景构建是虚拟现实设计过程的基础和核心。本系统使用3D Max构建场景。场景构建包括荣昌陶博物馆主体建筑以及制陶全过程，对于主体建筑内部环境暂不构建，所以在构建时重点考虑造型部分，次要部分可以通过构建大致轮廓或直接使用贴图实现。而对于制陶场景的构建来说，因为属于室内场景，范围较小，所以制作要求比较精细，制作陶瓷要用到的各种工具、精美陶瓷的展示都需要进行建模。这种构建思路既可以提高场景实时显示速度，又不影响整个场景效果。

荣昌陶博物馆建模如图7-122所示。

图 7-122　荣昌陶博物馆建模

陶器建模如图7-123和图7-124所示。

图 7-123　陶器建模 1

图 7-124　陶器建模 2

阶梯窑建模如图7-125所示。

场景建模如图7-126～图7-129所示。

图 7-125 阶梯窑建模

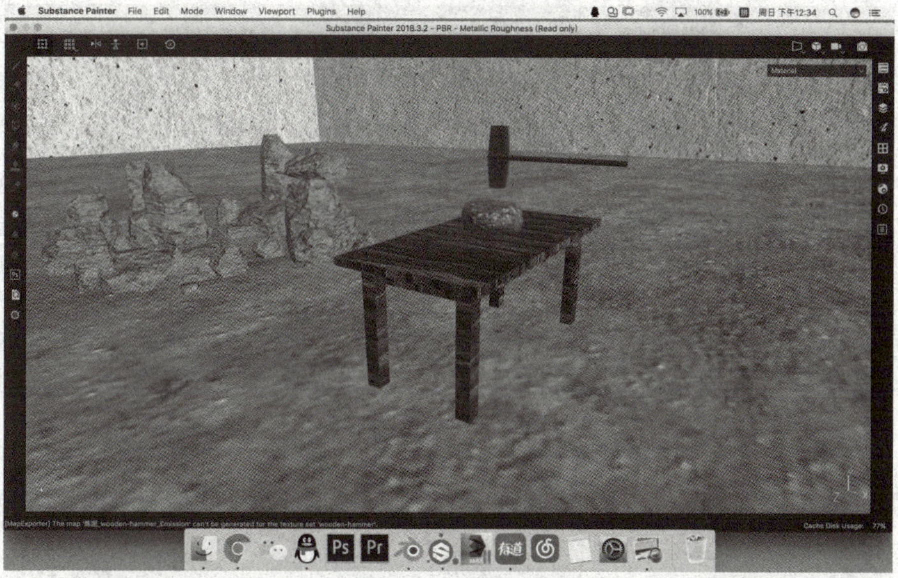


图 7-126 场景建模 1

图 7-127 场景建模 2

图 7-128 场景建模 3

图 7-129 场景建模 4

部分展品建模如图7-130所示。

a）

b）

c）

图 7-130 部分展品建模

（2）交互过程

交互过程主要包括以下几个环节。

1）展览馆场景展示。包括文物、展厅及相关的交互性操作。

2）第一人称漫游。用户可以戴上HTC Vive虚拟现实头盔，拿着手柄在虚拟博物馆内游玩。

3）陶瓷三维与交互显示。用户可通过近距离查看陶器及陶器的简略信息，当参观者使用HTC Vive手柄拿起陶器后即可查看陶器的花纹、质地等详细信息。

4）制作陶器全过程体验。参观者可体验挖陶土、炼泥、拉坯、印坯、利坯、晒坯、打磨、装窑、窑烧、窑变等全过程。

（3）抓取功能实现

实现抓取陶器的流程：用户传送到陶器的附近，将手柄贴近陶器，按下手柄侧键，手柄上的脚本会判断手柄所接触的物体标签是否为陶器，当标签为陶器时，将所接触的陶器对手柄进行一个绑定，这样陶器会跟随手柄的移动和旋转，从而实现抓取功能。如果不是陶器标签，就不进行交互操作，抓取流程如图7-131所示。通过以上过程实现抓取物品，在松开按键时，物品失去与手柄的链接关系，并因为物理引擎模拟真实世界的重力下坠效果，给予用户真实的感受。

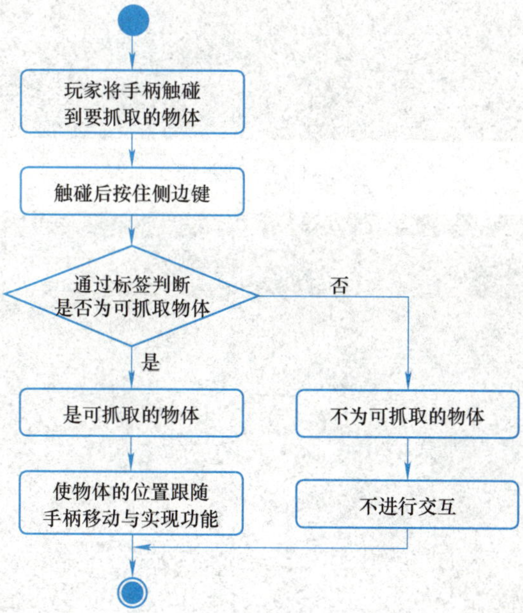


图 7-131 抓取流程

(4) 彩釉功能实现

在虚拟环境中实现在陶器表面画彩釉的功能，改变陶器展示的静态性，增强趣味性。在后台的实现过程中，此功能仍基于VRTK中的Radial Menu预设进行开发，但区别于更换待选菜单UI出现方式。在此功能中进行色彩选择的UI界面，需要用户使用控制器触碰陶器模型时，彩釉的图案就出现在模型上。先将准备好的图案素材图片导入Unity系统项目文件夹内，并转换成为Sprite（2D and UI）属性的文件。彩釉功能如图7-132所示。画彩釉如图7-133和图7-134所示。

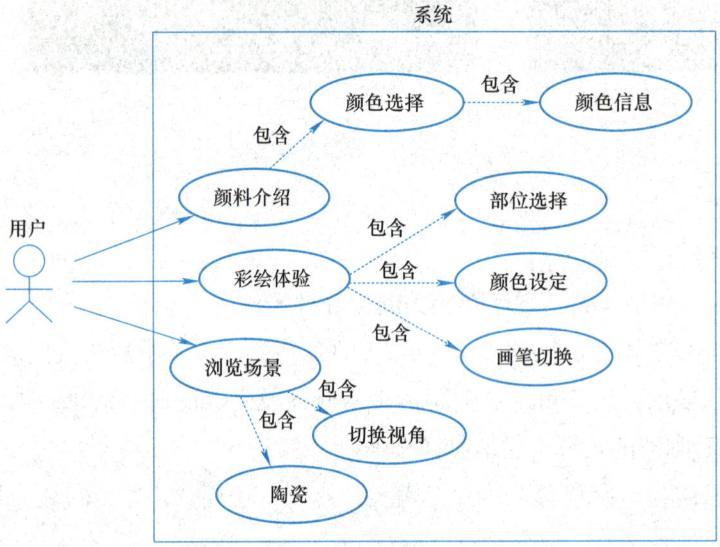


图7-132 彩釉功能

图7-133 画彩釉1

图7-134 画彩釉2

(5) 系统发布（图7-135）

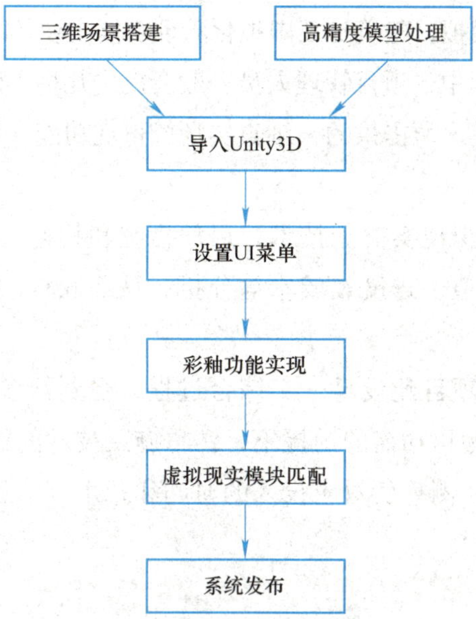


图 7-135 系统发布

扫码观看视频

## 7.8.3 装配式建筑虚拟现实系统项目

针对建筑过程所需要的材料堆放场地占用面积大、噪音污染与材料浪费情况严重、施工效果差、存在安全事故等问题，该项目在建筑信息模型的基础上采用虚拟现实技术研发集真实性、交互性、趣味性为一体的装配式建筑虚拟现实系统。由于VR技术具有沉浸和实时交互的特性，装配式建筑虚拟现实系统可以实现以下功能：用户可以选择不同的三维场景模型导入到本系统中进行浏览，使建筑表现的内容不再局限于二维平面渲染图或其他预制的成品；在虚拟现实情境中用户可利用鼠标、键盘等来改变自己的视点，具有真实感的快速图形显示；用户能自行进入建筑内部并决定观察的角度、方位、时间等各项参数，获得与之相链接的大量相关信息集成，获得对建筑的全面、真实、科学的认知，本系统可以用于装配式建筑设计、施工以及辅助虚拟验收等建筑过程。

### 1. 实现虚拟化设计功能

实际的建筑过程具有周期长、工序复杂、影响因素多等特点。在项目建设前期难以获得一个全面的关于施工过程的真实信息概况。而且项目建设具有不可逆转性。为了降低项目风险，有必要在前期设计过程中采用虚拟现实技术。首先，在三维可视化虚拟环境中，用户通过相关设计软件构建建设项目周围真实环境；其次，在此基础上，进一步按照施工组织和管理过程结合设计图纸，搭建地基、基础、主体结构等部分的实体模型；再次，根据具体的实体模型确定相应的对象特征参数，并依据参数计算施工过程的各个阶段的成本、进度等信息以及测算在此架构下的安全系数；最后，根据要求进行模型修正，重复搭建和测算过程，最终达到组织和管理要求。在设计方案的决策制定中，VR技术可以把二维图纸上的建筑规划变成更有空间感的模型，决策者可以任意进入虚拟建筑内，从任意视角去体验观察作品，从材料、尺寸到采光，真实体验位置场景、空间尺寸。设计师与使用者可相互探讨、优化完善设计方案，打造更为完美的产品。

### 2. 实现建筑施工虚拟化验证功能

通过对施工过程的虚拟动态模拟，建筑施工虚拟化验证功能主要体现在以下几个方面。

一是设计方案筛选。施工过程中，项目管理人员一般会提出几种不同的施工方案。对于如何评判各种方案的优劣，通过运用虚拟现实技术所提供的三维真实场景再现功能，对设计要素进行推敲和方案调整，会得到更加贴合实际的结论。

二是施工效果评价。通过虚拟现实交互技术，用户搭建和构造某个施工方案下的三维效果结合相应的数学模型对施工过程进行价值、进度及成本等分析，从而获得项目的整体质量、功能、外观等效果评价。

三是施工技术经济合理性。项目建设是一个综合过程，受到诸多因素的影响。对项目施工过程而言，应该在保证项目最终质量和使用功能的前提下，注重施工技术的经济合理性。虚拟现实技术通过构建项目真实场景及对象实体模型，测算所对应投入的时间和费用等信息，从而解决施工技术的经济合理性问题。

### 3. 实现工人培训功能

工程技术人员可以在VR装配式建筑生产、施工场景中，模拟实际施工现场及生产环节技术应用。针对装配式建筑建设进行全方位的观摩，如构件从生产、运输到组装全流程的观察，通过VR设备对现场进行调控，实现真正意义上的现场模拟，以体现信息化工具的高效性。

加强对装配式建筑工人的培训教育力度，将虚拟现实系统充分应用到工人体验式安全教育培训上，提高一线人员的安全生产意识和专业技术能力，打造一批素质高、专业技能强的建筑工人队伍，推动工程项目管理水平达到国内领先、国际先进水平。

虚拟现实技术应用于复杂的建筑施工，能有效地保证建筑施工方案的可行性、经济性、施工过程的安全性，并有利于施工管理的动态控制，有效解决装配式建筑工人对构件、设备、流程不熟悉的问题。

### 4. 实现教学功能

运用虚拟现实技术在建筑施工教学中主要有以下几个优点。

第一，可以弥补实物教学资源的不足。由于建筑施工过程涉及大量的实际资源，就理论教学而言，教学单位很难具有足够的资金去购买相应实体资源进行教学，而虚拟现实技术通过情景再现和场景搭建，给学生提供了一个逼真的“虚拟环境”模型进行实验。

第二，减少时空因素约束。实际的建筑施工过程具有时间、空间以及其他客观条件的约束。在教学过程中，学生难以真正进入现场进行感受和体验。虚拟现实技术则打破了这种限制，给学生创造了一个虚拟环境，仿佛置身实地。

第三，提高学生的参与程度，激发学生的学习积极性。通过虚拟现实技术，学生可以创造不同的施工过程技术方案，并对其进行可行性及合理性分析，从而确定最优方案。

装配式建筑虚拟现实系统的应用与实现，将提高装配式建筑的施工效率，降低装配式建筑人工成本，提高施工的真实性和趣味性，使装配式建筑工人更易接受专业性训练，使公众更易熟悉建筑建设过程，具有广阔的市场前景、显著的经济社会效益以及较高的推广应用价值。

装配式建筑场景如图7-136～图7-140所示。

图 7-136 装配式建筑场景 1

图 7-137 装配式建筑场景 2

图 7-138 装配式建筑场景 3

图 7-139　装配式建筑场景 4

图 7-140　装配式建筑场景 5

## 7.8.4　老年护理虚拟现实系统项目

扫码观看视频

### 1. 系统框架设计

老年护理虚拟现实系统分为三个层级。其中，终端应用层为用户提供了应用于各种实践场所的数字孪生硬件设备，是数字孪生实践资源最终得以交互操作的载体；资源共享层为用户提供了针对各种形式的数字孪生实践资源的管理平台，方便用户集中调用；数据管理层实现实践资源、实践管理、用户分析等信息的管理。系统界面如图7-141所示。

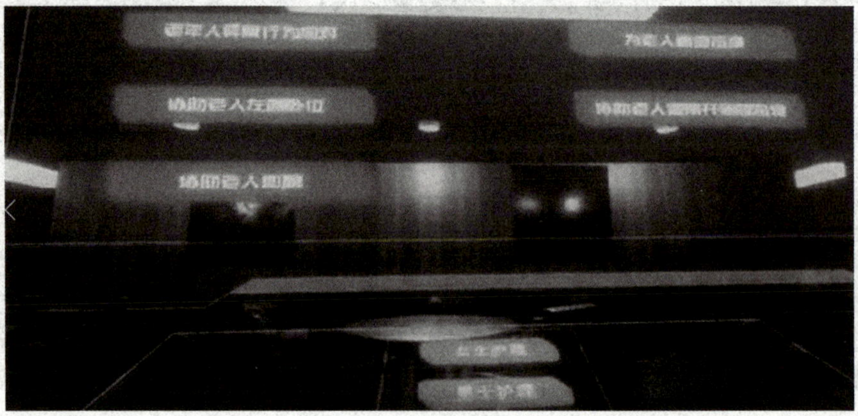

图 7-141　系统界面

老年护理虚拟现实系统具有以下特点：

1）终端应用层采用不同体量的数字孪生硬件设备对实践操作内容进行呈现，有成熟的标准化产品，硬件性能稳定，实施风险较小。

2）资源共享层中，各种形式的数字孪生实践资源能由虚拟仿真设计软件平台制作并调用，数据标准统一，同时能与终端应用层的硬件设备无缝兼容，直接运行。

3）整体架构体系考虑到后期的硬件升级以及软件内容的扩充，具有很强的可延展性。

4）系统可以广泛应用于智慧康养虚拟仿真类实践中，覆盖率较高，有利于用户间实践资源成果的共享。

### 2. 终端应用

为满足用户实践模拟操作过程中对老人体重、温度、味道等感官的体验和识别，本系统采用“专业图形工作站＋VR头盔＋力反馈手套”的交互与显示方式。

专业图形工作站主要由虚拟现实主机及显示器组成，可安装在面积较大的教室，满足课堂实践中对交互体验的应用需求；VR头盔用于课堂实践实训中，让用户进行自主的交互操作，完成课堂实践实训内容；力反馈手套与VR头盔配套使用，帮助用户在模拟操作过程中有更加真实的感受。

### 3. 内容设计

（1）老年人反常精神症状与异常行为应对

① 老年人异常行为和语言；

② 操作者与老年人语言、肢体动作互动（建立人工智能语言库），可以实现智能对话；

③ 提供未来可供升级的老年护理环境适应度脑电测试接口，并提供相应的视频演示；

④ 可以实现真实的沉浸感、交互感；

（2）腹部按摩

① 操作者按摩老年人腹部时触觉体验；

② 操作者可视老年人肠道蠕动情况；

③ 当操作者手法错误时，老年人有痛苦表情和语言，手法正确时，老年人感觉舒适。

（3）协助老年人左侧卧位

① 操作者为老年人摆放体位时，有重力反馈体验；

② 当操作者手法错误时，老年人有痛苦表情和语言，手法正确时，老年人感觉舒适。

（4）开塞露通便

可视药液在直肠稀释软化大便的过程。

（5）协助老年人如厕（将老年人从床转移到座便器）

① 操作者与老年人语言、肢体动作互动；

② 操作者抱扶老年人时，有重力反馈体验；

③ 当操作者手法错误时，老年人有痛苦表情和语言，手法正确时，老年人感觉舒适。

④ 提供未来可供升级的老年护理环境适应度脑电测试接口，并提供相应的视频演示。

（6）健康教育

① 操作者与老年人语言互动（建立人工智能语音语言库）；

② 操作者与老年人情感交流（老年人对操作者表示感谢，流下感动的泪水）。

部分场景如图7-142和图7-143所示。

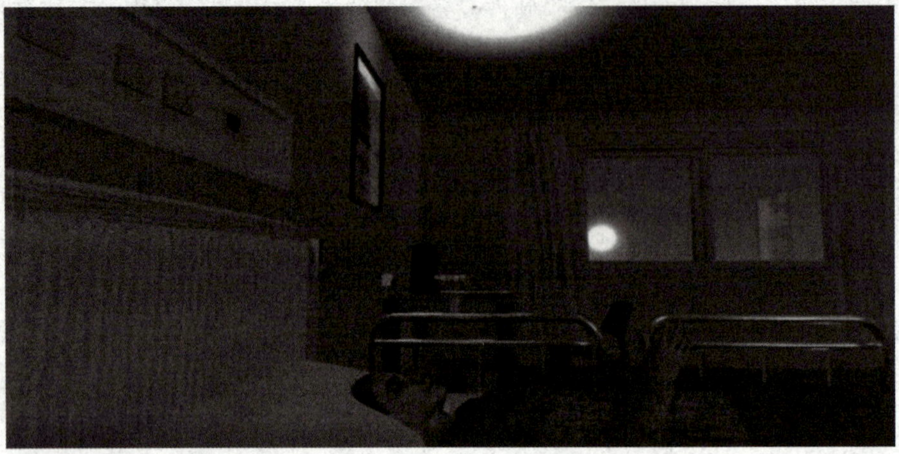

图 7-142 部分场景 1

图 7-143 部分场景 2

## 课后习题

### 简答题

1. 简述如何搭建虚拟现实场景及所需设备。
2. 简述虚拟驾驶的操作流程。
3. 简述步行VR系统的操作流程。
4. 简述洞穴虚拟现实系统的操作流程。
5. 简述消防逃生系统中的校园火灾小型练习中的正确逃生步骤。

# 参 考 文 献

[1] 马永峰，薛亚婷，南宏师．虚拟现实技术及应用[M]．北京：中国铁道出版社，2011．

[2] 苏凯，赵苏砚．VR虚拟现实与AR增强现实的技术原理与商业应用[M]．北京：人民邮电出版社，2017．

[3] Tony Mullen．增强现实：必知必会的工具与方法[M]．徐学磊，译．北京：机械工业出版社，2013．